高温轻质合金薄壁构件热态气压成形技术

Hot Gas Forming Technology for High Temperature
Lightweight Alloy Thin-Walled Component

刘钢 王克环 王东君 等著

国防工业出版社
·北京·

内 容 简 介

本书对高温轻质合金薄壁构件热态气压成形的基础理论、关键技术及成形装备进行了系统阐述，并提供了具体成形案例。全书共分为7章，第1章重点介绍了高温轻质合金薄壁整体构件需求、热态气压成形技术原理及技术挑战。第2章深入分析了钛合金和 Ti_2AlNb 合金热变形行为及微观机理，并对母材和焊缝热变形进行了分别论述。第3章重点论述了无缝管和焊管热态气压成形性能测试方法及成形工艺参数对成形性能的影响。第4章论述了材料与成形过程建模及形变—组织—性能一体化仿真，介绍了统一黏塑性本构模型建模方法及其在成形和热处理过程中的应用。第5章和第6章分别论述了钛合金和 Ti_2AlNb 合金等薄壁构件热态气压成形工艺技术，结合不同实例分析了变形工艺参数对成形的影响规律。第7章论述了热态气压成形模具的特点及设计方法，介绍了热态气压成形设备的组成及关键技术指标。

本书可供航空、航天、汽车及机械行业的技术人员和研究人员，以及材料加工工程学科高校师生阅读和参考。

图书在版编目(CIP)数据

高温轻质合金薄壁构件热态气压成形技术 / 刘钢等著. -- 北京：国防工业出版社，2025.4. -- ISBN 978-7-118-13106-2

Ⅰ. TG166

中国国家版本馆 CIP 数据核字第 20255NN390 号

※

*国防工业出版社*出版发行
（北京市海淀区紫竹院南路 23 号　邮政编码 100048）
雅迪云印（天津）科技有限公司印刷
新华书店经售

*

开本 710×1000　1/16　插页 14　印张 13¼　字数 236 千字
2025 年 4 月第 1 版第 1 次印刷　印数 1—1500 册　定价 138.00 元

（本书如有印装错误，我社负责调换）

国防书店：(010)88540777	书店传真：(010)88540776
发行业务：(010)88540717	发行传真：(010)88540762

序

钛合金、Ti_2AlNb 合金等高温轻质合金薄壁构件是高速飞行器和大推力发动机等高端装备的关键构件。这类材料室温下难以变形,无法成形复杂薄壁构件;而高温下形状精度和组织性能控制难度极大,因此,高温轻质合金薄壁构件整体成形是一个国际性的重大技术挑战。刘钢教授等编著的《高温轻质合金薄壁构件热态气压成形技术》主要论述了钛合金和 Ti_2AlNb 合金等材料的热态气压成形基础理论、关键技术和装备研制的最新进展,为突破该重大挑战提供新途径。

该书作者是哈尔滨工业大学流体高压成形技术研究所的骨干成员,近年来在高温轻质合金薄壁构件热态气压成形方向开展了具有创新性的研究工作。该书总结凝练了作者团队近几年最新研究成果,既呈现了学术见解,又提供了翔实数据,主要有以下三个特点:①创新性。系统介绍了作者在科研一线获得的新知识和新认识,包括宏微观统一本构模型、形变与组织演变一体化仿真和组织性能预测等。②学术性。该书介绍了复杂应力状态下应变和应变速率对难变形合金热变形的影响机理,以及成形性能调控等基础问题,对于该领域学术研究具有很好的启发作用。③实用性。作者结合典型合金薄壁构件成形技术的研发应用实践,介绍了热态气压成形关键技术,为读者提供了成功的应用案例。

该书的出版将有助于突破该领域的国际难题,促进薄壁构件成形制造技术的跨越发展,推动航空航天先进制造技术实现高水平科技自立自强。

2023 年 8 月

苑世剑,哈尔滨工业大学材料科学与工程学院教授,金属精密热加工国家级重点实验室主任。

前言

高温轻质合金热态气压成形技术是近年来针对航空航天等重要运载装备高温轻质合金复杂曲面薄壁整体构件的制造难题研发的先进成形技术。新一代运载装备对轻量化、耐高温、长寿命和高可靠性等要求不断提高,对钛合金、Ti_2AlNb 合金等高温轻质合金构件需求迫切,并且要求同时具备高精度和高性能。传统分段成形再焊接的工艺路线难以实现上述需求,不得不采用整体构件替代焊接构件,导致构件形状复杂度显著提高。对于截面封闭的管状或筒状复杂薄壁整体构件,热态气压成形技术具有独特优势:一是满足复杂形状成形要求,即通过高压气体介质在简单管材或筒坯内部任意方向可控加载,使其贴靠模具型腔获得复杂形状;二是满足难变形材料成形要求,即通过调控温度和应变速率提高材料塑性和变形均匀性,以实现稳定的大变形;三是满足构件尺寸精度和性能要求,即在成形过程中通过调控温度和压力实现构件组织性能和尺寸精度一体化控制;四是满足节能减排要求,即在较低的温度和较高应变速率下提高效率降低能耗。

作者团队开展流体压力成形研究工作近三十年。1999 年以来,在苑世剑教授的带领下研究方向从无模液压成形发展到内高压成形、板壳液压成形和难变形合金热介质压力成形,在基础理论、工艺和装备等方面开展了系统的研究工作。针对航天航空新一代装备研发对于高温轻质合金构件需求增加、要求提高,团队近十年深入开展了钛合金和 Ti_2AlNb 合金等材料成形性能、复杂构件成形规律和组织性能调控等研究工作,研发了一系列材料和结构的典型构件热态气压成形工艺,并应用于重要零件的研制和生产中。为了系统总结高温轻质合金热态气压成形技术研究进展,满足企业工程技术人员和研究生科研、教学需要,促进该项技术研发和推广应用,作者所在团队以其多年科研成果为基础编写了这部专著。本书论述了航空航天等行业需求及技术优势,深入分析了钛合金等典型高温轻质合金热变形行为及机理,系统阐述了热态气压成形性能、合金组织演变与变形过程一体化建模仿真技术和封闭截面构件热态气压成形工艺技术,并简要介绍了热态气压成形模具及装备技术。

本书的主要特点在于：①学术性强。既阐明了典型合金热变形行为和缺陷机理，又揭示成形过程原位强化机理，为热态气压成形技术研发提供了理论依据。②创新性强。通过创新性地建立热态气压成形跨尺度仿真模型，为精确仿真和组织性能预测提供了技术手段。③实用性强。结合具有代表性的合金和典型构件，阐明了热态气压成形工艺设计与产品开发的主要过程，为工程技术人员掌握和利用相关技术提供了参考案例。

全书由刘钢教授主持编写并统稿，第1章由刘钢撰写；第2章由王克环、刘钢、孔贝贝撰写；第3章由赵杰、刘钢、武永撰写；第4章由赵杰、宋珂、刘志强撰写；第5章由王克环、刘钢、王建珑、石辰雨撰写；第6章由王东君、焦雪艳、刘志强、王宝撰写；第7章由王小松、王建珑、隗靖撰写。王克环教授负责全书图表和公式的整理及文字校对工作，曲宝、常澍芃、李丽婷、陈文韬、武迪、李喆、高天翼等博士生参与了图表及参考文献的整理工作。本书内容大多来自作者团队多年研究成果，这些成果先后得到国家各类计划项目和企业合作项目的支持。书中部分内容引用了国内外学者的相关研究成果，在此表示衷心感谢。

高温轻质合金热态气压成形技术还处于发展阶段，鉴于对部分理论和技术问题的研究和认识仍在继续深化，书中难免有疏漏之处，敬请广大读者批评、指正。

作者
2024年5月

目录

第1章　概论 ········· 1
1.1　高温轻质合金薄壁整体构件需求 ········· 1
1.2　热态气压成形技术的原理与特点 ········· 3
1.3　高温轻质合金薄壁整体构件形状与精度控制挑战 ········· 4
1.4　高温轻质合金薄壁整体构件组织与性能控制挑战 ········· 7
参考文献 ········· 9

第2章　高温轻质合金热变形行为及微观机理 ········· 11
2.1　钛合金板材热变形行为及微观机理 ········· 11
　　2.1.1　钛合金板材热变形行为 ········· 11
　　2.1.2　钛合金板材热变形过程微观组织演变规律 ········· 14
　　2.1.3　钛合金板材热变形过程硬化与软化机理 ········· 17
2.2　Ti_2AlNb合金板材热变形行为及微观机理 ········· 19
　　2.2.1　Ti_2AlNb合金板材热变形行为 ········· 19
　　2.2.2　Ti_2AlNb合金板材热变形过程的微观组织演变规律 ········· 22
2.3　高温轻质合金板材焊接接头热变形行为 ········· 31
　　2.3.1　钛合金板材焊接接头热变形行为 ········· 31
　　2.3.2　Ti_2AlNb合金板材焊接接头热变形行为 ········· 37
2.4　高温轻质合金热变形典型微观缺陷及其控制 ········· 40
　　2.4.1　变形损伤 ········· 40
　　2.4.2　微观组织缺陷及其控制 ········· 41
参考文献 ········· 42

第3章 高温轻质合金热态气压成形性能 43

3.1 热态气压成形性能测试方法与装置 43
3.2 钛合金板材热态气压成形性能 45
   3.2.1 温度对钛合金板材热态气压成形性能的影响 45
   3.2.2 气压加载对钛合金板材热态气压成形性能的影响 48
3.3 钛合金管材热态气压成形性能 52
   3.3.1 钛合金无缝管材热态气压成形性能 52
   3.3.2 钛合金焊管热态气压成形性能 55
3.4 Ti_2AlNb 合金板材热态气压成形性能 61
3.5 Ti_2AlNb 合金焊管热态气压成形性能 64
参考文献 69

第4章 材料与成形过程建模及形变—组织—性能一体化仿真 71

4.1 钛合金统一黏塑性本构模型 71
   4.1.1 钛合金板材热变形统一黏塑性本构模型 72
   4.1.2 钛合金焊缝热变形统一黏塑性本构模型 79
4.2 Ti_2AlNb 合金板材统一黏塑性本构模型 83
4.3 Ti_2AlNb 合金板材时效处理过程组织演变及屈服强度预测模型 89
4.4 成形-热处理全过程一体化仿真 93
   4.4.1 钛合金热态气压成形与微观组织演变预测 93
   4.4.2 Ti_2AlNb 合金热态气压成形与组织演变预测 97
   4.4.3 Ti_2AlNb 合金时效处理过程中的组织演变与屈服强度预测 102
参考文献 106

第5章 钛合金薄壁构件热态气压成形工艺 107

5.1 热态气压成形工艺过程与主要参数 107
   5.1.1 热态气压成形工艺过程 107
   5.1.2 热态气压成形主要工艺参数 108
5.2 钛合金管件热态气压成形圆角变形行为 110

  5.2.1 增压速率对圆角变形行为的影响 …………………… 110

  5.2.2 加载路径对圆角变形行为的影响 …………………… 112

  5.2.3 成形温度对圆角变形行为的影响 …………………… 115

  5.2.4 膨胀率对圆角变形行为的影响 ……………………… 118

5.3 钛合金管件热态气压成形壁厚变化规律 ……………………… 119

  5.3.1 补料量对钛合金变径管壁厚的影响 ………………… 119

  5.3.2 预制坯对钛合金大截面差筒壳壁厚的影响 ………… 121

  5.3.3 方形截面件壁厚分布规律及影响因素 ……………… 127

5.4 钛合金异形截面构件热态气压成形工艺 ……………………… 130

  5.4.1 异形截面构件预制坯设计 …………………………… 130

  5.4.2 应力-应变分析 ……………………………………… 134

  5.4.3 异形截面构件成形及尺寸精度 ……………………… 136

5.5 钛合金构件热态气压成形组织性能控制 ……………………… 137

5.6 钛合金热态气压成形典型缺陷及其控制 ……………………… 142

  5.6.1 典型缺陷 ……………………………………………… 142

  5.6.2 开裂缺陷及其控制 …………………………………… 143

  5.6.3 起皱缺陷及其控制 …………………………………… 144

参考文献 …………………………………………………………………… 145

第6章 Ti$_2$AlNb 合金薄壁构件热态气压成形工艺 …………… 147

6.1 Ti$_2$AlNb 方形截面构件热态气压成形工艺 …………………… 147

  6.1.1 方形截面构件成形及尺寸精度控制 ………………… 147

  6.1.2 方形截面构件模内原位热处理 ……………………… 152

6.2 方形截面构件热态气压成形组织性能预测 …………………… 155

  6.2.1 方形截面构件热态气压成形微观组织演变及

     损伤预测 ……………………………………………… 155

  6.2.2 方形截面构件力学性能预测 ………………………… 157

6.3 方形截面构件微观组织特点与力学性能 ……………………… 160

  6.3.1 方形截面构件微观组织 ……………………………… 160

  6.3.2 方形截面构件力学性能 ……………………………… 166

6.4 矩形截面构件热态气压成形工艺 ……………………………… 170

  6.4.1 矩形截面构件胀-压复合热态气压成形工艺 ……… 170

  6.4.2 矩形截面构件尺寸精度与力学性能一体化

     控制 …………………………………………………… 171

6.5 NiAl合金薄壁构件成形-反应制备新方法 ················· 177
    6.5.1 NiAl合金板材反应制备 ······················· 177
    6.5.2 NiAl合金曲面薄壁构件反应制备 ··············· 178
    6.5.3 NiAl合金封闭截面薄壁构件反应制备 ··········· 179
参考文献 ··· 184

第7章 热态气压成形模具与设备 ························· 186

7.1 热态气压成形模具 ·· 186
    7.1.1 热态气压成形模具材料 ······················· 186
    7.1.2 热态气压成形模具典型结构 ··················· 188
    7.1.3 热态气压成形模具型面优化补偿设计 ··········· 188
7.2 热态气压成形设备 ·· 194
    7.2.1 热态气压成形机的组成及功能 ················· 194
    7.2.2 气压系统 ······································· 197
    7.2.3 热态气压成形加热及温度控制系统 ············· 198
    7.2.4 冲头轴向位移控制系统 ······················· 199
    7.2.5 热态气压成形机的数控软件 ··················· 200
    7.2.6 典型热态气压成形机 ·························· 200
参考文献 ··· 202

第1章
概　论

1.1　高温轻质合金薄壁整体构件需求

各类复杂曲面薄壁构件广泛应用于火箭、飞机、汽车和高速列车等运载装备中[1-3]，在火箭等高速飞行器结构件中数量占比达80%以上，在飞机、汽车中占比也达50%以上，其中大量关键构件起着保证气动性能、减震降噪性能、安全性能等至关重要的作用。随着新一代运载装备对轻量化、长寿命和高可靠性要求的不断提高，一方面迫切需要采用复杂曲面薄壁整体构件替代焊接构件，在轻量化的同时提高可靠性；另一方面对钛合金、Ti$_2$AlNb合金等高温轻质合金的使用越来越多，以同时满足耐高温和低密度的要求[4]。由此带来了高温轻质合金薄壁整体构件成形制造技术挑战。

航空发动机为满足大推重比、长航时等苛刻的服役条件，要求大量采用耐高温且轻质的钛合金薄壁构件，而采用整体结构替代拼焊结构是提高精度和可靠性的有效途径。例如，机匣和喷管等构件（图1-1）不但是形状复杂的异形空间曲面，而且要满足500~550℃服役温度下的高强度和持久性能要求。为了提高比冲、增加有效载荷，火箭发动机要采用高比强度、高服役温度的钛合金喷管替代不锈钢喷管，每台发动机可减重100~200kg，轻量化效益非常显著。为了同时满足高性能飞行器及其发动机的耐热性能和轻量化要求，还需要采用高温钛合金、Ti$_2$AlNb合金等替代常用的镍基高温合金，以满足服役温度600~800℃的要求，因此大幅增加了高温轻质合金在飞行器中的用量。

钛合金由于具有高强度、低密度、高耐热性和耐蚀性等优异特性，早已受到各大汽车制造商关注。随着钛合金板材、管材加工技术的不断成熟，钛合金在汽车工业领域的应用也日益增多。宝马、日产、大众等汽车厂商都曾将钛合金用于制造汽车排气系统构件（图1-2），与传统不锈钢构件相比可减重30%~50%，使用寿命可延长近1倍[7-8]。我国第一汽车集团公司也将钛合金消声器用于载重卡车，与钢制消声器相比可减重10kg[9-10]。

图1-1 航空发动机钛合金薄壁构件[5-6]
(a) 机匣；(b) TA15钛合金喷管。

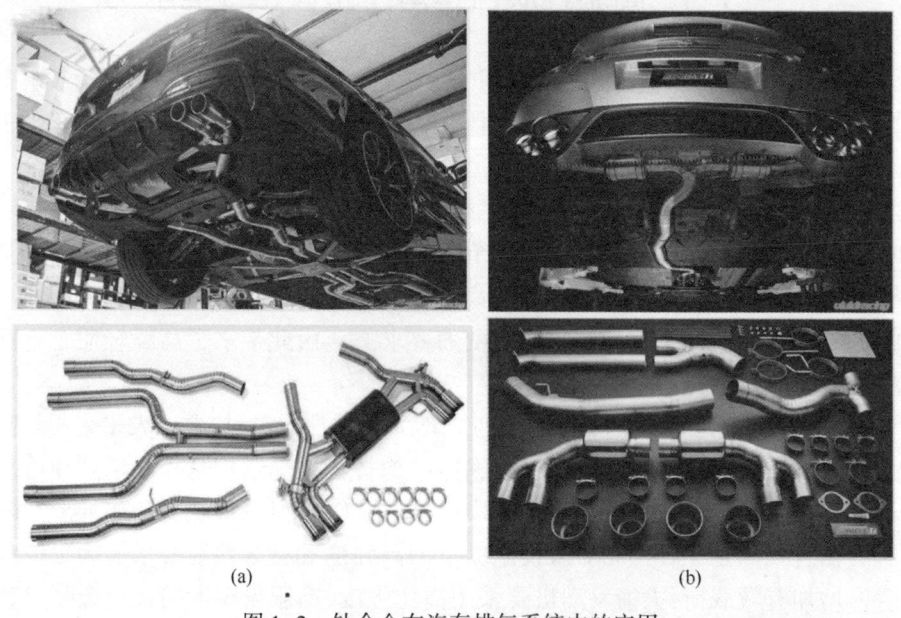

图1-2 钛合金在汽车排气系统中的应用
(a) BMW M5排气系；(b) Nissan GT-R排气系统[8]。

由于具有耐腐蚀性高、磁性低、透声性好、抗冲击振动性能好等优点，钛合金还受到舰船工业领域的重视，甚至被誉为"海洋金属"[11]。在潜艇和深潜器制造领域，美国、俄罗斯、法国、日本在核潜艇、深海考察船、各类深潜器耐压壳体等关键构件制造中均大量采用钛合金；我国自行研制的潜7000m级载人深潜器，其主要构件均采用钛合金制造[12]；英国、日本、俄罗斯采用钛合金制造了舰船发动机热交换器换热板、冷凝管等构件，具有轻量化、高性能、长寿命等优点[13-14]。

综上所述，新一代海陆空天运载工具等装备的发展，对于高温复杂薄壁整体构件有大量需求。不同行业高温轻质合金中空结构件特点及典型材料如表1-1所列，主要包括薄壁、变截面、大尺寸、弯曲轴线、变径等典型结构，以及CP-Ti、TA2、TA18、TA15、TC4及Ti_2AlNb等典型材料。

表1-1 不同行业高温轻质合金中空结构件特点及典型材料

行业领域	典型产品	典型结构	典型材料
航天	喷管、进气道、贮箱	薄壁、大尺寸、变截面	TC2、TA15、TC4、TC31、Ti_2AlNb
航空	液压管路、大尺寸筒形件	弯曲轴线、大径厚比	TA18、TA16、TC4
汽车	排气系统、消声器	弯曲轴线、变径	CP-Ti
舰船	高压容器、冷却器、高压管路	大尺寸、厚壁、弯曲轴线	Ti31、Ti75、Ti80
自行车	车架	薄壁、多通管	TA2、TA18

1.2 热态气压成形技术的原理与特点

为了满足新一代运载工具对高温难变形材料复杂形状薄壁结构的迫切需求，国际上在高温轻质合金薄壁整体构件高性能精密成形理论和技术方面开展了大量研究工作。

对于非封闭截面的板材曲面构件，一般采用热模压成形，即在保持一定温度的模具内，将板材压制成曲面形状，并经一定时间保温定形获得零件形状。此类工艺只能成形深度较浅、形状相对简单的构件，对于复杂曲面构件，往往需要成形多个片段，然后再拼焊起来。由于焊接变形导致精度超差，需要长时间校形，往往使组织性能发生变化，并且大量焊缝成为缺陷源，故难以满足高可靠性制造要求。同时由于需要采用刚性模具，这样的工艺更加无法制造封闭变截面的整体构件[15]。

为了满足高可靠性的复杂薄壁整体构件制造需求，发展出采用气体介质的超塑成形技术。该技术利用轻质合金材料在细晶组织、高温、低应变速率等条件下的超塑性变形能力，并采用气体介质替代部分刚性模具，能够通过大应变使简单的板材或管材获得复杂曲面轮廓形状，但是也带来了构件变形不均匀、壁厚差异大、成形效率低等问题。在轻量化指标苛刻的关键构件制造中存在难以满足壁厚均匀性要求的局限性，在大批量产品制造中存在效率低、能耗高、成本高等缺点[16]。

近年来，针对高效率和低能耗要求，钛合金等轻质合金复杂曲面板材和管材构件热态气压成形技术得到关注和研发[17]。与超塑性成形相似，热态气压成形也采用压缩气体对材料施加成形压力，但不同之处在于，为了实现高效成形，热态气压成形采用的温度较低、应变速率较高、成形压力较高[18]，因此在工程上也称为高压气胀成形或热气胀成形。

图1-3所示为管材热态气压成形原理[19]，将管材加热至设定温度后，通过高压气体在管材内部施加内压，在较高的增压速率下，使管材发生快速变形，最终贴靠模具型腔，从而获得复杂形状的构件。在该成形过程中，一方面需要设定合理的成形温度，既要满足复杂构件成形对于材料延伸率的要求，又要使材料的应变硬化和应变速率硬化行为满足变形均匀性的要求；另一方面需要设定合理的加载曲线，既要控制冲头等刚性模具位移和气压的匹配关系满足应力状态要求，又要控制加载速率满足应变速率要求；同时还要调控微观组织演变从而满足构件力学性能要求。由此可见，高温轻质合金薄壁整体构件热态气压成形对于工艺过程的力、热、组织、几何等相关参数的控制水平要求较高。

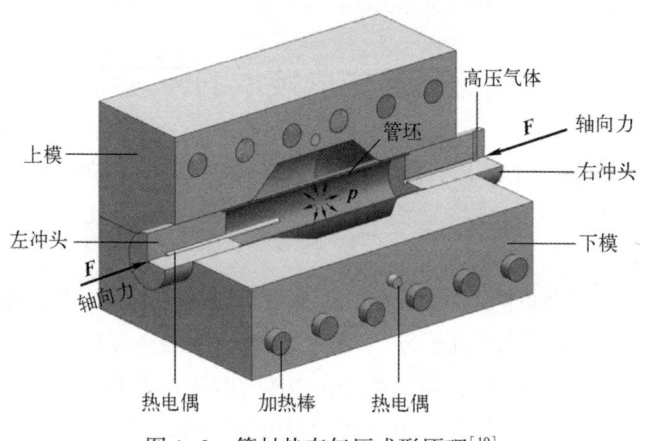

图1-3　管材热态气压成形原理[19]

1.3　高温轻质合金薄壁整体构件形状与精度控制挑战

高温轻质合金薄壁整体构件采用的钛合金、Ti$_2$AlNb合金和各类金属间化合物等多为难变形材料，因此研究者首先面临的挑战就是如何顺利成形出设计要求的形状，并同时满足尺寸精度要求以及批量产品一致性要求。

对于航空航天气动系统、发动机系统等关键构件，形状精度关系到动力性能、可靠性及服役寿命[20]，精度往往要求在亚毫米(0.1~0.5mm)或微米(30~100μm)量级。如果型面精度超差，小则降低进/排气效率和流场压力，影响发动机功率,大则造成局部气动热超出材料耐热能力,导致熔穿等风险。然而,整体化构件往往形状极其复杂,如大构件局部小特征、局部曲率突变、异形封闭截面、超大超薄(直径大于 1000mm,厚度与直径之比小于 1‰)、大截面差(截面差大于 50%)等。这些复杂形状要求材料在成形过程中要经历不同于传统成形工艺的变形模式才能获得[21],更具挑战的是,这些构件采用的钛合金[22-23]、金属间化合物[24]等在室温下几乎无法成形,不得不采用高温甚至超高温成形方法。同时,对于薄壁甚至超薄构件,由于刚度低、曲面形状复杂,难以在成形后再通过机械加工提高曲面精度,因此要求直接通过塑性成形保证尺寸精度。

对于封闭截面薄壁整体结构,当截面形状变化剧烈时,由于封闭截面几何约束大,变形控制难度很大:一方面整体结构使得构件截面形成封闭形式,限制材料流动和自由变形,易导致成形过程中壁厚局部变薄甚至开裂[25];另一方面,高温成形模具与工件之间较大的摩擦力显著影响材料流动,导致材料难以补充到大膨胀率变形区,也会引起壁厚不均。封闭截面热态气压成形过程中局部减薄及开裂缺陷如图 1-4 所示。因此,需要通过优化预制坯形状、补料加载曲线以及模具温度场等方法控制材料流动和壁厚变化。

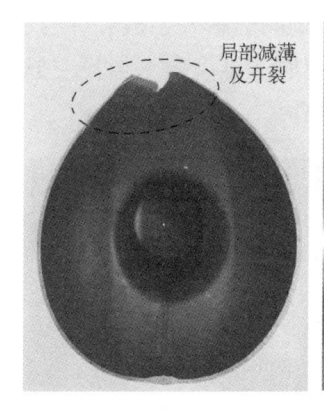

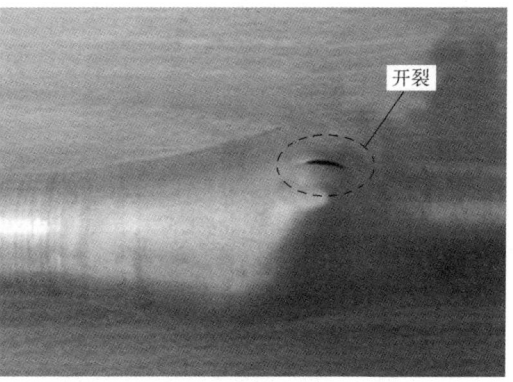

图 1-4 封闭截面热态气压成形过程中局部减薄及开裂缺陷

对于相对壁厚仅为 1‰~1% 的薄壁甚至超薄构件,结构稳定性往往低于钣金成形的临界条件,非常容易出现屈曲和起皱等缺陷[26],如图 1-5 所示。传统刚性模具成形无法突破这个临界值,同时弱刚度异形结构曲率多变、应力应变不均还会导致难以预测和控制的不均匀回弹。虽然采用流体作为软模具具有可实时调整工件应力状态的优势,但是复杂构件应力分布仍然非常复杂,需要通过工艺仿真和力学分析来设计合理的应力控制方法,才能达到缺陷控制的目的。

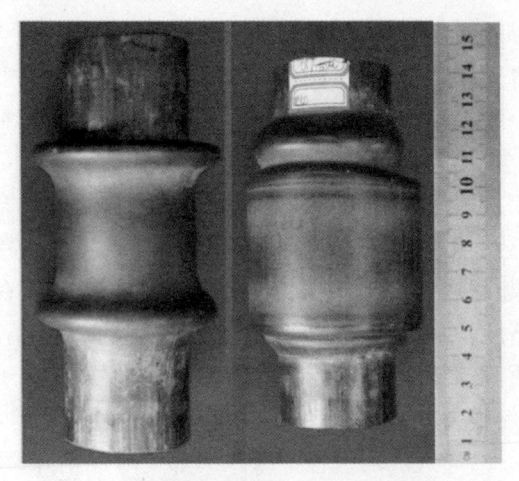

图 1-5　薄壁构件热态气压成形起皱缺陷[26]

在高温轻质合金曲面构件的热成形过程中,模具将不可避免地发生三维空间的热弹性变形(图 1-6),其影响因素一方面来自工艺参数,如温度和加载曲线,工艺参数不但影响构件与模具之间的接触关系,还影响模具的应力分布和应变分布;另一方面来自模具材料本身,如受温度影响的热膨胀系数和弹性模量;同时还受模具和构件的几何结构特征的影响,如型腔多维度曲率半径差异导致的非均匀膨胀或收缩。上述多因素耦合导致成形精度控制非常困难。

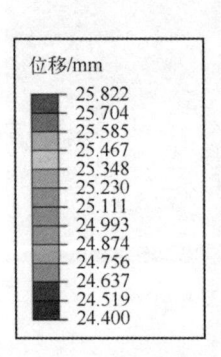

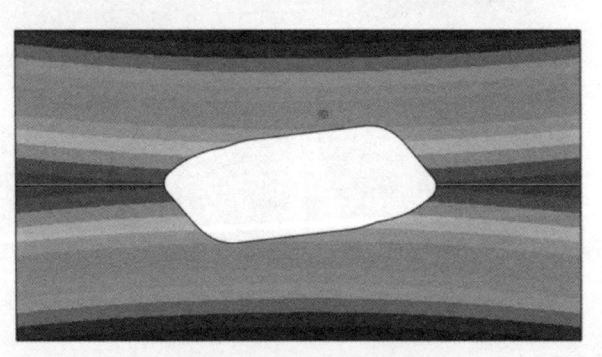

图 1-6　模具热力耦合作用下位移情况(见彩插)

对于大尺寸封闭截面薄壁构件,由于筒形整体坯料制备难度大、周期长、成本高,因此往往采用板材卷焊制备筒坯,即使是非封闭的曲面构件,有时也需要采用拼焊板材进行成形制造。然而,钛合金等焊缝区域往往塑性较差、强度较高,焊接接头与母材变形不协调,易造成构件壁厚不均或应力集中导致开裂(图 1-7)[27]。因此,在焊接坯料塑性成形时,如何确保焊缝与母材非均质材料协调变形成为必须面对的问题。

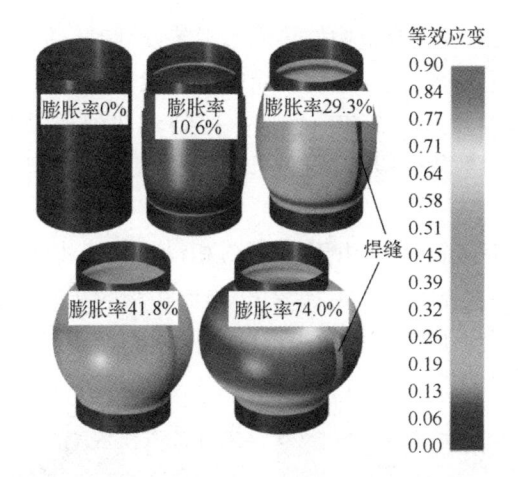

图1-7 不同胀形高度的TA15钛合金自由胀形焊管等效应变分布[27]（见彩插）

综上所述，高温轻质合金薄壁整体构件的结构特征和材料特性决定了塑性成形的难度，尤其是形状尺寸精度控制和批量一致性控制等，需要通过深入系统地开展相关理论和技术研究，如材料高温变形行为、非均质材料本构模型、工件与模具热变形规律、预制坯优化及加载曲线优化方法、应力应变仿真及智能化控制，为高温轻质合金薄壁整体构件高精度成形提供技术支撑。

1.4 高温轻质合金薄壁整体构件组织与性能控制挑战

钛合金、Ti_2AlNb合金等高温轻质合金存在室温塑性差、难成形的共性问题，一般均采用热态成形工艺制造复杂形状构件。在加热、成形、冷却过程中，材料均会发生微观组织和力学性能的复杂变化，并且由于热应力和相变应力的作用导致薄壁构件变形，并影响尺寸精度。因此，在构件高温塑性加工过程中，不仅要控制构件几何形状和尺寸精度，而且要控制组织和力学性能，这不仅涉及热成形过程，还涉及成形后的热处理过程。

热成形过程中微观组织和变形状态耦合作用，变形状态中的温度、应变和应变速率等参数会影响微观组织演变，而微观组织的演变结果直接导致材料力学性能的动态变化，影响材料变形状态。同时，热成形和热处理两个过程也不是孤立的，热成形过程的微观组织演变不但影响热成形过程本身的进行，还影响热处理过程中的组织演变，需要根据变形获得的微观组织进行热处理工艺参数的选取，才能更好地控制最终产品的微观组织和力学性能。对于复杂形状薄壁构件，如果在离开成形模具后再进行热处理，往往需要采用特制的卡具保持构件形状精度不被破坏，但这无疑增加了热处理难度，有时甚至无法实现。

因此，在进行高温轻质合金构件热成形工艺设计时，必须统筹考虑热成形工艺参数和热处理工艺参数，面向最终产品组织性能要求和形状精度要求，对成形温度、加载曲线(包括应力状态和应变速率控制)、热处理温度和热处理时间等一系列参数进行多参数优化设计，或者进行形状精度控制与组织性能控制一体化设计。

以 Ti_2AlNb 三相合金为例，由于存在 O 相(Ti_2AlNb 相)、α_2 相和 B2 相三种有序相，而且在成形过程中还存在有序 B2 相和 β 相的相互转变[28]，因此在热成形和热处理过程中会形成由不同相组成的不同形貌微观组织，而不同组织及其形貌对材料的力学性能影响显著(图 1-8)[29]。

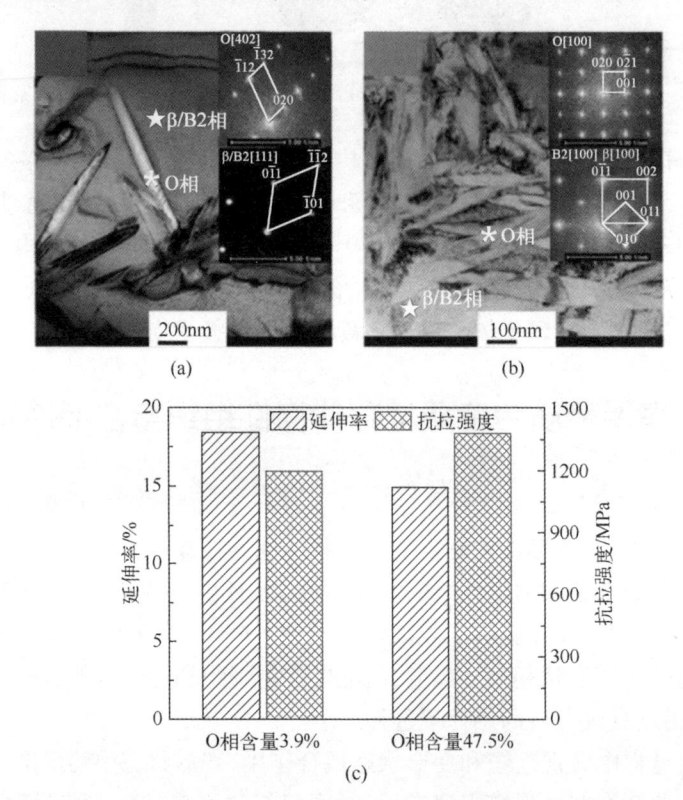

图 1-8　热态气压成形工艺参数对 Ti_2AlNb 薄壁构件组织和性能的影响[29]
(a) O 相含量 3.9%；(b) O 相含量 47.5%；(c) O 相含量对性能的影响。

在制造业数字化、智能化发展的大趋势下，材料热成形及热处理全过程形状—组织—性能一体化仿真已成为塑性加工领域的研究热点。由于高温轻质合金成形过程形状变化及材料组织演变的复杂性，以及对产品尺寸精度和性能的高要求，迫切需要深入掌握复杂工艺参数和塑性成形全过程材料组织与力学性能动态变化对成形过程的影响规律,开发组织参量和力学参量耦合的仿真分析模型,从而通过虚拟加工进行工艺智能设计,在较大的温度范围、应变速率范围和应力状态范围内优化成形工艺,实现构件形状尺寸精度和组织性能的一体化控制。

参考文献

[1] YUAN S. Fundamentals and processes of fluid pressure forming technology for complex thin-walled components[J]. Engineering, 2021, 7(3): 358-366.

[2] ALKHATIB S E, TARLOCHAN F, HASHEM A, et al. Collapse behavior of thin-walled corrugated tapered tubes under oblique impact[J]. Thin-Walled Struct, 2018, 122: 510-528.

[3] WANG L, STRANGWOOD M, BALINT D, et al. Formability and failure mechanisms of AA2024 under hot forming conditions[J]. Mater. Sci. Eng. A, 2011, 528(6): 2648-2656.

[4] KLEINER M, GEIGER M, KLAUS A. Manufacturing of lightweight components by metal forming[J]. CIRP Annals, 2003, 52(2): 521-542.

[5] WANG YUTIAN, et al. Design and development of a five-axis machine tool with high accuracy, stiffness and efficiency for aero-engine casing manufacturing[J]. Chinese Journal of Aeronautics, 2022, 35(4): 485-496.

[6] 许晓勇,赵世红,王召. 轻质钛合金喷管在氢氧发动机上的应用研究[J]. 火箭推进, 2016, 42(04): 1-6+34.

[7] HU Z, LI J Q. Computer simulation of tube-bending processes with small bending radius using local induction heating[J]. Journal of Materials Processing Technology, 1999, 91(1): 75-79.

[8] Tomei Extreme Titanium Exhaust System Nissan GT-R R35 2009-2021[EB/OL]. [2023-12-11]. https://www.vividracing.com/tomei-extreme-titanium-exhaust-system-nissan-gtr-r35-20092021-p-151331190.html

[9] 彭西洋,李雪锋. 钛合金在汽车工业中的应用现状及前景展望[J]. 汽车工艺师, 2023(04): 56-59.

[10] 姚杰. 钛及钛合金在汽车中的应用现状[J]. 山东工业技术, 2015(23): 34-35.

[11] 刘国军. 说说钛材料在海洋工程中的应用[J]. 中国建材, 2022(08): 114-115.

[12] 蒋鹏,王启,张斌斌,等. 深海装备耐压结构用钛合金材料应用研究[J]. 中国工程科学, 2019, 21(06): 95-101.

[13] 江洪,陈亚杨. 钛合金在舰船上的研究及应用进展[J]. 新材料产业, 2018, 301(12): 11-14.

[14] 董洁,李献民,姜钟林等. 钛在海军潜艇上的应用与展望[J]. 金属世界, 2015(4): 1-5.

[15] ODENBERGER E L, PEDERSON R, OLDENBURG M. Finite element modeling and validation of springback and stress relaxation in the thermo-mechanical forming of thin Ti-6Al-4V sheets[J]. Int. J. Adv. Manuf. Technol., 2019, 104: 3439-3455.

[16] LIU J, et al. Superplastic-like forming of Ti-6Al-4V alloy[J]. Int. J. Adv. Manuf. Technol., 2013. 69: 1097-1104.

[17] KEHUAN WANG, LILIANG WANG, KAILUN ZHENG, et al. High-efficiency forming processes for complex thin-walled titanium alloys components: State-of-the-art and Perspectives[J]. International

Journal of Extreme Manufacturing,2020,2(3):032001.

[18] LIU G,WANG J,DANG K,et al. High pressure pneumatic forming of Ti-3Al-2.5V titanium tubes in a square cross-sectional die[J]. Materials,2014,7:5992-6009.

[19] 郭斌,郎利辉,等. 锻压手册:第2卷 冲压[M]. 4版. 北京:机械工业出版社,2021.

[20] VOLLERTSEN F. Accuracy in process chains using hydroforming[J]. J. Mater. Process. Technol.,2000,103(3):424-433.

[21] ZHENG K,POLITIS D J,WANG L,et al. A review on forming techniques for manufacturing lightweight complex-shaped aluminium panel components[J]. Int. J. Lightweight Mater. Manuf.,2018,1(2):55-80.

[22] BAI Q,LIN J,DEAN T A,et al. Modelling of dominant softening mechanisms for Ti-6Al-4V in steady state hot forming conditions[J]. Mater. Sci. Eng. A,2013,559:352-358.

[23] MOSLEH A O,MIKHAYLOVSKAYA A V,KOTOV A D,et al. Experimental,modelling and simulation of an approach for optimizing the superplastic forming of Ti-6%Al-4%V titanium alloy[J]. J. Manuf. Process.,2019,45:262-272.

[24] KIM Y W,KIM S L. Advances in gammalloy materials-processes-application technology:successes,dilemmas,and future[J]. JOM,2018,70(4):553-560.

[25] LIU G,WU Y,WANG D,et al. Effect of feeding length on deforming behavior of Ti-3Al-2.5 V tubular components prepared by tube gas forming at elevated temperature[J]. Int. J. Adv. Manuf. Technol.,2015,81:1809-1816.

[26] WU Y,LIU G,WANG K,et al. Loading path and microstructure study of Ti-3Al-2.5V tubular components within hot gas forming at 800℃[J]. The International Journal of Advanced Manufacturing Technology,2016,87:1823-1833.

[27] 王克环. TA15钛合金激光焊接管材热气胀变形行为与微观机理[D]. 哈尔滨:哈尔滨工业大学,2016.

[28] HUANG S,SHAO B,XU W,et al. Deformation behavior and dynamic recrystallization of Ti-22Al-25Nb alloy at 750-990℃[J]. Advanced Engineering Materials,2020,22:1901231-1901238.

[29] JIAO X,WANG D,YANG J,et al. Microstructure analysis on enhancing mechanical properties at 750℃ and room temperature of Ti-22Al-24Nb-0.5Mo alloy tubes fabricated by hot gas forming[J]. J. Alloy Compd.,2019,789:639-646.

第 2 章
高温轻质合金热变形行为及微观机理

2.1 钛合金板材热变形行为及微观机理

2.1.1 钛合金板材热变形行为

钛合金在室温条件下强度高、塑性差,成形后回弹严重,成形难度极大;在高温条件下强度下降,延伸率显著提升。因此,钛合金薄壁构件多采用热成形。超塑成形是一种被广泛使用的热成形工艺,然而该工艺一般需要在高温(一般不低于850℃)、低应变速率($10^{-4} \sim 10^{-3}\,\mathrm{s}^{-1}$)条件下对构件进行成形,效率低、成本高,因此国内外学者致力于开发温度较低、应变速率($>10^{-2}\,\mathrm{s}^{-1}$)相对较高条件下的钛合金成形工艺。图 2-1 为不同钛合金在不同条件下的延伸率分布情况,可以看出在 700~850℃,即便应变速率大于 $0.01\,\mathrm{s}^{-1}$,多数钛合金依然具有 50% 以上的延伸率,可以满足多数构件的塑性成形需要[1]。

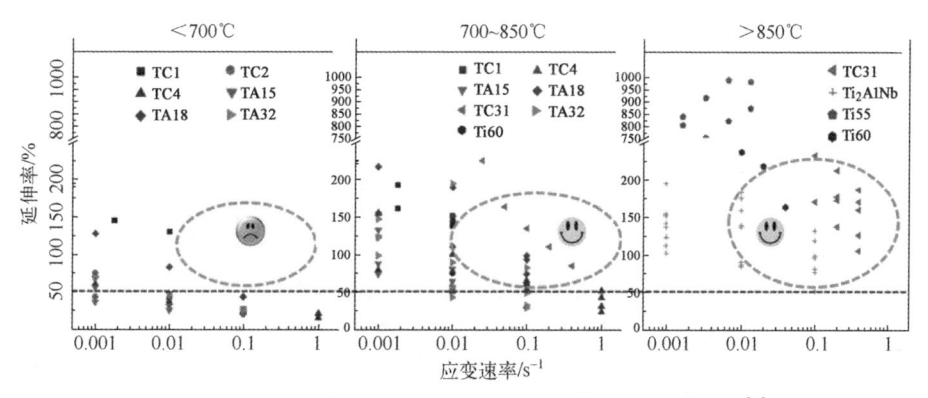

图 2-1 不同钛合金在不同条件下的延伸率分布(见彩插)[1]

在进行热态气压成形之前,需要对材料进行高温拉伸,根据真应力-真应变关系,初步确定成形温度及应变速率范围。TA15 钛合金是一种近 α 钛合金,在航空航天领域广泛应用,其板材高温拉伸真应力-真应变曲线如图 2-2 所示。可以看出 TA15 钛合金板材在热变形时主要有三种变形行为。第一种为硬化行为,该变形行为主要发生在低温和高应变速率($>10^{-2}s^{-1}$)条件下,如在 650℃、$0.1s^{-1}$ 条件下,材料的流动应力随着应变的增加而逐渐增加,当塑性失稳发生时材料应力下降,并迅速引发断裂,该变形行为和材料室温变形行为类似,加工硬化在变形过程中起主导作用。第二种为准稳态流动行为,材料的流动应力在较小的应变范围内达到峰值,然后应力值维持相对恒定,直到塑性失稳发生,该流动行为出现的应变速率要比第一种硬化行为低,如 800℃、$0.001s^{-1}$。第三种为软化行为,材料的流动应力在较小的应变范围内达到峰值然后持续下降,直到塑性失稳发生,在 650~800℃ 温度范围内,TA15 钛合金板材以这种变形行为为主[2]。

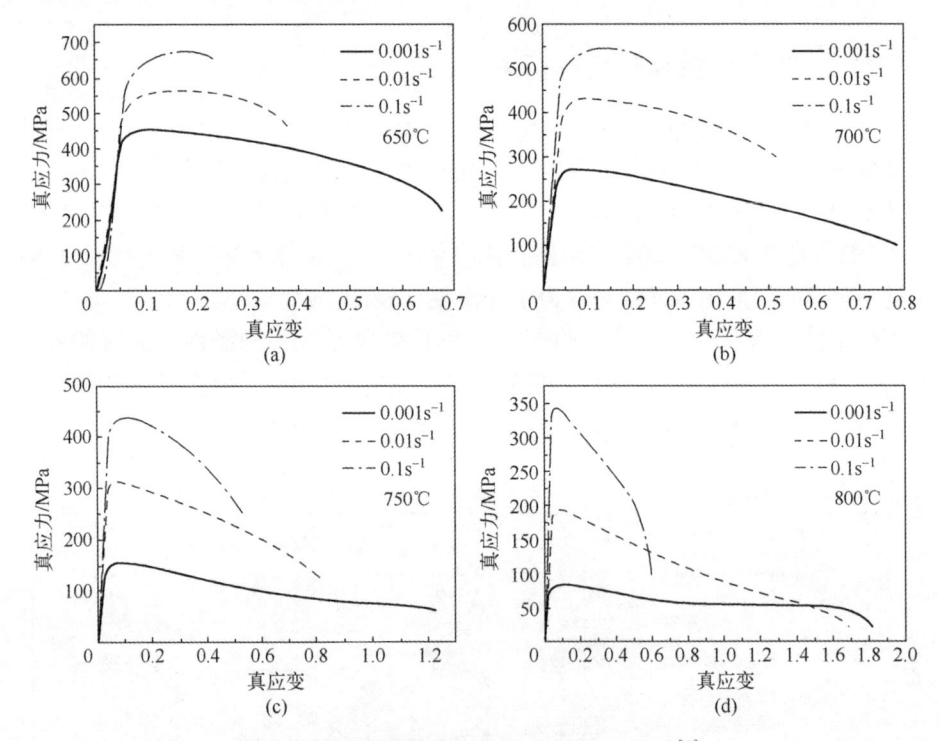

图 2-2 不同条件下的真应力-真应变曲线[2]
(a) 650℃;(b) 700℃;(c) 750℃;(d) 800℃。

出现上述三种不同的流动行为是因为材料在高温下发生塑性变形会同时存在两个现象:硬化、软化。硬化现象指材料在发生塑性变形时,由于位错的产生、运动及相互作用,导致材料的强度升高,变形过程中应变和应变速率均可产生硬化效应。其中,在超塑性条件下,材料的主要硬化机制为应变速率硬化;室温成形时,材料的主要硬化机制为应变硬化。热态气压成形为非超塑性条件下的热成形,同时存在应变速率硬化和应变硬化,即双硬化。

软化现象指材料在高温变形过程中,由于动态回复、动态再结晶、变形热和损伤的发生,使得材料的流动应力下降。变形过程中硬化和软化现象同时发生又相互作用。不同条件下软化和硬化的程度不一样导致不同条件下材料的流动行为产生差异。

从以上结果可以看出,温度及应变速率对材料的流动行为有很大的影响,图 2-3 为不同条件下的峰值应力 σ_p 随变形温度 T 和应变速率 $\dot{\varepsilon}$ 的变化曲线,从中可以看出,峰值应力随变形温度的升高和应变速率的降低而降低,相同应变速率下峰值应力和温度近似呈线性关系,拟合的三条曲线近乎平行,表明 TA15 钛合金的峰值应力对温度的敏感性 $\dfrac{\mathrm{d}\sigma_p}{\mathrm{d}T}$ 在不同应变速率下非常接近。

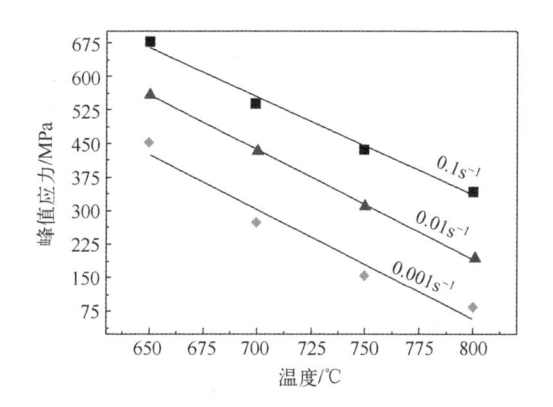

图 2-3 变形温度和应变速率对峰值应力的影响

在塑性变形过程中,材料硬化是维持均匀变形的重要因素。在钛合金热变形时,硬化效应主要由两个因素控制:应变硬化、应变速率硬化。从图 2-2 可以看出,应变硬化只在较低温度、较高应变速率下有明显作用,而应变速率硬化在整个变形过程中对流动应力都有较大影响。流动应力对应变速率的敏感性可以用 m 来表征,m 的数值越大,材料对应变速率越敏感,应变速率硬化效应越明显。m 的求解可以采用下式计算,即

$$m = \frac{\mathrm{d}\ln\sigma_p}{\mathrm{d}\ln\dot{\varepsilon}} \qquad (2\text{-}1)$$

式中：σ_p 为峰值应力；$\dot{\varepsilon}$ 为应变速率。

根据图 2-2 的拉伸结果可以得到 $\ln\sigma_p$-$\ln\dot{\varepsilon}$ 关系图，如图 2-4(a)所示；通过对散点的拟合求出 m 值，拟合结果如图 2-4(b)所示。从图中可以看出，随着温度的升高，材料的应变速率敏感系数 m 也不断增大，800℃时达到 0.3。从图 2-4(a)还可以看出，800℃时，应变速率改变时材料的峰值应力变化幅度最大，这和材料此时优异的成形性能是相吻合的。由于 m 较高，在塑性变形过程中，当局部变形集中、应变速率较高时，该处的流动应力将会提高并使得变形发生转移，从而整体上获得更大的变形能力。

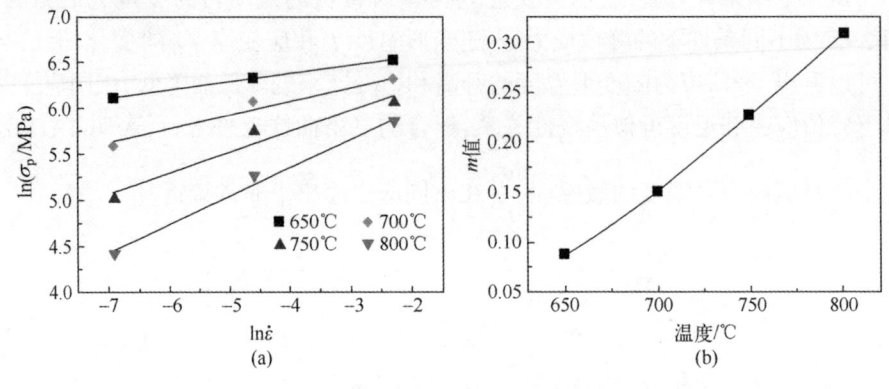

图 2-4 应变速率敏感系数 m 求解

(a) $\ln\sigma_p$-$\ln\dot{\varepsilon}$ 关系；(b) 温度对 m 的影响。

2.1.2 钛合金板材热变形过程微观组织演变规律

TA15 钛合金板材在 800℃、$0.001س^{-1}$ 条件下拉伸至不同应变后的组织形貌如图 2-5 所示。从图中可以看出，随着应变的增加材料晶粒尺寸先减小后增加，这是因为初始材料内部存在大量变形组织，晶内位错密度很高，因此在变形初期材料就发生了明显的再结晶，由于再结晶晶粒比较细小，平均晶粒度减小（图 2-5(b)），随着应变的增加，再结晶越来越充分，而且变形初期的再结晶晶粒发生长大，因此在变形后期材料发生一定的晶粒粗化（图 2-5(d)）。具体的晶粒尺寸分布如图 2-6 所示。晶粒尺寸的改变会影响流动应力，变形初期晶粒细化会促进晶界滑移的发生，导致流动应力下降，随后晶粒粗化又会增加位错滑移，所以变形后期材料流动应力软化率下降。

图 2-7 为 TA15 钛合金板材在 800℃、$0.001s^{-1}$ 条件下拉伸至不同应变后几何必须位错密度（GND）分布图，图 2-8 为相应的数值分布。从图 2-8 中可以看

图 2-5 TA15 钛合金板材拉伸至不同应变后的组织形貌图(800℃、0.001s^{-1})(见彩插)
(a) 0.2;(b) 0.35;(c) 0.5;(d) 0.75。

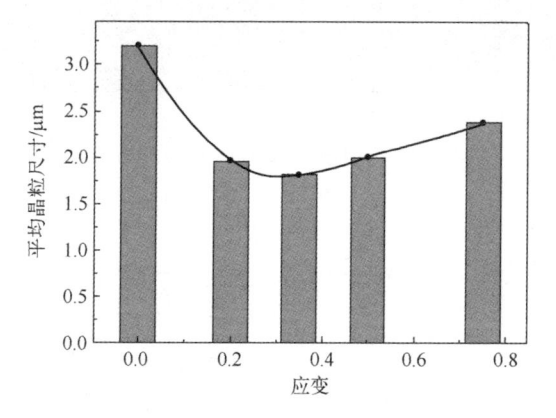

图 2-6 不同应变对应的平均晶粒尺寸

出,原始材料具有很高的位错密度,随着变形的进行,再结晶不断发生,逐渐消耗材料内部的位错,位错密度逐渐下降,图 2-8(a)中的 GND 分布曲线在峰值区域的宽度随着应变的增加逐渐变窄,意味着平均 GND 数值在下降,如图 2-8(b)所示。当应变分别为 0.2、0.35、0.5 和 0.75 时,对应的平均 GND 数值分别为 8.8×10^{14}m^{-2}、7.8×10^{14}m^{-2}、5.9×10^{14}m^{-2} 和 4.7×10^{14}m^{-2}。

从以上结果可以看出,近 α 钛合金在 650～800℃温度范围内变形时,由于温度相对较低,相变发生较少,主要的组织演变为在动态回复及再结晶作用下的位错演化及晶粒尺寸演化,通过工艺参数的合理控制,可以实现成形后对构件晶粒的细化。

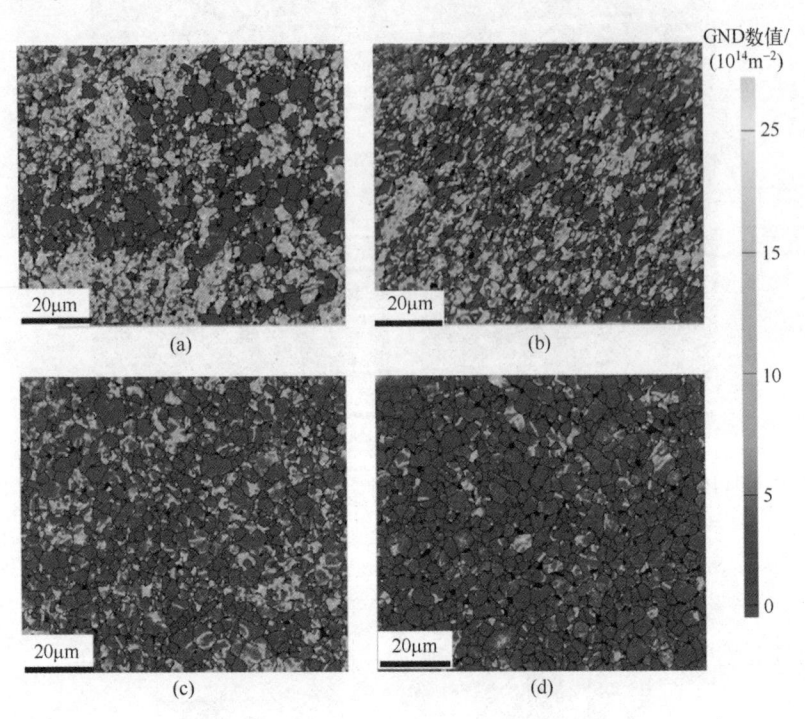

图 2-7　TA15 钛合金板材拉伸至不同应变后的 GND 分布(800℃、0.001s^{-1})(见彩插)
(a) 0.2;(b) 0.35;(c) 0.5;(d) 0.75。

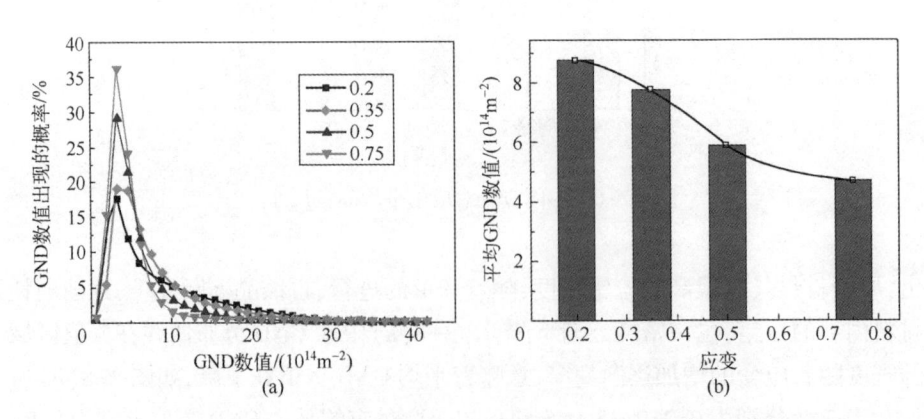

图 2-8　TA15 钛合金板材拉伸至不同应变后的 GND 数值(见彩插)
(a) 总体分布;(b) 平均值分布。

2.1.3 钛合金板材热变形过程硬化与软化机理

TA15 钛合金在进行热变形时同时发生变形硬化、DRV 和 DRX 软化,其中变形硬化包括应变硬化和应变速率硬化两种。图 2-9 为充分再结晶退火前后 TA15 钛合金真应力-真应变曲线。从图中可以看出,再结晶退火后材料的应变硬化效应明显增强,不过随着温度的升高,DRV 的软化作用逐步增强,所以整体硬化率下降。退火前材料由于内部初始位错密度较高,高温变形时软化效应比较明显,如图 2-9 中虚线所示。通过比较退火前后材料的真应力-真应变曲线可以得出如下结论:TA15 钛合金在热变形时,材料的应变硬化效果一直存在,当变形温度较高或材料内部位错密度较高时,材料的软化效应增强,二者综合作用下使得材料的硬化效果减弱。

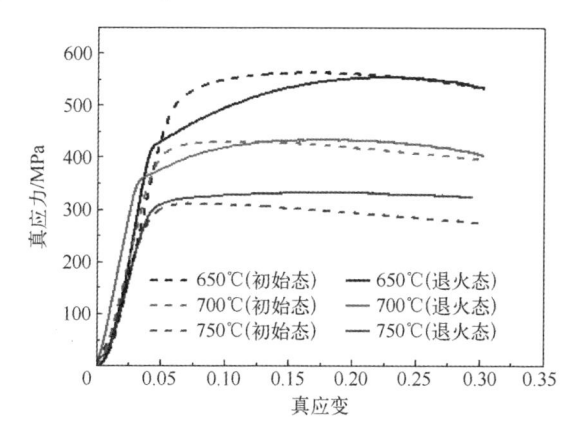

图 2-9 充分再结晶退火前后 TA15 钛合金真应力-真应变曲线($0.01s^{-1}$)(见彩插)

充分再结晶退火后不同条件下的真应力-真应变曲线如图 2-10 所示,与图 2-2 中退火前相比,退火前原始板材由于内部储能较高,相同条件下 DRV 速率更高,而且更容易发生 DRX,因此材料软化效应比再结晶退火后更加明显。与再结晶退火后材料不同的是,再结晶退火后材料的软化效应随应变速率的升高而降低,原始材料在 650℃和 700℃时,变形规律与再结晶退火后相同,但是当温度升高(750℃、800℃)时,原始材料的软化效应随应变速率的升高反而降低(图 2-2)。出现这种现象主要是因为在温度较低时材料的应变速率敏感系数 m 相对较低,因此应变速率硬化对变形均匀性的贡献不是很大。当应变速率较高时,材料的 DRV 作用时间较短,综合之下材料表现出应变硬化的效果;当应变速率降低时,DRV 和 DRX 软化效果增强,材料呈软化趋势。但是,随着温度的升高,m 不断增大,应变速率硬化效应逐渐明显。当应变速率高时,m 相对较低,但由于温度较高，材料的应变硬化效果十分微弱，而且应变速率较高时，变形热的软化效应比较严重，因此在该条件下变形容易引起局部颈缩，由于此时 m 较小，只有当局部应变速率增大较多才会发生颈缩点转移，因此变形过程中材料达到峰值应力之后，应力迅速直线下降，均匀变形能力相对较弱。但是随着应变速率的降低，m 逐渐增大，应变速率强化效应增强，局部颈缩点可以很快发生转移，从而提高变形均匀性，理想状态下可以实现超塑性（图 2-2）。

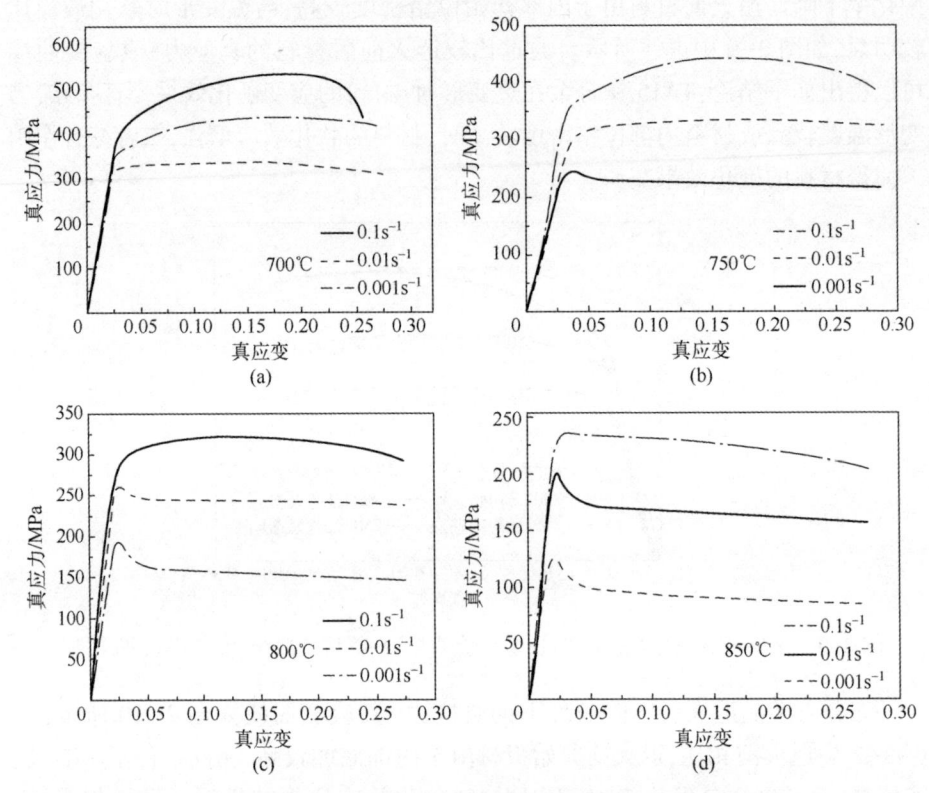

图 2-10　充分再结晶退火后不同条件下的真应力-真应变曲线
(a) 700℃；(b) 750℃；(c) 800℃；(d) 850℃。

钛合金热变形过程中，变形条件对材料的变形机理有很大的影响。一般来说钛合金的热变形机理主要有以下三种：位错滑移、晶界滑移(GBS)和扩散蠕变。扩散蠕变机理一般发生在蠕变变形过程中，应变速率很低（$\leqslant 10^{-5} s^{-1}$），因此可以忽略；GBS 是被广泛认可的钛合金超塑性变形机理之一。图 2-2 中 TA15 钛合金在 800℃、$0.001 s^{-1}$ 条件下拉伸时，总延伸率达到了 536%，表现出了超塑性的特点，此时材料的激活能为 $202 kJ \cdot mol^{-1}$，这和 α 钛的晶界自扩散能量相当（$204 kJ \cdot mol^{-1}$），而且其组织为等轴组织,初始晶粒大小为3.2 μm,以上特征均与GBS主导的变形相吻合。一般认为大角度晶界有助于GBS的发生,然而轧制板材初始材料处于一种高储能状态,材料内部含有大量小角度晶界,因此变形初期发生了动态再结晶(DRX),DRX的发生消耗了大量位错,提高了大角度晶界含量,细化了晶粒,这些演变均有利于GBS的进行,从而提升了材料的变形能力。综上所述,可以推断800℃、0.001S^{-1}条件下钛合金原始轧制板材的热变形机制为动态再结晶推动下的晶界滑移机制。

2.2 Ti_2AlNb合金板材热变形行为及微观机理

2.2.1 Ti_2AlNb合金板材热变形行为

Ti_2AlNb合金是一种耐高温结构材料,可以在600~750℃长时间服役,相较于传统钛合金,具有高温强度高、抗氧化、抗蠕变性能好的优点;相较于其他Ti-Al系材料,如TiAl和Ti_3Al,其具有室温塑性好、断裂韧性高、加工性能好的优点,是具有广泛应用前景的新一代航空航天结构材料。

Ti_2AlNb合金室温下塑性差,抗拉强度高达1000MPa以上,在室温无法成形复杂零件。升高变形温度,可以提高Ti_2AlNb合金的塑性:在700℃左右时,材料的抗拉强度为500~900MPa,延伸率约10%;在850℃左右时,材料的抗拉强度约为400~800MPa,延伸率也只有15%~20%;当变形温度高于900℃时,材料的变形能力大幅升高,变形抗力明显降低;当变形温度为960~970℃时,材料具有一定的超塑性。Ti_2AlNb板材高温塑性成形时,选择成形温度和应变速率等适合的工艺参数非常重要,需要全面地研究Ti_2AlNb板材的高温变形能力。

图2-11显示了Ti-22Al-24.5Nb-0.5Mo板材在910~1040℃和0.0001~0.1s^{-1}范围内拉伸变形后的试样,图2-12为不同实验条件下的真应力-真应变曲线。金属的高温塑性变形过程可以分成四个阶段:①弹性变形阶段。材料的流动应力线性增加至初始屈服强度。②加工硬化阶段。材料屈服后发生不可逆变形,晶粒内发生位错滑移,晶界发生滑移,产生位错并不断堆积缠结,位错密度增加,同时微观组织也发生相应的变化,这些综合作用导致材料的强度升高,不同温度和应变速率下加工硬化程度不同。③稳定塑性变形阶段。当流动应力达到峰值应力后,材料发生稳定变形,流动应力保持相对稳定或线性降低,材料可能存在动态回复、再结晶、针状晶粒球化或损伤等组织演变。④颈缩断裂阶段。随着变形过程中材料内部的损伤积累,试样局部位置的承载能力下降出现颈缩,

并迅速发生集中变形,最终导致试样断裂[3]。

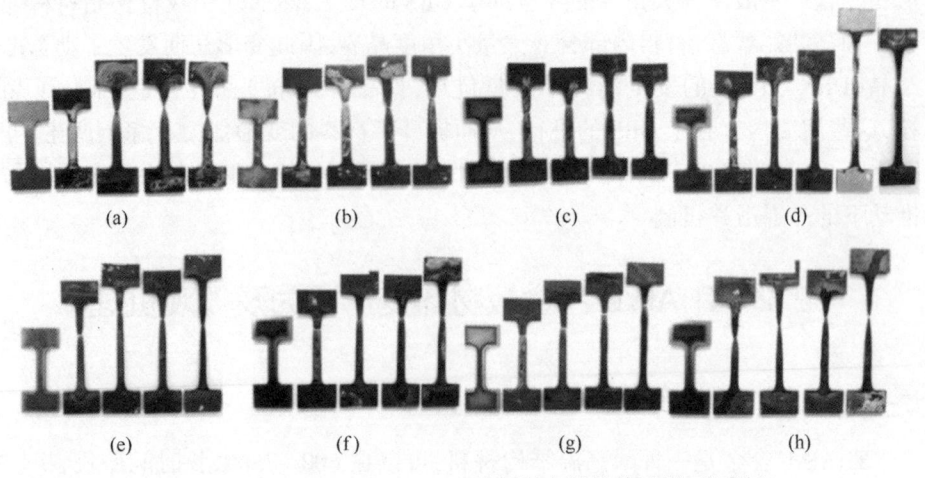

图 2-11 Ti-22Al-24.5Nb-0.5Mo 板材高温拉伸试样(见彩插)
(a) 910℃;(b) 930℃;(c) 950℃;(d) 970℃;(e) 985℃;
(f) 1000℃;(g) 1020℃;(h) 1040℃。

图 2-12 中流动应力曲线呈现明显不同的软化和硬化规律。在 910~950℃时,流动应力随着应变增加呈直线下降趋势,且应变速率越高、温度越低,下降趋势越明显。而 Ti$_2$AlNb 合金在服役温度(650~700℃)下的拉伸曲线并没有出现应变软化现象,这表明 Ti$_2$AlNb 合金在 910~950℃可能存在特殊的塑性变形机制。在 970~1000℃,流动应力保持相对稳定。当变形温度升高到 1040℃时,随着变形的进行,又出现了明显的软化现象,流动应力达到峰值应力后持续降低,直至断裂。

图 2-13 显示了不同变形温度及应变速率时材料的峰值应力。材料的峰值应力都随温度的升高而降低,且在 970℃左右出现了一个明显的拐点。910~970℃时材料的峰值应力随温度升高的下降斜率明显高于 970~1040℃时。

图 2-14 为变形温度和应变速率对延伸率的影响,可以看出当应变速率恒定时,随着温度升高,延伸率呈波浪式变化,延伸率最大时对应的温度区间为 970~985℃;应变速率过高或过低,材料的变形能力都欠佳。在所选高温变形区间(910~1040℃/0.004~0.1s^{-1})Ti$_2$AlNb 合金的延伸率几乎都高于 70%,满足薄壁构件热态气压成形的塑性要求。但是,在热态气压成形的温度和应变速率条件下,例如 970℃/0.01s^{-1},Ti$_2$AlNb 合金的屈服应力可达 132MPa,因此需要较大的成形压力。

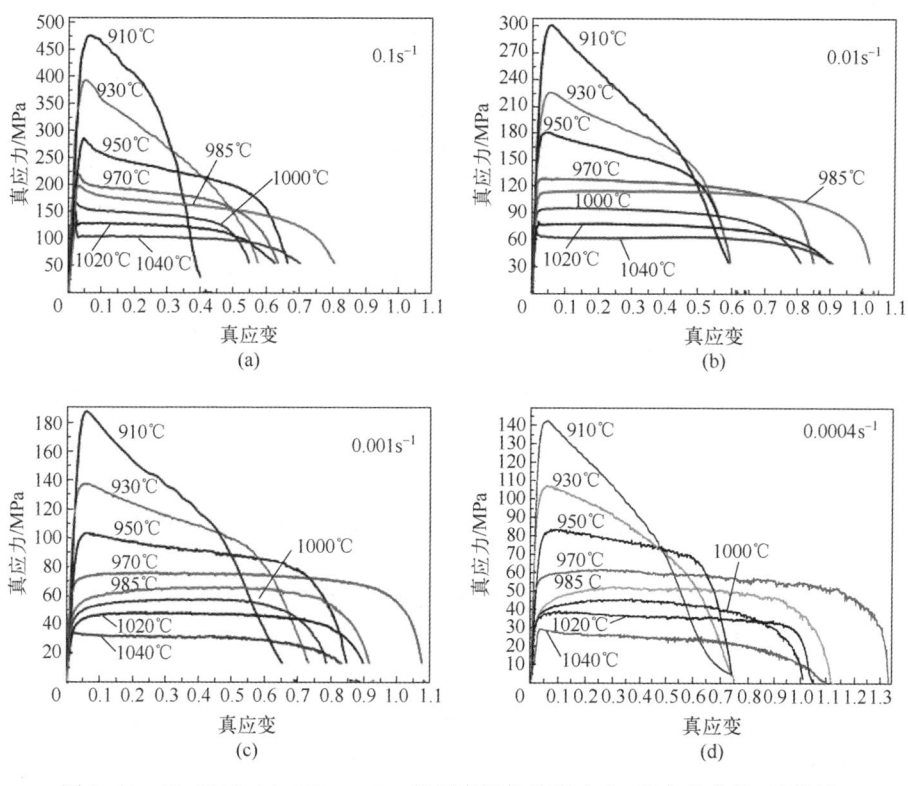

图2-12　Ti-22Al-24.5Nb-0.5Mo 板材高温拉伸真应力-真应变曲线(见彩插)

(a) $0.1s^{-1}$；(b) $0.01s^{-1}$；(c) $0.001s^{-1}$；(d) $0.0004s^{-1}$。

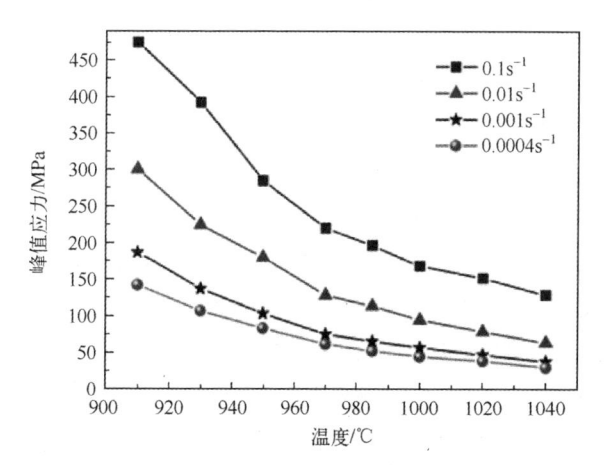

图2-13　变形温度及应变速率对峰值应力的影响

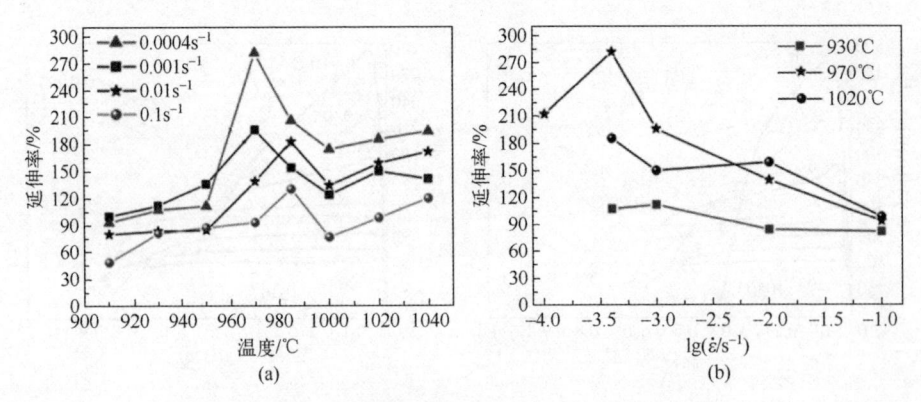

图 2-14　变形温度和应变速率对延伸率的影响

(a) 温度的影响；(b) 应变速率的影响。

2.2.2　Ti$_2$AlNb 合金板材热变形过程的微观组织演变规律

1. 温度对 Ti$_2$AlNb 热变形微观组织演变的影响

不同于钛合金，Ti$_2$AlNb 合金存在 α_2、B2/β 和 O 三种相。在不同温度下热变形后微观组织差异较大，材料流动规律不同。图 2-15 为 Ti-22Al-24.5Nb-0.5Mo 板材在 930℃、950℃、970℃和 1020℃温度下以 0.001s^{-1} 拉伸至应变 0.6 后的微观组织。在 930℃和 950℃变形后，O 相的体积分数无明显变化，而针状 O 相晶粒明显球化，这表明塑性变形对 O 相的形态有显著影响。部分等轴 α_2 晶粒周边出现边缘 O 相晶粒。在 970℃和 1020℃时，O 相含量减少至 1% 以下，材料变形行为主要受 α_2 相和 B2/β 相控制，如图 2-15(b) 和 (c) 所示。由于 α_2 相为高温硬相，变形后组织中 α_2 相晶粒无明显伸长，分布均匀。

图 2-16 为不同条件下变形后 Ti-22Al-24.5Nb-0.5Mo 试样相分布图、局部取向差图和反极图。图 2-16(a)~(f) 为在 930℃和 950℃变形后的微观组织，反极图结果表明，大量取向相同的细小 O 相晶粒聚集在一起，且与初始 O 相晶粒的位向关系相同，为典型的再结晶组织，表明 O 相在变形过程中发生了明显的再结晶。局部取向差(LM)值分布中 α_2 相晶粒内部数值较大，这表明 α_2 相晶粒中位错密度较大。B2/β 相基体中存在大量的亚晶界，且不连续，亚晶界处 LM 值较大。这表明 B2/β 相晶粒发生塑性变形后，在晶粒内产生大量变形位错，在动态回复作用下，位错快速聚集缠结，形成位错墙和亚晶。950℃时结果显示，在粗大的 α_2 相晶粒内部析出了少量 O 相晶粒，且晶核周边 LM 值较大，侧面表明变形应力在 α_2→O 相变过程中的促进作用。

图 2-16(g)~(i) 为原始板材在 970℃变形至应变为 0.6 时的微观组织。在

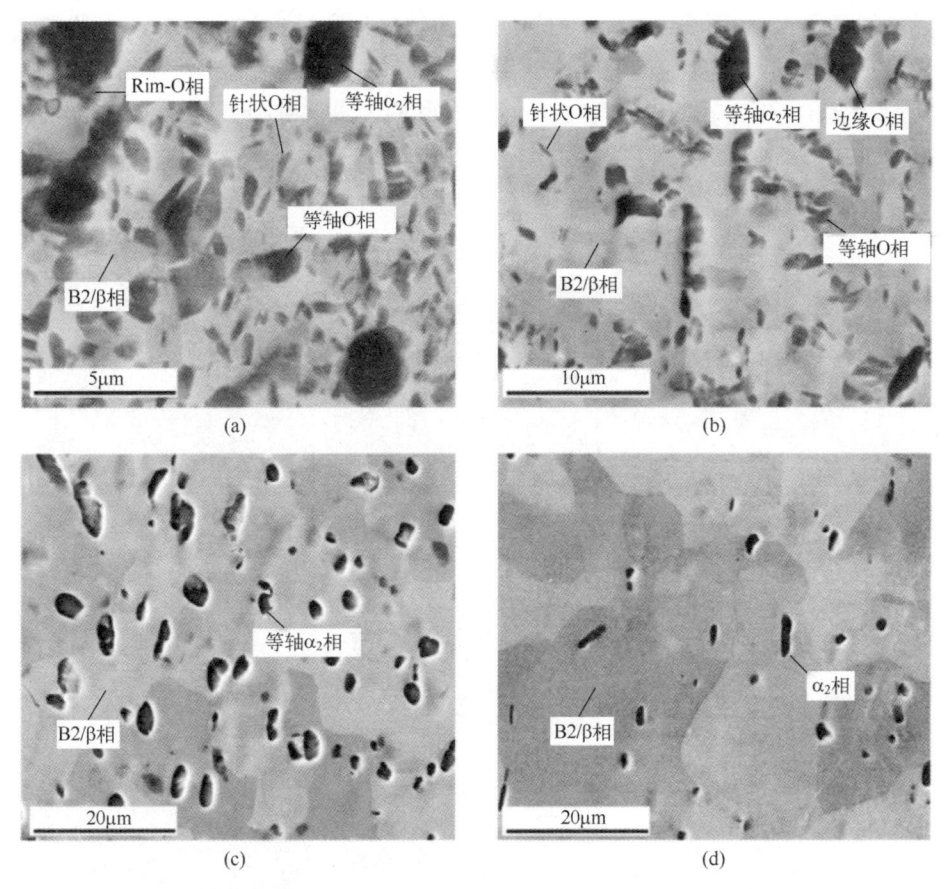

图 2-15　不同温度下等效应变为 0.6 时拉伸试样的微观组织（应变速率 $0.001s^{-1}$）
(a) 930℃；(b) 950℃；(c) 970℃；(d) 1020℃。

α_2+B2/β+O 相区,在热效应作用下,大部分 α_2 和 O 相晶粒在高温单向拉伸前的保温阶段便转变成 B2/β 相,B2/β 相体积分数高达 94.3%。在高温变形过程中,B2/β 相晶粒参与主要的塑性变形,发生动态再结晶,生成一些细小的 B2/β 晶粒。图 2-16(h) 中 LM 值表明,970℃变形后组织的 LM 值比 930℃和 950℃的明显小,这表明在 970℃发生塑性变形时,材料的动态回复能力提高,亚晶界减少,晶粒尺寸保持稳定,也是流动应力保持平稳不变的原因之一。在图 2-16(i) 反极图中,α_2、B2/β 和 O 三相之间依然保持固定的位向关系。值得注意的是,当变形温度高于 930℃时,红色{001}<1-10>织构的 B2/β 相晶粒含量明显增加。

当成形温度升高至 1020℃（α_2+B2/β 相区）后,B2/β 相体积分数增加至 98.1%,α_2 和 O 相晶粒仅占 1.9%左右,对 B2/β 晶粒的钉扎作用显著减弱,B2/β

晶粒明显粗化,如图 2-16(j)~(l)所示。同时,在变形过程中,B2/β 相晶界处发生了明显的再结晶,产生细小再结晶晶粒。上述结果表明,在 B2/β+O、α_2+B2/β+O 和 α_2+B2/β 相区时,α_2、B2/β 和 O 三相体积分数存在较大差异,导致流动应力的变化规律和变形机理存在明显差异。

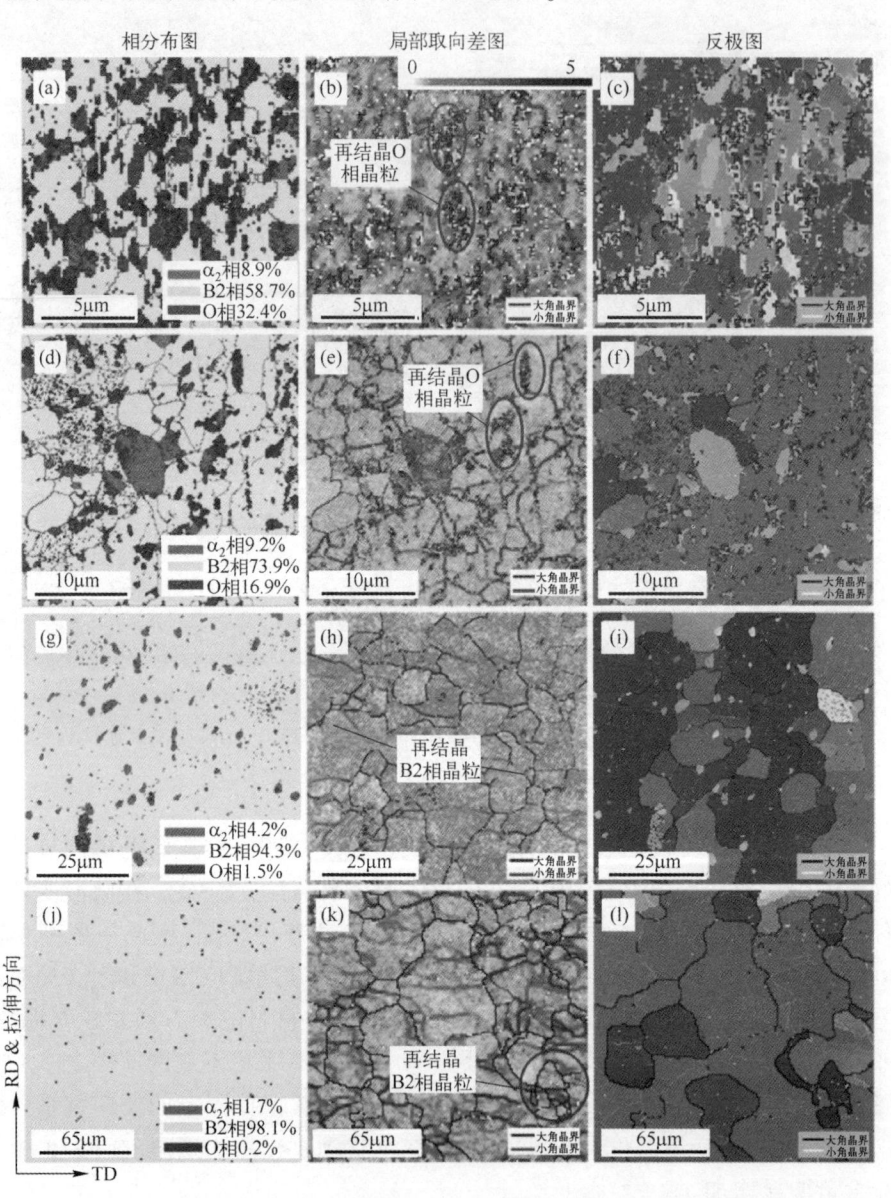

图 2-16 应变速率为 $10^{-3}\mathrm{s}^{-1}$、应变为 0.6 时不同温度拉伸试样的微观组织(见彩插)
(a)~(c) 930℃;(d)~(f) 950℃;(g)~(i) 970℃;(j)~(l) 1020℃。

2. 应变对 Ti₂AlNb 热变形微观组织演变的影响

985℃、0.001s⁻¹条件下分别变形至应变为 0.15、0.3、0.45 和 0.6 的试样组织如图 2-17 所示。考虑保温阶段相含量已相对稳定,而高温拉伸变形时间较短,三相体积分数几乎不变。图 2-17(a)~(m)显示不同应变的 LM 图,侧面反映了 Ti-22Al-24.5Nb-0.5Mo 板材在高温变形过程中位错密度的变化,与 B2/β 相的亚晶分布规律相同。变形前期(应变为 0~0.3),原始板材的存储能在拉伸变形的激活下快速释放,LM 值减少,粗大的 B2/β 相晶粒内部的小角晶界减少,

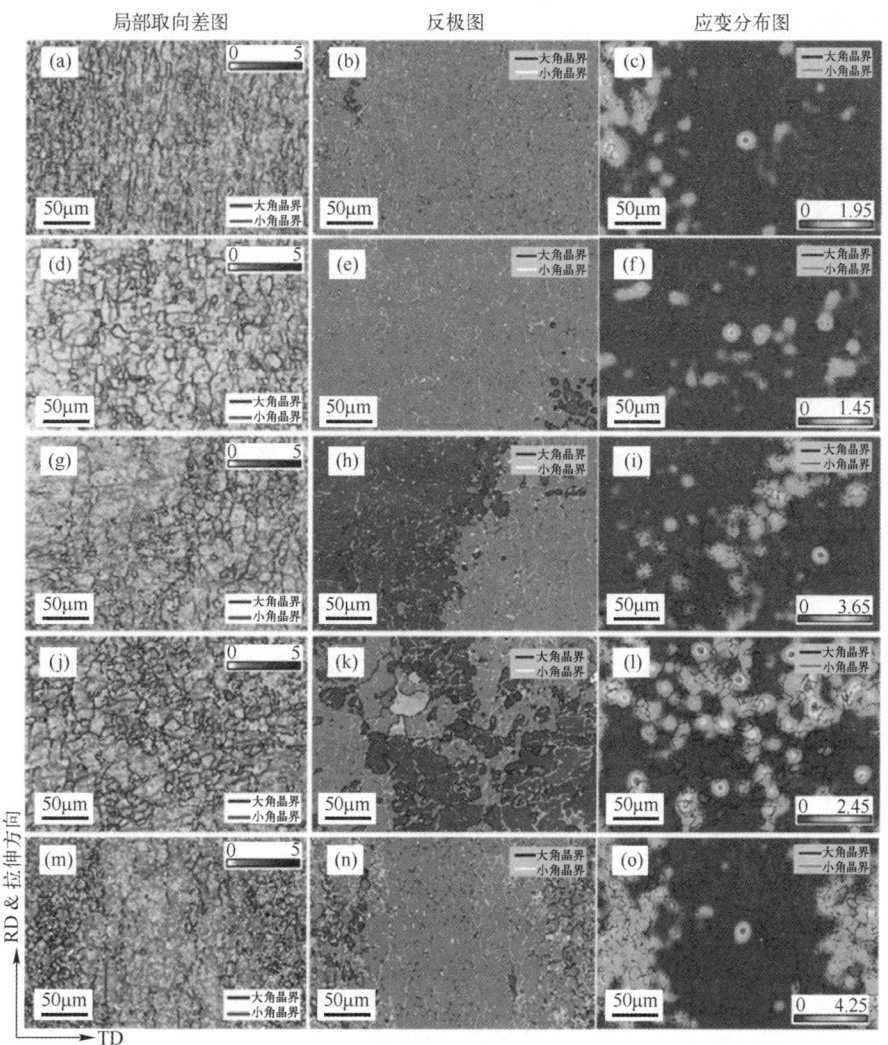

图 2-17 985℃、0.001s⁻¹条件下高温拉伸至不同应变的微观组织(见彩插)

(a)~(c) 0.15;(d)~(f) 0.3;(g)~(i) 0.45;(j)~(l) 0.6;(m)~(o) 0.9。

B2/β 相平均亚晶尺寸增加,这些综合作用使得 Ti$_2$AlNb 高温单向拉伸真应力-真应变曲线呈现应变硬化现象。当应变为 0.3 时,在亚晶尺寸增加至最大、材料的存储能释放到最低时,材料的流动应力也升高至峰值应力。随着应变继续增加,持续的变形引入新的变形畸变能,使得 LM 值增加,位错密度升高,变形产生的亚晶界增多,并出现明显的 B2/β 相再结晶晶粒/亚晶。在动态再结晶/动态回复和塑性变形的平衡作用下,材料流动应力保持稳定。随着应变继续增大(应变在 0.6 以上),再结晶速率增加,B2/β 相平均亚晶尺寸减小,直至断裂。

图 2-17 中反极图的结果表明,原始板材中 B2/β 相的两种织构在变形过程中一直存在,在晶粒交界处,随着塑性变形的进行产生细小再结晶晶粒,塑性变形较大。这间接表明 Ti-22Al-24.5Nb-0.5Mo 板材在高温下塑性变形并不均匀,当应变较大时,在粗大晶粒晶界处出现了明显的局部变形带,如图 2-17(n)所示。图 2-17(c)~(o)显示晶粒局部应变分布,证实了板材变形过程中位错密度先降低后升高。且在变形前期,晶粒局部应变较大处存在于粗大晶粒内部,而在变形后期,变形较大处多存在于细小晶界处。

3. 应变速率对 Ti$_2$AlNb 热变形微观组织演变的影响

985℃时应变速率影响了材料的流动应力、成形性能及组织演变机制。当应变速率较高(0.01~0.1s^{-1})时,呈现应变软化;当应变速率为 0.0004~0.001s^{-1} 时,流动应力先增加后保持稳定。图 2-18 所示为不同应变速率下真应变为 0.6 时单向拉伸试样的背散射电子像。

当应变速率较高(0.01~0.1s^{-1})时,材料中出现明显的局部变形带,与拉伸方向呈约 30°~45°夹角。变形带中部分 α$_2$ 相晶粒异常粗大,且相含量较高。塑性变形导致的不均匀组织使得材料性能不均匀,微观组织细小处的材料流动应力较低,导致整个材料流动应力下降。因此,Ti-22Al-24.5Nb-0.5Mo 板材高温塑性变形产生的局部剪切带属于典型的材料损伤现象。板材性能的不均匀加速了板材颈缩,降低了材料的成形能力。当应变速率降低至 0.0004s^{-1} 时,变形试样组织均匀,局部剪切带减少,材料损伤减少。

图 2-19 显示了 985℃时应变速率对 LM 值分布和 B2/β 平均亚晶尺寸的影响。高应变速率变形后试样的 LM 值明显高于低应变速率变形后试样的 LM 值,这表明应变速率较高时,变形后的板材内部位错密度较高,晶粒取向差较大。图 2-20 中应变速率为 0.1s^{-1} 和 0.001s^{-1} 时试样的 TEM 结果证实这一结论。高温变形时,应变导致位错产生,而高温动态回复及再结晶使得位错减少。单位应变的位错产生率与应变速率相关,而位错修复与位错密度和时间相关。当应变速率较大时,位错产生速度大于位错修复速度,造成位错密度增加。位错密度越

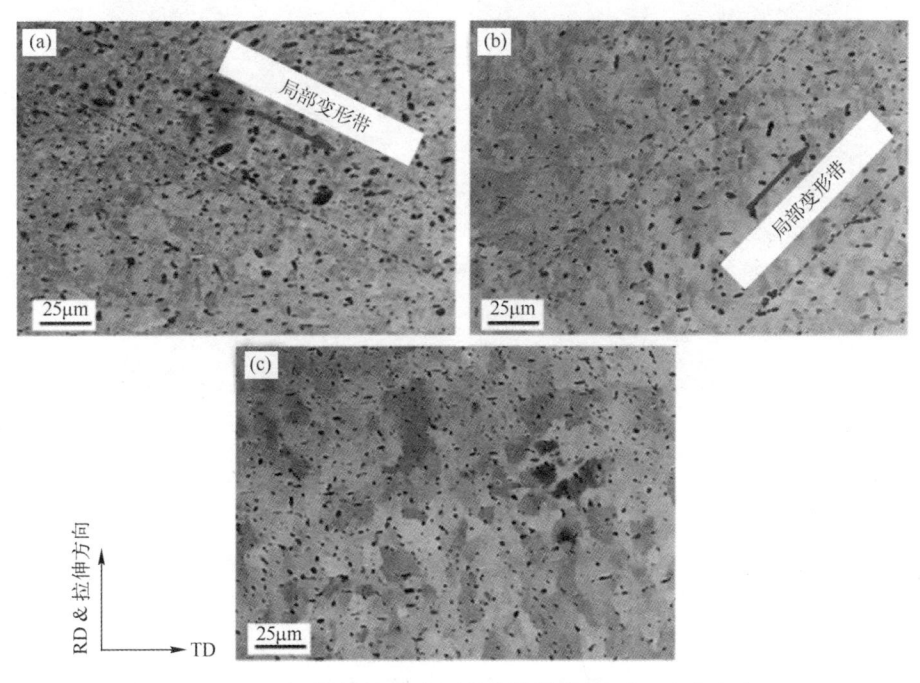

图 2-18 985℃时不同应变速率下的背散射微观组织(真应变为 0.6)

(a) 0.1s^{-1};(b) 0.01s^{-1};(c) 0.0004s^{-1}。

高,亚晶界生成率越高,产生大量 B2/β 亚晶,进而减小 B2/β 相平均亚晶尺寸,促进晶界滑动,导致流动应力减小。同时,材料在变形过程中会产生变形热,当应变速率较高时,会进一步造成流动应力软化。

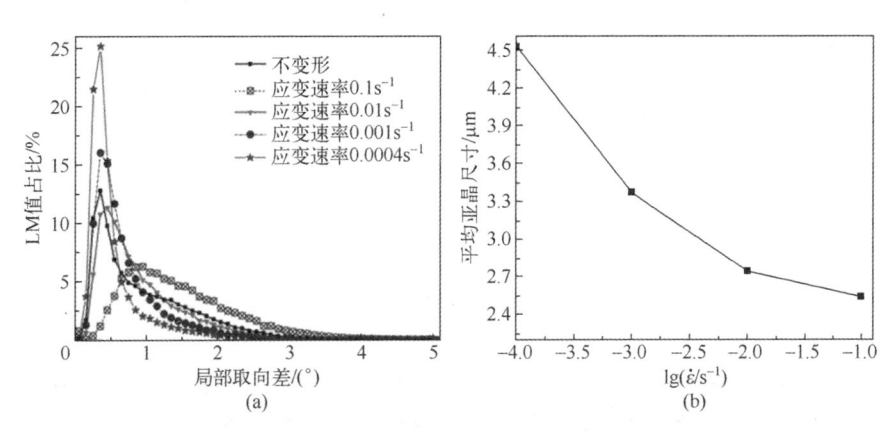

图 2-19 985℃时应变速率对 LM 值占比和 B2/β 相平均亚晶尺寸的影响(见彩插)

(a) LM 值;(b) 平均亚晶尺寸。

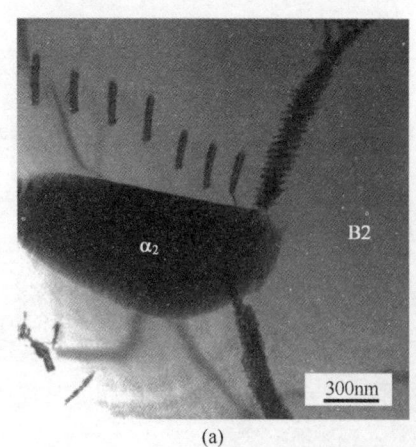

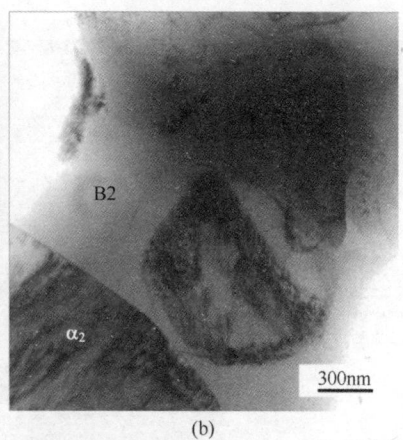

图 2-20　985℃、高温拉伸应变为 0.6 时的 TEM 结果
(a) $0.1s^{-1}$；(b) $0.001s^{-1}$。

综合分析，在 985℃高温变形时，在高应变速率变形初始阶段，位错密度急剧增加激活了原始板材中存储位错，导致异号位错对消，生成大量细小 B2/β 相亚晶，流动应力达到峰值应力后迅速下降，出现不连续性屈服现象。应变增大后，局部颈缩、塑性变形热、亚晶细化和损伤等的共同作用导致流动应力持续软化。图 2-21 显示了应变速率对 Ti_2AlNb 板材反极图及应变分布的影响。B2/β 相局部变形带呈{111}<1$\bar{1}$0>蓝色织构，而红色区域参与变形量少。低应变速率变形时，材料塑性变形导致的位错增加与动态回复和再结晶导致的位错减少速率持平，材料发生均匀稳定变形。应变速率较大时，B2/β 相晶粒伸长方向多沿着拉伸试样 30°~45°方向，而低应变速率变形时，B2/β 相晶粒伸长方向多沿着拉伸试样方向。

4. Ti_2AlNb 合金板材热变形过程三相组织演变机理

根据高温拉伸实验结果，在 B2/β+O、$α_2$+B2/β+O 及 $α_2$+B2/β 相区下发生塑性变形时，$α_2$、B2/β 和 O 三相体积分数不同，参与塑性变形的程度不同，组织演变机理存在较大差异，需要分别阐述，如图 2-22 所示。组织演变主要分为变形孔洞集中区、变形剪切带区、针状 O 相扭折区、O 相再结晶区、针状 O 相晶粒粗化及球化区、B2 相再结晶区及 B2 相晶粒粗化区，且部分区域为多种组织演变协同控制。

B2/β+O 相区（910~950℃），O 相含量约 10%~50%，针状 O 相晶粒在塑性变形过程中发生球化，参与到塑性变形过程中，并发生了再结晶，晶粒被细化；$α_2$ 相含量在 10%左右，在三个相中属于硬相，变形量较小，晶界内部残余应力较大，可以理解为强化粒子；B2/β 相晶粒的变形机制主要是位错滑移和晶界滑移，

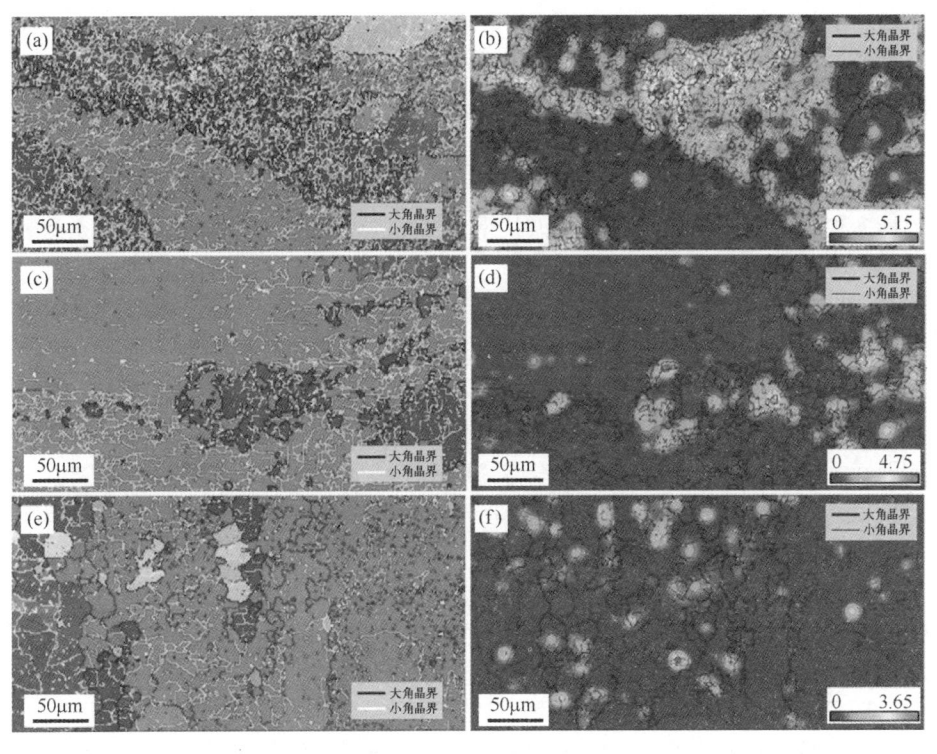

图 2-21 985℃不同应变速率下变形至应变为 0.6 时试样的反极图和应变分布(见彩插)
(a),(b) 0.1s^{-1};(c),(d) 0.01s^{-1};(e),(f) 0.0004s^{-1}。

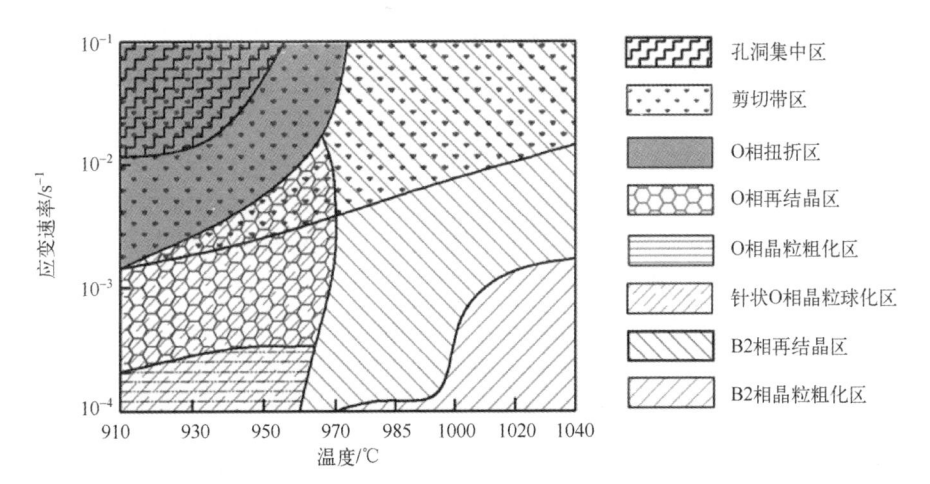

图 2-22 Ti-22Al-24.5Nb-0.5Mo 板材高温变形组织演变机理示意图

B2/β 相晶粒演变包括动态回复和动态再结晶。需要注意的是,由于三相的晶粒强度不同,三相晶粒协调变形所发生的应变不同,在 α$_2$ 相晶粒与 B2/β 相晶界、

O相晶粒与B2/β相晶界处易出现孔洞缺陷,发生变形损伤。随着应变的增加,孔洞体积分数增加,直至出现局部颈缩发生断裂。同时,应变速率增大时,孔洞的产生及聚集程度增加,O相晶粒球化程度增加,变形温升增加,应变软化幅度增加,变形性能下降。

在α_2+B2/β+O相区(970~1000℃),由于扩散蠕变的应变速率远低于高温塑性变形的应变速率,因此不考虑扩散蠕变机制。α_2和O两相体积分数较小(两相合计约5%~10%),且两相晶粒及周边LM值较大,出现明显的应力应变集中,且α_2和O两相并没有明显的塑性变形,表明α_2和O相细小晶粒在塑性变形中呈硬相,对B2/β相晶界起到钉扎作用。B2/β相的变形机制主要是位错滑移和晶界滑移,B2/β相晶粒组织演变与应变和应变速率紧密相关。当应变速率较低(0.001~$0.0001s^{-1}$)时,变形初期板材中的存储能释放,位错密度减少,B2/β相亚晶界减少,B2/β相平均亚晶尺寸增加,流动应力随应变的增加而增大。当应变增大到一定程度时(985℃时为0.3左右),随着应变的持续增加,B2/β相晶粒内的位错密度增加,小角晶界增加,部分粗大B2/β相晶粒发生动态再结晶,平均亚晶/晶粒尺寸减小,在位错滑移及晶界滑移的综合作用下,流动应力保持相对稳定,直至材料局部颈缩断裂。当应变速率较高(0.1~$0.01s^{-1}$)时,B2/β相晶粒内部的残余应力较大,位错密度较高,平均晶粒尺寸减小,材料变形时出现了明显的局部剪切带和变形损伤,且变形区存在明显温升现象,综合原因导致材料应变软化现象。在α_2+B2/β+O相区内,变形温度发生变化时,材料变形前期的硬化阶段不同,归因于组织演变不同。970℃、$0.001s^{-1}$条件下,变形温度较低,材料的回复能力较弱,材料的应变硬化段为0~0.15,应变硬化幅度小;985℃、$0.001s^{-1}$条件下,应变硬化段为0~0.4,应变硬化幅度增加;1000℃、$0.001s^{-1}$条件下,材料动态回复能力增强,晶粒粗化速度加快,应变硬化段为0~0.15。显然,在α_2+B2/β+O相区,B2/β相晶粒的位错滑移及晶界滑移的对立关系构成了变形过程中的流动应力硬化及软化。塑性变形初期,平均晶粒尺寸的增大提高了晶界滑移所需应力;后期动态回复和动态再结晶减小了B2/β相平均亚晶/晶粒尺寸,降低了晶界滑移所需流动应力;而塑性变形导致的相对位错密度增大,提高了位错滑移所需流动应力。

在α_2+B2/β相区(1000~1040℃),由于成形温度较高,α_2和O两相体积分数非常小(两相合计小于2%),对B2/β相晶界钉扎减小,B2/β相晶粒在热效应下粗化严重。同时,前期的储存能释放阶段短,材料没有明显的硬化阶段,直接进入塑性变形阶段,B2/β相晶粒发生动态再结晶,呈现一定的应变软化,直至断裂。

综上所述,Ti-22Al-24.5Nb-0.5Mo板材在910~1040℃、应变速率为0.0004~$0.1s^{-1}$条件下发生塑性变形时,主要变形机制为位错滑移、攀移和晶界滑移。不同相区变形的微观机制不同:在B2/β+O相区,针状O相晶粒球化,α_2

相晶粒在应力作用下向 O 相转变,O 相和 B2/β 相晶粒发生动态再结晶,高应变速率变形时出现孔洞等损伤;在 α_2+B2/β+O 相区,B2/β 相晶粒发生动态回复和动态再结晶,变形量较大或应变速率较高时出现局部变形带;在 α_2+B2/β 相区,B2/β 相晶粒发生动态回复和动态再结晶,α_2 相晶粒对 B2/β 晶界钉扎减弱,B2/β 晶粒粗化。因此,Ti_2AlNb 合金薄壁构件热态气压成形应在 α_2+B2/β+O 相区进行,避免 B2/β+O 相区出现变形损伤和在 α_2+B2/β 相区出现晶粒粗化,从而优化成形构件的使用性能。

2.3 高温轻质合金板材焊接接头热变形行为

2.3.1 钛合金板材焊接接头热变形行为

钛合金薄壁构件在实际成形的时候,由于尺寸或者结构等原因,有时需要先焊接后成形。然而,钛合金焊缝和母材在组织性能方面存在很大差异,在对焊接结构进行成形之前需要清楚焊接接头热变形行为及微观机制,从而确定合适的成形工艺窗口。

激光焊接是一种利用高能激光束作为热源来实现材料焊接的高效焊接方法。相比其他焊接方法,钛合金激光焊接具有能量密度高、变形小、热影响区窄、焊接速度高、易实现自动控制等优点,在航空航天及国防等领域得到广泛应用。图 2-23 为采用 CO_2 激光器焊接后的 TA15 钛合金试样,板材厚度为 2mm,焊接功率为 1.2kW,焊接速度为 1.2m/min。焊接过程中为了避免氧化,采用高纯氩气进行保护。从图 2-23 中可以看出,焊后焊缝表面呈光亮银白色,说明焊接过程中气体保护效果非常好。对焊后的焊缝进行 X 射线检测,检测结果如图 2-23(b)所示,可以看出接头致密,无裂纹和气孔缺陷。

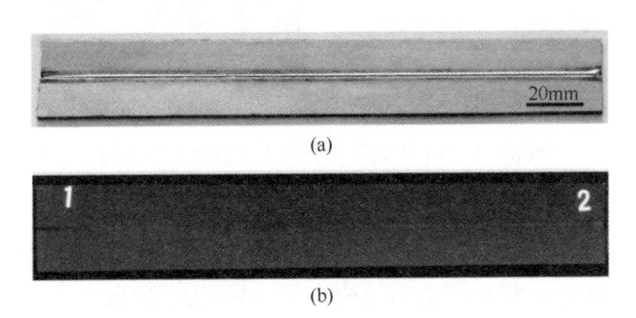

图 2-23 采用 CO_2 激光焊接后的 TA15 钛合金试样及 X 射线检测结果(见彩插)

(a)焊接试样;(b)X 射线检测结果。

焊接后管材的焊接接头厚度截面的组织形貌分布如图 2-24 所示。从图中可以看出，接头在宏观上可以明显分为三部分：焊缝中心区(FZ)、热影响区(HAZ)、母材区(BM)。不同分区由于焊接过程中受热的影响不同，故组织差异性很大。激光焊接是一种快速加热、冷却、凝固和结晶的过程，焊缝中心区热量最大，因此在焊接过程中会形成粗大的柱状晶，如图 2-24(a) 所示。对中心区进一步放大可以发现，由于冷却速度较快，在 β 相的基体内析出了大量细针状的马氏体组织，如图 2-24(b) 所示。热影响区处于焊缝中心区向母材区过渡的区域，受热影响相比焊缝中心区要弱许多，且热影响作用从中心区到母材区逐渐减弱，因此导致该区域组织十分混杂，在靠近熔合区仍然可以看到 β 柱状晶，不过晶内马氏体数量要比中心区少，如图 2-24(c) 所示。靠近母材区的热影响区，温度多处于 β 相转变温度以下，因此该区域并没有发生明显的相转变，许多原始 α 相晶粒得以留存，只不过晶粒尺寸发生了一定程度的长大，所以热影响区同时包含马氏体、转变 β 组织、β 相及等轴 α 相，如图 2-24 (c) 所示。

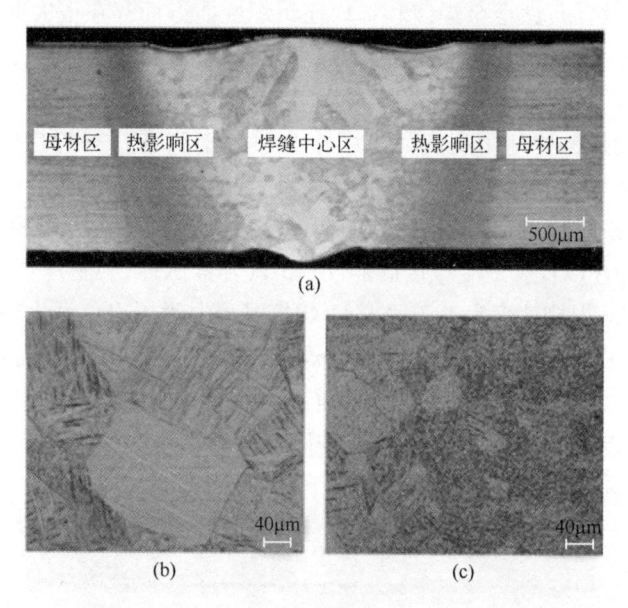

图 2-24　TA15 钛合金激光焊接接头组织形貌
(a) 接头宏观组织；(b) 焊缝中心区组织；(c) 热影响区组织。

钛合金焊接后在组织和性能上发生了很大改变，所以当对焊接接头进行塑性变形时，焊缝和母材将会产生不同的变形结果，为了研究激光焊接钛合金接头的不同变形行为，图 2-25 给出了三种不同形式的焊缝拉伸试样，其中图 2-25(a) 和(b)中焊缝位置均在试样几何中心处。对这三种试样分别在 800℃、$0.01s^{-1}$ 条件下进行了高温拉伸，拉伸变形后的结果如图 2-26 所示，拉伸真应力-真应变曲线如图 2-27 所示。

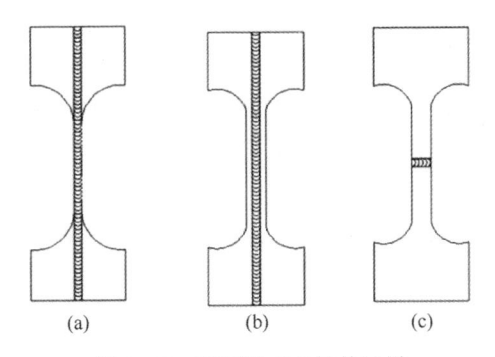

图 2-25 不同形式的拉伸试样
(a) 纯焊缝试样;(b) 平行焊缝试样;(c) 垂直焊缝试样。

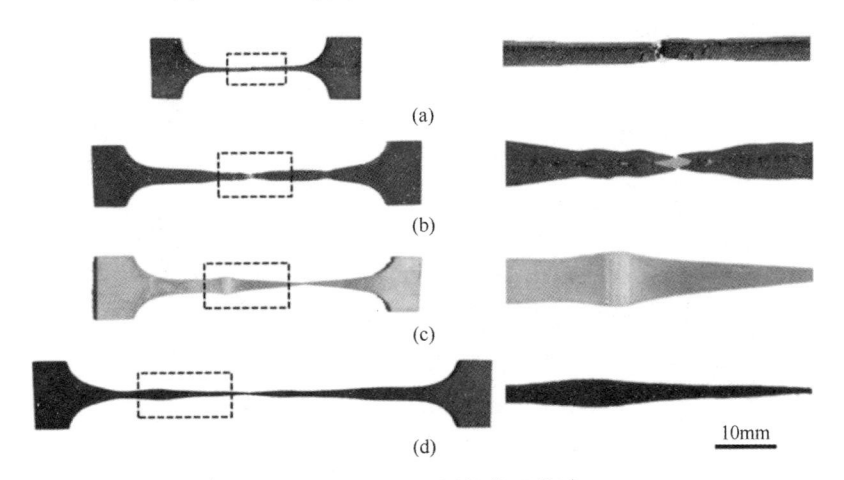

图 2-26 不同试样拉伸后结果
(a) 纯焊缝试样;(b) 平行焊缝试样;(c) 垂直焊缝试样;(d) 母材试样。

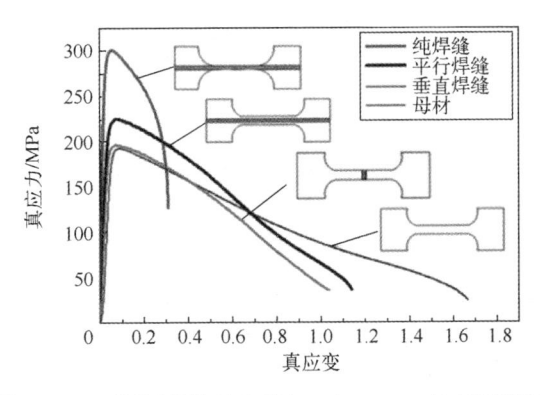

图 2-27 不同试样拉伸曲线(800℃、0.01s^{-1})(见彩插)

从图 2-26 可以直观地看出,焊缝对试样变形和断裂行为存在很大的影响。从延伸率上来说,纯焊缝塑性最差,母材最好。从破裂上来说,纯焊缝和平行焊缝均在焊缝熔合区产生裂纹,裂纹产生后不久,纯焊缝试样就发生断裂。而平行焊缝试样,由于熔合区外侧还有热影响区和母材区,中间熔合区发生断裂之后,外侧母材仍然继续变形,在中间破裂的熔合区形成平行四边形缺口,故整个试样断裂后,断口呈 V 形。

平行焊缝试样变形后微观组织形貌如图 2-28 所示,从图中可以看出焊缝区存在许多裂纹,然而母材区组织致密,没有任何裂纹出现。变形过程中由于柱状晶塑性比较差,因此孔洞优先在原始 β 相晶界处形核。随着变形量的增加,孔洞逐渐长大并和周围的孔洞合并,最终在焊缝区形成宏观裂纹。然而母材区由于是细小的等轴晶粒,塑性变形能力很强,所以在相同应变条件下,母材仍然保持完好,因此变形后出现图 2-26(b)所示的破裂方式。

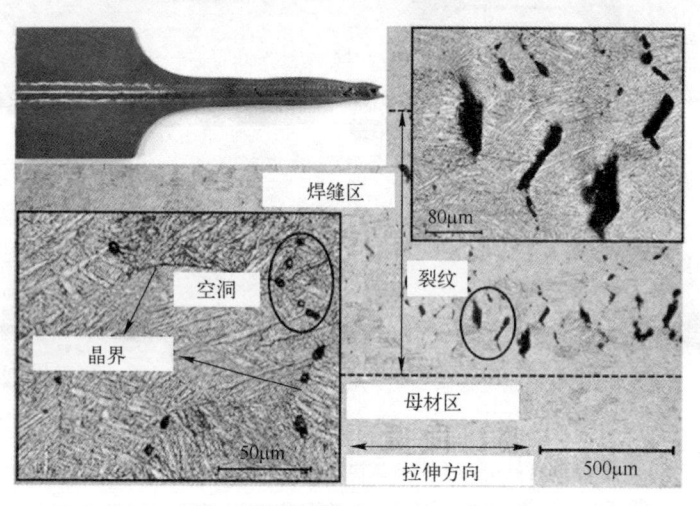

图 2-28 平行焊缝试样变形后微观组织形貌(800℃、$0.01s^{-1}$)

从变形均匀性上来讲,垂直焊缝试样变形后焊接接头变形量要小于母材(图 2-26(c)),变形均匀性较差,这是由于焊缝区强度比母材高,所以焊接接头区在拉伸过程中变形很小,主要变形集中在母材处,这也是其延伸率要比母材低许多的原因。变形后焊接接头的微观组织如图 2-29 所示,从图中可以看出变形后由于接头变形量较小,因此焊缝中心区组织主要是纵横交错的片层 α 相,热影响区为片层组织向等轴组织的逐渐过渡。由于变形量小,焊缝区没有出现横向试样拉伸后出现的裂纹。

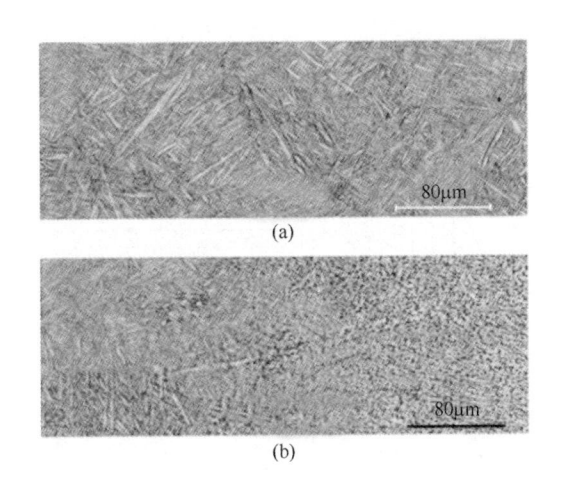

图 2-29　垂直焊缝变形后焊接接头的微观组织（800℃、0.01s^{-1}）
(a) 焊缝中心区；(b) 热影响区。

相比之下，由于母材具有较高的应变速率敏感性，当颈缩发生时，因应变速率强化，导致颈缩点转移，因此母材延伸率高（图 2-26 (d)）。

从上述分析可以看出，不同形式试样的变形特点及组织分布存在很大区别，结合图 2-27 的拉伸曲线还可以进一步发现，纯焊缝的强度要高于其他试样，这也和显微硬度的测试结果相符。焊缝熔合区由于冷却速度最大，形成了针状马氏体，显著提高了材料的强度，同时也大大降低了材料的塑性。平行焊缝由于是母材和焊缝的复合结构，且拉伸过程中的焊缝必须发生变形，所以其强度介于纯焊缝和母材之间，比纯焊缝的低，比母材的高。延伸率也一样。垂直焊缝试样由于焊缝垂直于拉伸力，且焊缝强度高于母材，所以拉伸的过程中材料先在母材处发生屈服，焊接接头几乎不变形。因此，与母材相比，垂直焊接试样和母材拥有几乎一样大的屈服强度，但是焊接接头的存在导致变形均匀性大幅下降，故垂直焊缝试样的延伸率要比母材的低。

图 2-30(a)~(c) 为不同温度及应变速率条件下平行焊缝试样的真应力-真应变曲线。从图中可以看出，在各个温度及应变速率条件下，材料真应力都是先达到一个应力峰值，然后迅速发生软化，温度和应变速率对材料的软化速率有很大的影响，随着应变速率的降低和温度的升高，材料的软化速率不断下降。图 2-30 (d)~(e) 分别为不同条件下的延伸率和峰值应力的分布情况，可以看出温度和应变速率对延伸率和峰值应力均有显著的影响。随着温度的升高和应变速率的降低，焊缝的延伸率升高而峰值应力下降。当应变速率为 0.001s^{-1}时，焊缝的延伸率在三个温度下均超过 100%；当温度为 900℃、应变速率为 0.001s^{-1}时，焊缝获得了 292% 的最高延伸率，同时其对应的峰值应力为 48MPa。

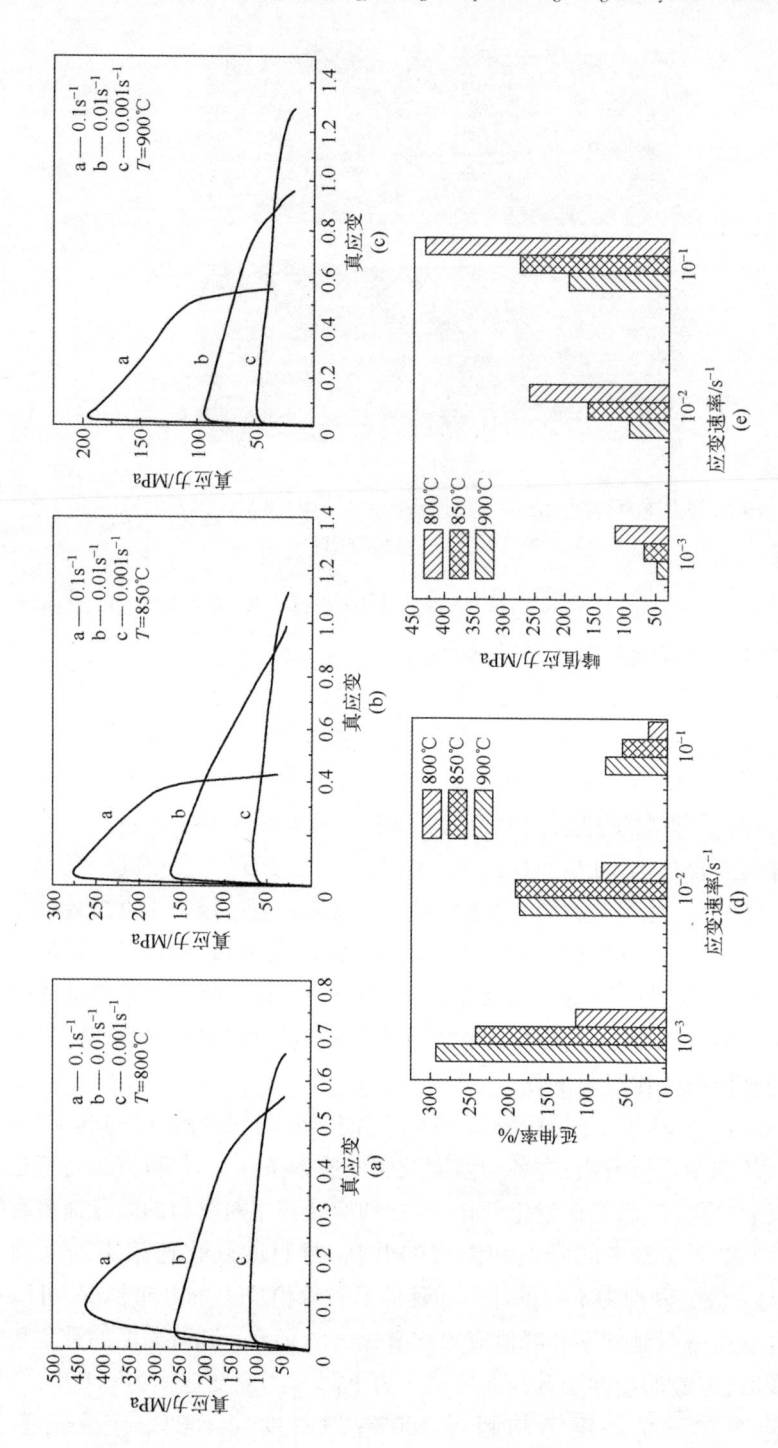

图 2-30 平行焊缝试样不同条件下的高温拉伸结果

(a)~(c) 不同条件平行焊缝试样真应力-真应变曲线；(d) 延伸率分布；(e) 峰值应力分布。

在变形过程中达到峰值应力后,材料流动应力近乎恒定,软化效应比较微弱,表现出典型的超塑性变形特点。从拉伸结果可以看出,焊接接头在高温及低应变速率下具有很好的变形能力。

2.3.2 Ti₂AlNb 合金板材焊接接头热变形行为

Ti-22Al-25Nb 合金激光焊接后,四种不同试样(平行焊缝试样、垂直焊缝试样、母材试样和纯焊缝试样)在 970℃、0.001s⁻¹ 条件下拉伸变形得到的真应力-真应变曲线如图 2-31(a)所示,相应的拉伸后试样如图 2-31(b)所示。可以看出,纯焊缝试样和母材试样具有类似的应力-应变关系,均表现为应力先上升再下降。平行焊缝试样(S1)、垂直焊缝试样(S2)和母材试样(S3)的平均峰值应力和延伸率分别是 65MPa、62MPa、66MPa 和 203%、175%、169%,试样均具有良好的塑性变形能力。平行焊缝试样的标距段变形量大且相对均匀,拉伸断口平整,两边角度约呈 45°(图 2-31(b)矩形框内),表现出高延伸率。垂直焊缝试样的颈缩位置是母材,焊接接头强度高于母材的,焊缝的存在同时降低了试样的延伸率。纯焊缝试样(S4)的测试结果表明,其抗拉强度最高且延伸率最低。纯焊缝试样的抗拉强度和延伸率分别是 72MPa 和 99%[4]。

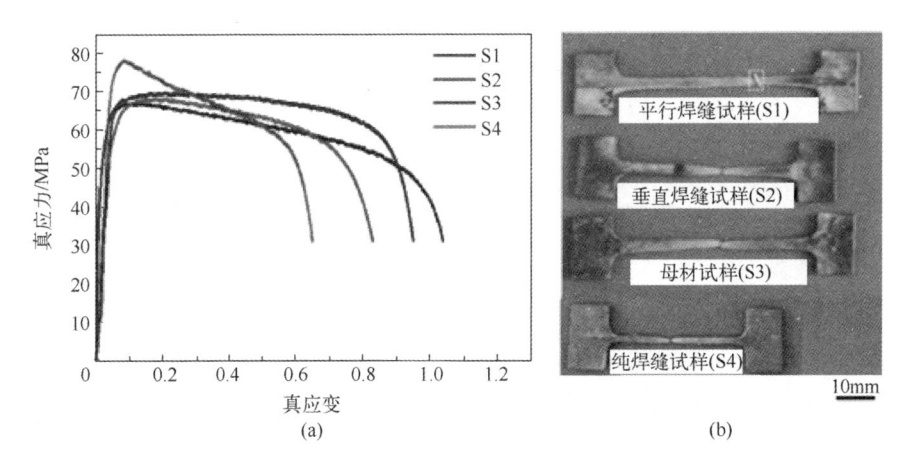

图 2-31 Ti-22Al-25Nb 合金不同类型拉伸试样的真应力-真应变曲线和拉伸试样(见彩插)
(a) 不同试样真应力-真应变曲线;(b) 拉伸试样。

图 2-32 是不同温度下 Ti-22Al-25Nb 合金平行焊缝试样(S1)和垂直焊缝试样(S2)的真应力-真应变曲线。两组曲线表明:变形温度越高,试样的峰值应力越低,温度对流动应力的影响较大。图 2-32(a)是两组曲线的峰值应力柱状图。相同温度下,S1 的峰值应力略高于 S2 的峰值压力,温度越高,峰值应力差值越小。尤其在 970℃ 和 990℃ 时,S1、S2 的峰值应力分别是 106MPa、103MPa

和83MPa、85MPa,最大真应变均达到0.8以上。930℃时,焊缝塑性低于S3,裂纹产生于焊缝部分并沿焊缝扩展,当焊缝断裂时母材仍在变形,所以平行焊缝试样宏观断口形状呈V形(图2-33(b))。990℃时,S1的拉伸断口两边夹角约呈45°,且焊缝变形区无裂纹,焊接接头能够实现均匀协调变形。高温下S2的焊接接头强度高于S3,不同的力学性能导致母材不能及时将变形转移至焊缝部分。试样的拉伸变形量主要来自于母材部分。温度越高,焊缝的软化作用越强,这在一定程度上提高了垂直焊缝试样焊接接头的变形协调性。

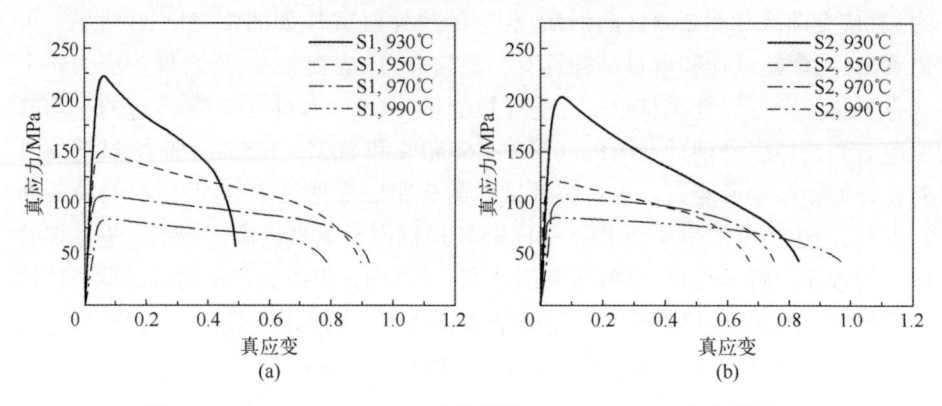

图2-32　930~990℃、$0.005s^{-1}$条件下,Ti-22Al-25Nb合金平行和垂直焊缝试样的真应力-真应变曲线
(a)平行焊缝试样;(b)垂直焊缝试样。

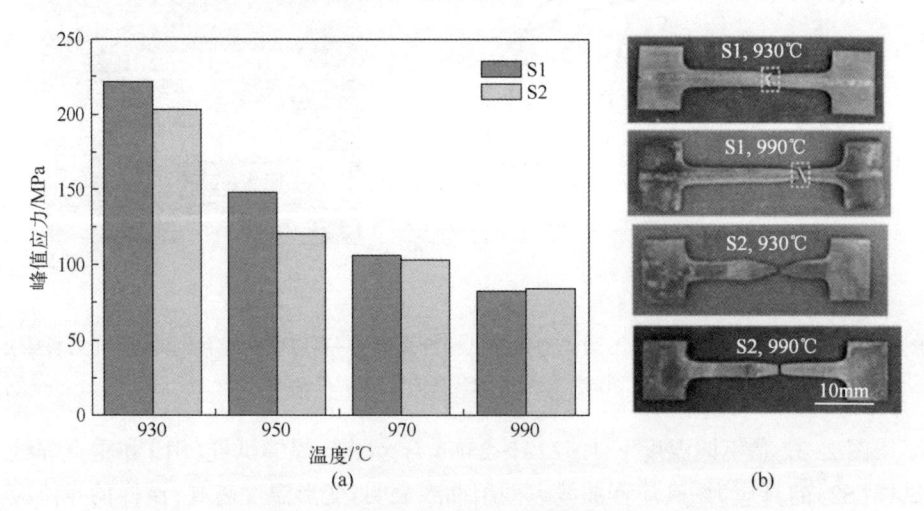

图2-33　930~990℃、$0.005s^{-1}$条件下,平行焊缝试样和垂直焊缝试样的峰值应力柱状图和拉伸试样
(a)峰值应力柱状图;(b)拉伸试样。

不同应变速率条件下,Ti-22Al-25Nb 合金 S1 和 S2 在 970℃时的真应力-真应变曲线如图 2-34 所示。两种试样的峰值应力均随着应变速率的降低而降低,当应变速率为 0.125s^{-1}时,S1 和 S2 的峰值应力分别是 245MPa 和 243MPa。变形初始阶段,位错快速增殖使流动应力迅速达到峰值。由于变形速度较快,动态回复和再结晶效应较弱,焊缝在较高应变速率下变形易产生裂纹,不适合进行成形。应变速率为 0.001s^{-1}时,两种试样均表现出稳态流动现象,随着真应变的增加,流动应力变化不大,最大真应变可以达到 1.1。

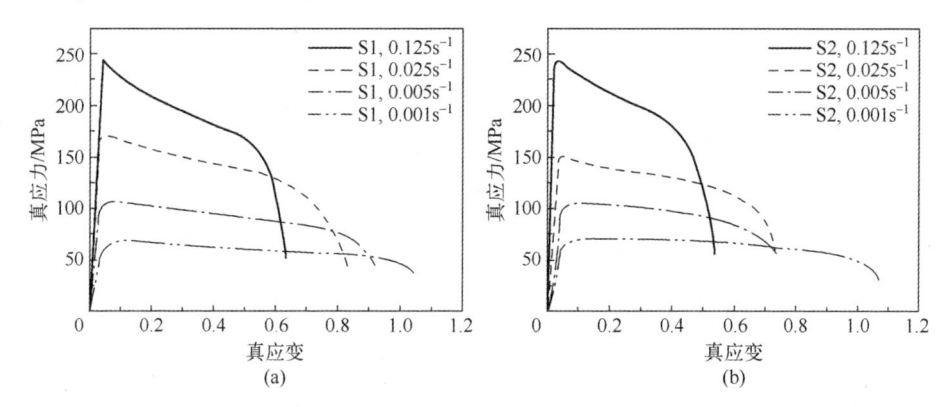

图 2-34 970℃不同应变速率下 Ti-22Al-25Nb 合金平行和垂直焊缝试样的真应力-真应变曲线
(a) 平行焊缝试样;(b) 垂直焊缝试样。

图 2-35 是 S1 和 S2 的峰值应力柱状图和拉伸试样。从图 2-35(b) 可以看出,应变速率低于 0.025s^{-1}时,S1 的焊缝变形区内无裂纹,焊缝和母材能够实现

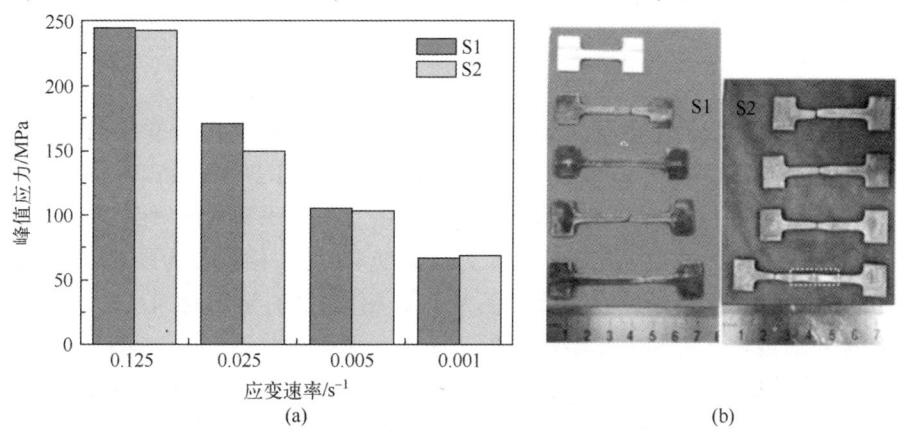

图 2-35 970℃不同应变速率下平行焊缝试样和垂直焊缝试样的峰值应力柱状图和拉伸试样
(a) 峰值应力柱状图;(b) 拉伸试样。

协调变形。在970℃、0.001s^{-1}变形条件下,S2的焊接接头附近的母材两侧均发生颈缩(图2-35(b)虚线框内)。拉伸过程中,焊接接头的强度高于母材试样的,在母材处首先产生颈缩,局部颈缩导致瞬时应变速率增加,在应变速率强化效应下颈缩点发生转移,这在一定程度上提高了S2的延伸率。

2.4 高温轻质合金热变形典型微观缺陷及其控制

2.4.1 变形损伤

在钛合金等高温轻质合金的热变形过程中,当应变速率较高、变形量较大时会产生损伤缺陷。变形前期,材料损伤累积缓慢,随着变形的进行,孔洞、微裂纹的形核率增加,出现局部变形剪切带等缺陷,材料损伤累积速率增加。应变速率增加时,材料损伤累积速率增加,变形能力变差。图2-36所示为TA15钛合金在800℃不同应变速率下拉断后断口附近孔洞分布情况,图中黑色部分为变形孔洞。从图中可以看出,随着应变速率的增大钛合金变形后孔洞数量显著增多,所以相同温度条件下,低应变速率时材料延伸率大[5]。

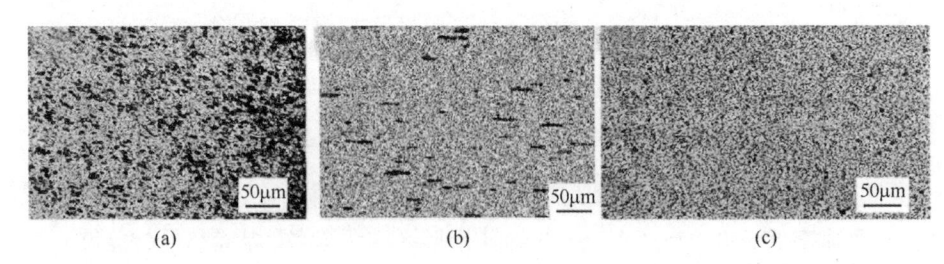

图2-36 TA15钛合金在800℃不同应变速率下拉断后断口附近孔洞分布情况
(a) 0.1s^{-1};(b) 0.01s^{-1};(c) 0.001s^{-1}。

图2-37所示为Ti-22Al-24.5Nb-0.5Mo板材在930℃以应变速率0.1s^{-1}、0.01s^{-1}和0.0004s^{-1}变形至应变为0.6的微观组织。图2-37(a)和(b)分别显示应变速率为0.1s^{-1}、应变为0.6时拉伸试样的二次电子和背散射图,在α_2相晶粒附近出现了明显的微观孔洞。这因为高温变形时,α_2相晶粒为硬相,B2/β相晶粒为软相,B2/β相晶粒的变形速率大于α_2相晶粒的,造成材料变形不均匀,两相晶粒通过相互协调完成塑性变形。高应变速率变形时,在α_2晶粒尖端处,B2/β相晶粒来不及补充进孔洞里面,出现应力集中,协调变形被打破,在α_2相晶粒尖端处逐渐产生裂纹和孔洞。在低应变速率变形时,B2/β相晶粒伸长幅度因动态再结晶作用而减小,且在α_2等轴晶粒外侧形成边缘O相晶壳,在α_2和B2/β相晶粒间起润滑协调作用,减少孔洞数量。当应变速率降低至0.0004s^{-1}

后,几乎所有的 O 相晶粒等轴化,α_2 相晶粒含量也显著减少,变形损伤大幅降低。

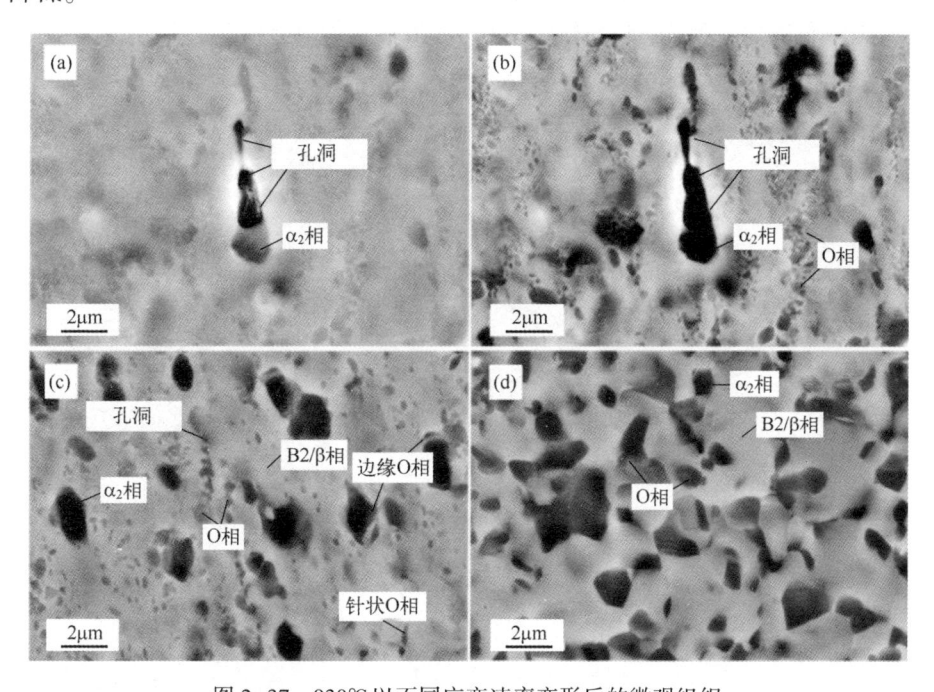

图 2-37 930℃以不同应变速率变形后的微观组织
(a) $0.1s^{-1}$,二次电子;(b) $0.1s^{-1}$,背散射;(c) $0.01s^{-1}$,背散射;(d) $0.0004s^{-1}$,背散射。

为了避免构件热成形后产生损伤,应根据构件实际情况合理选择成形温度及速率,通过适当提高成形温度及降低成形速率,可以减少成形过程中损伤的形成,保证成形的顺利进行及成形后构件性能。具体工艺措施将在第 3 章讨论。

2.4.2 微观组织缺陷及其控制

在钛合金热态气压成形过程中,温度和应变对材料组织影响很大,当工艺控制不合适、温度不均或应变速率偏高时,均可能导致成形过程中变形不均匀或构件组织不均等缺陷。在图 2-18 中,当 Ti-22Al-24.5Nb-0.5Mo 板材在 985℃、应变速率较高($0.01 \sim 0.1s^{-1}$)条件下变形时,材料中出现明显的局部变形带,与拉伸方向呈约 30°~45°夹角。变形带中部分 α_2 相晶粒异常粗大,且相含量较高。塑性变形导致的不均匀组织也使材料性能不均匀,微观组织细小处的材料流动应力较低,容易导致局部颈缩的发生。因此,成形过程中应合理控制应变速率,避免局部变形带的形成。

图 2-38 所示为 TA15 钛合金异型截面构件成形时,温度不均引起的组织分

布不均缺陷。该构件成形时不同部位存在较大温度梯度,位置(3)和位置(4)的温度明显高于其他部分,加热和气胀变形过程中发生了大量相变,引起成形后构件组织分布不均。因此,钛合金热态气压成形过程中,构件不同部位温度均匀性应控制在不超过5℃的范围内。

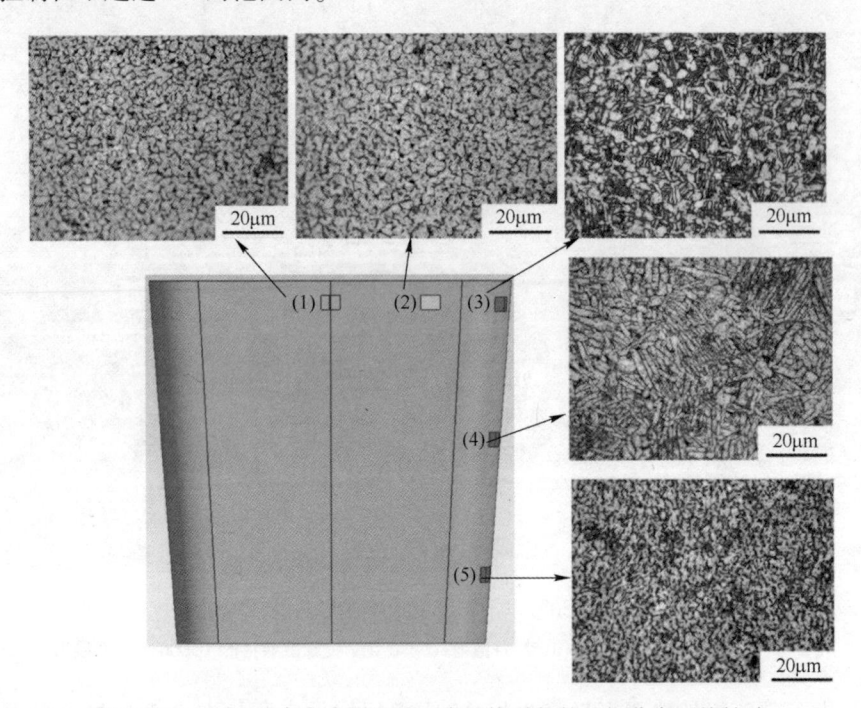

图2-38 TA15钛合金成形过程温度不均引起的组织分布不均缺陷

参考文献

[1] KEHUAN WANG,LILIANG WANG,KAILUN ZHENG,et al. High-efficiency forming processes for complex thin-walled titanium alloys components: State-of-the-art and perspectives[J]. International Journal of Extreme Manufacturing,2020,2:032001.

[2] 王克环. TA15钛合金激光焊接管材热气胀变形行为与微观机理[D]. 哈尔滨:哈尔滨工业大学,2016.

[3] 武永. Ti-22Al-24.5Nb-0.5Mo板材气胀成形微观组织与形变耦合建模仿真[D]. 哈尔滨:哈尔滨工业大学,2017.

[4] 孔贝贝. Ti-22Al-25Nb合金激光焊接接头高温变形及焊管胀形性能研究[D]. 哈尔滨:哈尔滨工业大学,2017.

[5] KEHUAN WANG,GANG LIU,JIE ZHAO,et al. Experimental and modelling study of an approach to enhance gas bulging formability of TA15 titanium alloy tube based on dynamic recrystallization[J]. Journal of Materials Processing Technology,2018,259:387-396.

第 3 章
高温轻质合金热态气压成形性能

3.1 热态气压成形性能测试方法与装置

金属板材和管材热态气压成形性能测试原理如图 3-1 所示,加热的板材或管材在高压气体作用下发生胀形。图 3-1(a) 为金属板材热态气压成形性能测试原理图,将金属板材置于已加热到设定温度的模具中,通过上下模合模以及非变形区的凸台结构实现密封,经过一定时间保温后,高压气体通过下模开设的进气口充入模腔,使板材在气压作用下变形。图 3-1(b) 为管材热态气压成形性能测试原理图,将金属管材置于已加热到设定温度的模具中,上下模合模之后,通过左右冲头和模具端部锥口的过盈配合,在管材内部形成密封空间,并实现管材轴向约束。经过一定时间保温后,高压气体通过水平冲头开设的进气口充入管内,使管材在气压作用下变形。

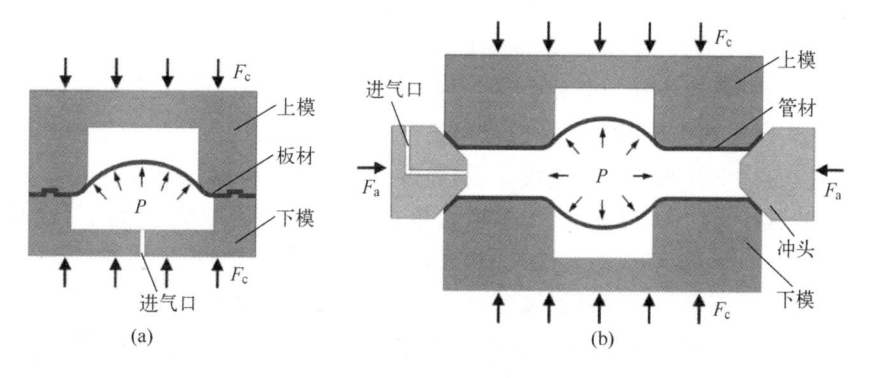

图 3-1 金属板材和管材热态气压成形性能测试原理
(a) 板材;(b) 管材。

金属板材热态气压成形性能测试装置如图 3-2 所示，成形模具由上模、下模和嵌入模具组成，通过更换嵌入模具可完成不同尺寸要求的金属板材热态气压成形性能测试。采用箱式电阻炉对模具进行加热，通过伸入炉中的三个不同位置的热电偶来实时监控温度并反馈到加热控制系统，实现温度的精准控制。上、下模座依次通过隔热板、水冷板与液压机横梁连接[1]。

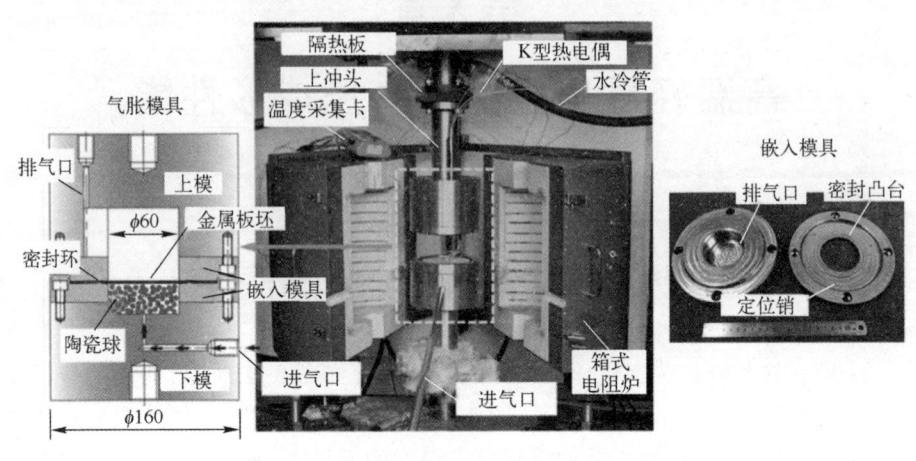

图 3-2　金属板材热态气压成形性能测试装置

在上、下模具上分别加工密封凹槽和凸台，以实现对板材的机械密封。在下模上等角度加工三个小孔，放置定位销，实现对板材的对中定位。在下模具中开设进气孔，连接不锈钢管，通入高压气体进行热态气压成形实验。气体压力由电磁阀控制，控制精度为±0.05MPa，最大压力为70MPa。当成形温度较高时，可以在下模模腔内铺满陶瓷球，对高压气体进行预热，抑制高压气体充入对板材引起的降温，保证板材成形温度的恒定。在上模具中开设排气孔，将板材破裂后的高压气体排放至加热炉外，以保护加热炉。

金属管材热态气压成形性能测试装置如图 3-3 所示，成形模具由上模、下模和左、右水平冲头组成，上、下模依次通过模座、隔热板、水冷板与液压机横梁连接，左、右水平冲头依次通过模座、隔热板、水冷板与液压机水平缸连接[2]。

本装置中采用的加热方法为感应加热，通过模具外围的感应线圈对模具进行快速加热，感应加热线圈与模具之间添加石棉等保温材料提高加热效率，通过热电偶实时监控模具和管材温度，并反馈到加热控制系统实现温度的精准控制。在水平冲头中开设进气孔，通入高压气体进行热态气压成形实验，通过激光位移传感器实时记录管材的胀形高度，并可根据成形温度，在管材内部添加陶瓷球对高压气体进行预热。同时，在模具分型面开设排气孔，将管材破裂后的高压气体排出。

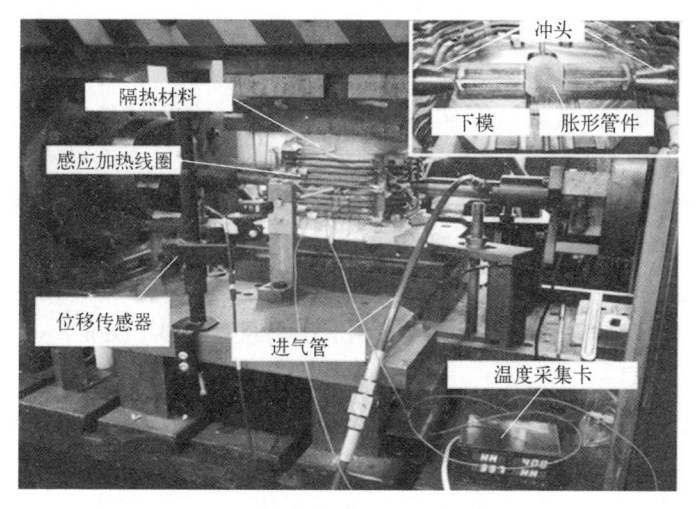

图 3-3 金属管材热态气压成形性能测试装置

3.2 钛合金板材热态气压成形性能

3.2.1 温度对钛合金板材热态气压成形性能的影响

板材热态气压成形性能测试时可认为是平面应力状态,受径向和环向的双向拉应力[3]。假设钛合金板材面内各向同性,自由胀形板材顶部的实时应变和应力可根据顶部壁厚和胀形表面轮廓进行求解:

$$\varepsilon_r = \varepsilon_\theta = -\frac{1}{2}\varepsilon_t = -\ln\frac{s}{s_0} \quad (3-1)$$

$$\sigma_r = \sigma_\theta = \frac{p\rho}{2s} \quad (3-2)$$

$$\sigma_t = 0 \quad (3-3)$$

最高点的等效应力和等效应变可以表示为

$$\bar{\sigma} = \frac{p\rho}{2s} \quad (3-4)$$

$$\bar{\varepsilon} = -\ln\frac{s}{s_0} \quad (3-5)$$

式中:ε_r、ε_θ、ε_t 分别为板材自由胀形顶部的径向、环向、厚向应变;σ_r、σ_θ、σ_t 分别为板材自由胀形顶部的径向、环向、厚向应力;s_0、s 分别为板材的初始壁厚、胀形过程瞬时壁厚;p 为胀形气体压力;ρ 为板材自由胀形顶部曲率半径。

钛合金热变形过程中发生复杂的微观变形(位错运动、晶界滑移、扩散蠕变等)和组织演变行为(回复、再结晶、相变等),显著影响材料的成形性能。因此,本节采用厚1.2mm、直径$\phi = 150$mm 的 TA15 钛合金圆形试板,测试分析了温度对钛合金板材热态气压成形性能的影响规律。TA15 钛合金在变形温度高于700℃后塑性显著提高,强度显著降低。热态气压成形性能测试选择的温度为800~930℃,在该成形性能测试温度区间所需的气压较低。气压加载路径如图3-4 所示,小于1.5MPa 时每隔30s 增加一次气体压力,每次增加0.5MPa;大于1.5MPa 后,每隔1min 增加一次气体压力,每次增加0.5MPa。

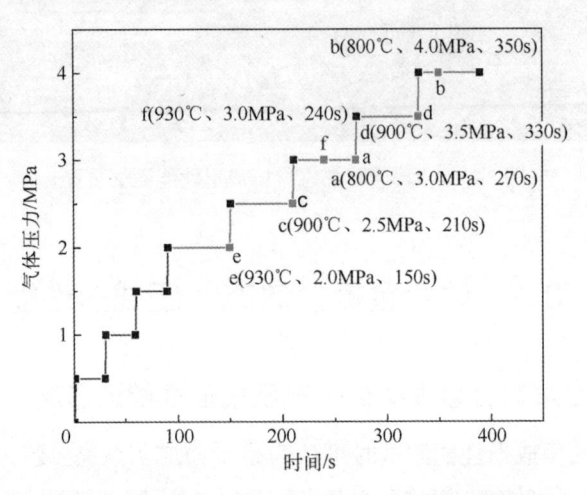

图 3-4 TA15 钛合金热态气压成形气压加载路径

图 3-5 是不同温度相同加载路径下获得的 TA15 钛合金胀形试件。成形温度为800℃时,气体压力为3MPa,胀形高度低,成形能力差,需要较高的压力才能使材料发生屈服,但当压力增大到4MPa 时,板材发生破裂,如图3-5(a)和(b)所示。成形温度为900℃时,TA15 钛合金板材的强度显著降低,较小的气压就可以使材料发生屈服,图 3-5(c)和(d)是加载气压分别为 2.5MPa 和3.5MPa 时的胀形试件。TA15 钛合金成形性能优良,成形区间大,极限胀形高度可达49.26mm。成形温度为930℃时,材料的强度进一步降低,成形性能较好,但略低于900℃时的成形性能。

板材在自由胀形时,试件发生不均匀变形,而且随着胀形高度的增加,试件壁厚的差异和局部减薄越发严重。TA15 钛合金自由胀形试件的对称截面和壁厚减薄率分布如图3-6 和图3-7 所示。在自由胀形过程中,胀形试件壁厚呈明显的不均匀分布,在凹模圆角和顶端位置最容易减薄,为自由胀形试件发生破裂的危险位置,如图3-5 所示。随着胀形高度的增加,壁厚减薄率越来越大,最大

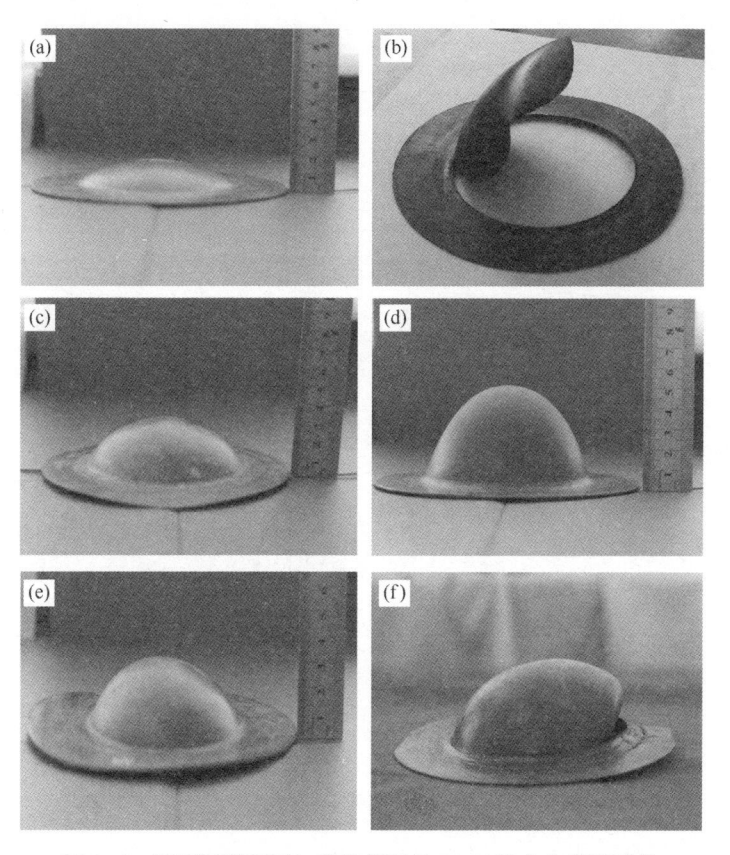

图 3-5 不同温度相同加载路径下的 TA15 钛合金胀形试件
(a) 800℃,3MPa;(b) 800℃,4MPa;(c) 900℃,2.5MPa;(d) 900℃,3.5MPa;
(e) 930℃,2MPa;(f) 930℃,3MPa。

减薄率出现在试件的顶端附近。在图 3-7(c)中,顶端附近最大减薄率达到 74.58%,而在边缘部位减薄率仅为 13.3%,局部减薄非常严重。图 3-7(b)和(d)的胀形高度分别为 27.16mm 和 29.72mm,从壁厚减薄率曲线可以看出,图(b)的最大减薄率为 13.9%,图(d)的最大减薄率为 16.8%。

图 3-6 TA15 钛合金自由胀形试件的对称截面图(900℃、3.5MPa)

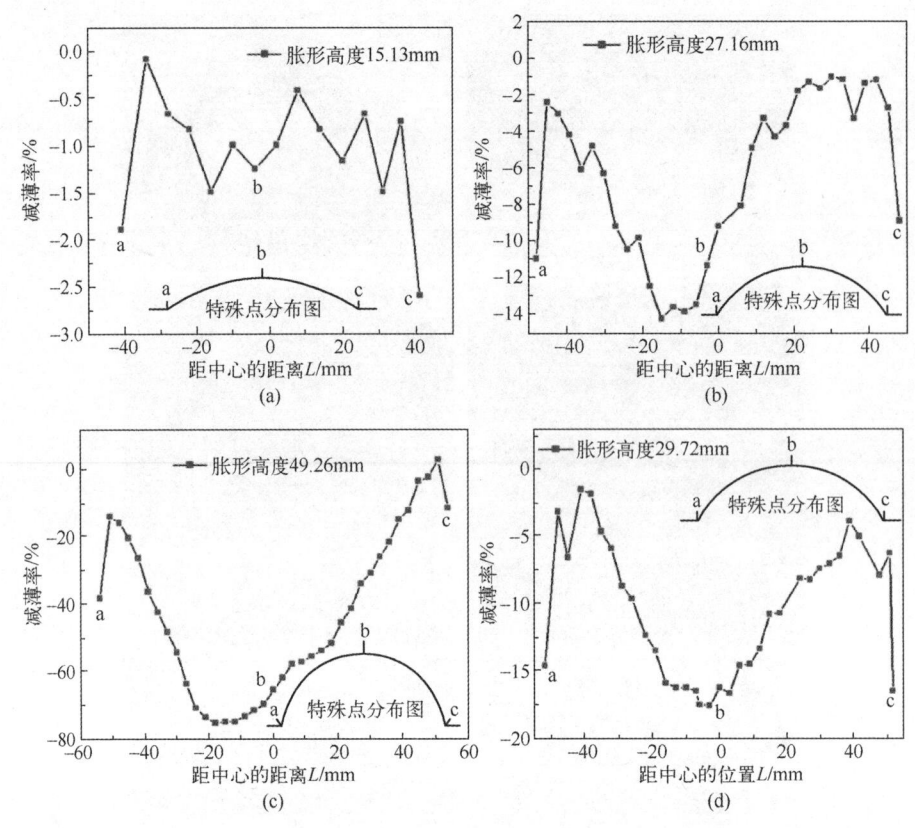

图 3-7 TA15 钛合金自由胀形试件的壁厚减薄率分布
（a）800℃、3MPa；（b）900℃、2.5MPa；（c）900℃、3.5MPa；（d）930℃、2MPa。

3.2.2 气压加载对钛合金板材热态气压成形性能的影响

气压加载影响钛合金板材热态气压成形过程的应变速率，对板材的成形性能和构件的服役性能影响显著。钛合金板材热态气压成形时，在应变速率过高时容易出现微孔洞等损伤行为，导致试样颈缩；而在应变速率较低时，由于变形时间长，容易使晶粒长大，位错密度降低。为了避免微观孔洞和晶粒长大，提出了钛合金板材变加载路径热态气压成形，调控板材的应变速率[4]。以在 750℃下成形真应变为 0.6 的 TA15 钛合金构件为工艺目标，简易起见，将变加载路径分为两段。

本节设计了 5 种加载路径，分别为 750℃/0.01s^{-1}/0.6、750℃/0.001s^{-1}/0.6、750℃/0.01s^{-1}/0.3-750℃/0.001s^{-1}/0.3、750℃/0.001s^{-1}/0.3-750℃/0.01s^{-1}/0.3 和 900℃/0.001s^{-1}/0.6。

为了在 TA15 钛合金半球件热态气压成形工艺中实现通过变加载路径调控应变速率,首先需要计算板材自由胀形构件最高点保持恒定应变速率所需的压力加载路径,由式(3-6)和式(3-7)得到 TA15 钛合金半球件最高点恒应变速率胀形的气压加载路径(图3-8(a)):

$$P = \frac{2(1+\alpha''b_0^2/a_0^2)}{\sqrt{1-\alpha''+\alpha''^2}} \frac{s_0}{b_0} \sqrt{e^{2\frac{(2-\alpha'')\dot{\varepsilon}_e t}{\sqrt{1-\alpha''+\alpha''^2}}} - 1} \, e^{\frac{-3\dot{\varepsilon}_e t}{2\sqrt{1-\alpha''+\alpha''^2}}} \sigma \qquad (3-6)$$

$$\alpha'' = \frac{1}{2}(1+e^{1-a_0/b_0}) \qquad (3-7)$$

式中:a_0 为板材自由胀形长轴长度;b_0 为板材自由胀形短轴长度;s_0 为板材初始厚度;$\dot{\varepsilon}_e$ 为半球件最高点等效应变速率;t 为胀形时间;σ 为流动应力;α'' 为无量纲常数。

在 TA15 钛合金热态气压成形过程中,为保证半球件的最高点满足 750℃/0.01s^{-1}、750℃/0.001s^{-1} 和 900℃/0.001s^{-1} 高温变形条件,所需的最大胀形气压分别为 18.8MPa、10.6MPa 和 2.45MPa。在 TA15 钛合金半球件热态气压成形过程中,实现 750℃/0.01s^{-1}/0.3-750℃/0.001s^{-1}/0.3 变应应变速率热态气压成形所需要的气压加载路径是通过 750℃/0.01s^{-1} 前半段和 750℃/0.001s^{-1} 后半段拼接而来的。同理,实现 750℃/0.001s^{-1}/0.3-750℃/0.01s^{-1}/0.3 变应应变速率热态气压成形所需要的气压加载路径是通过 750℃/0.001s^{-1} 前半段和 750℃/0.01s^{-1} 后半段拼接而来的,如图 3-8(b)所示。

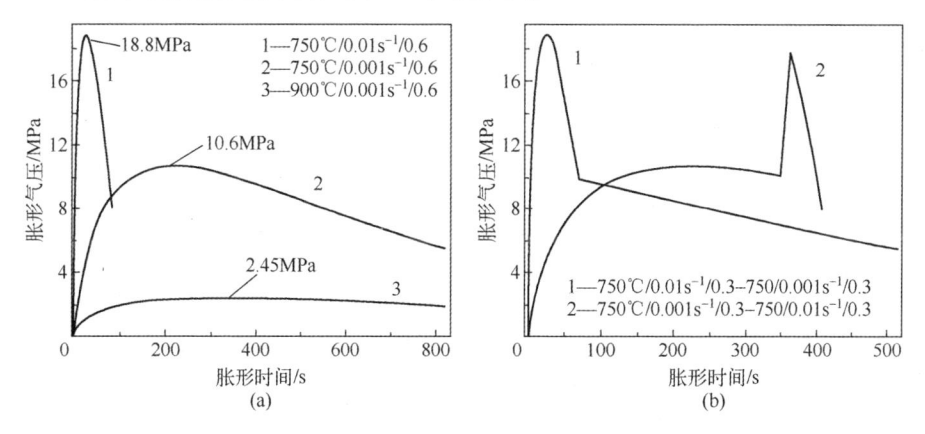

图 3-8 TA15 钛合金半球件恒应变速率和变应变速率胀形气压加载路径
(a) 恒应变速率;(b) 变应变速率。

热态气压成形的 TA15 钛合金半球件如图 3-9 所示,半球件有两种高度,分别为 12.07mm 和 17.75mm,分别对应半球件最高点的等效应变为 0.3 和 0.6。

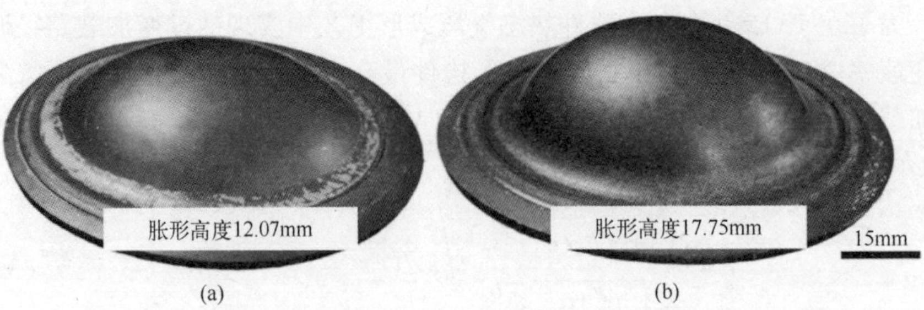

胀形高度12.07mm　　　　胀形高度17.75mm　15mm

(a)　　　　　　　　　　(b)

图 3-9　TA15 钛合金不同胀形高度的半球件

(a) 胀形顶点等效应变为 0.3；(b) 胀形顶点等效应变为 0.6。

在不同热态气压成形条件下，TA15 钛合金半球件最高点的再结晶分数、平均晶粒尺寸、平均几何必须位错(geometrically necessary dislocations, GND)密度、硬度如表 3-1 所列。在变应变速率热态气压成形条件下，TA15 钛合金半球件最高点的再结晶晶粒分布和 GND 密度分布如图 3-10 和图 3-11 所示。

表 3-1　TA15 钛合金半球件最高点微观组织与硬度

胀形条件	再结晶分数/%	平均晶粒尺寸/μm	平均 GND 密度/($10^{14}m^{-2}$)	硬度/HV
初始 TA15 板材	15.4	3.2	13.8	323.47
750℃/0.01s^{-1}/0.3	29.1	2.89	11.9	342.82
750℃/0.01s^{-1}/0.6	17.3	2.74	13.0	330.25
750℃/0.01s^{-1}/0.3-750℃/0.001s^{-1}/0.3	17.6	2.40	13.3	353.74
750℃/0.001s^{-1}/0.3	24.3	2.78	12.9	338.99
750℃/0.001s^{-1}/0.6	27.2	3.15	12.3	334.02
750℃/0.001s^{-1}/0.3-750℃/0.01s^{-1}/0.3	26.4	2.58	12.1	343.78
900℃/0.001s^{-1}/0.6	84.7	5.41	7.56	299.06

在 750℃/0.01s^{-1}/0.3-750℃/0.001s^{-1}/0.3 变应变速率热态气压成形条件下，在初始的快速胀形过程中，动态再结晶以连续动态再结晶(continuous dynamic recrystallization, CDRX)为主，伴随少量的晶界处细小再结晶晶粒，即非连续动态再结晶(discontinuous dynamic recrystallization, DDRX)。在后半段低速率热态气压成形过程中，尺寸较大的 CDRX 晶粒逐渐演化为变形组织，导致再结晶分数明显下降以及平均 GND 密度显著提高。而大量的 DDRX 核心出现在晶界处，导致平均晶粒尺寸明显下降。

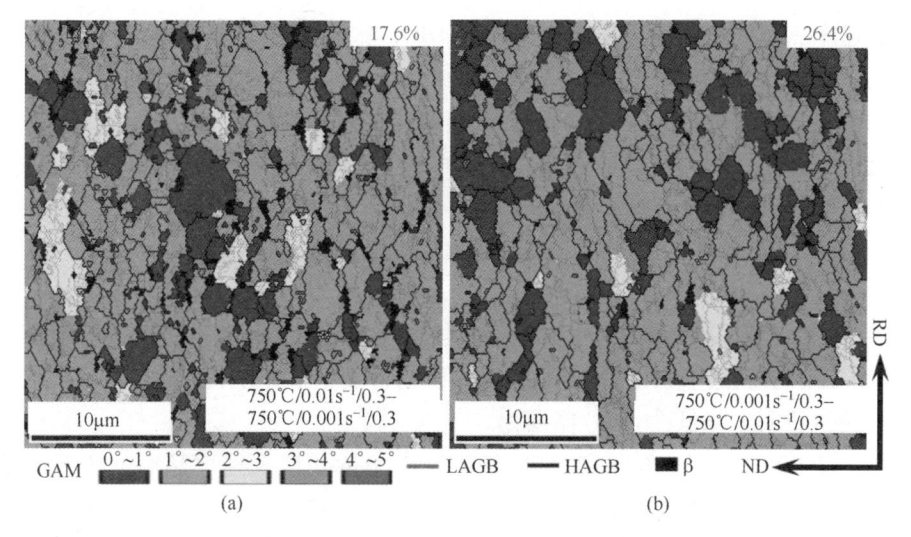

图 3-10 TA15 钛合金变应变速率热态气压成形时半球件最高点的再结晶晶粒分布
（右上角数字表示再结晶分数）（见彩插）

(a) 750℃/0.01s^{-1}/0.3-750℃/0.001s^{-1}/0.3；(b) 750℃/0.001s^{-1}/0.3-750℃/0.01s^{-1}/0.3。

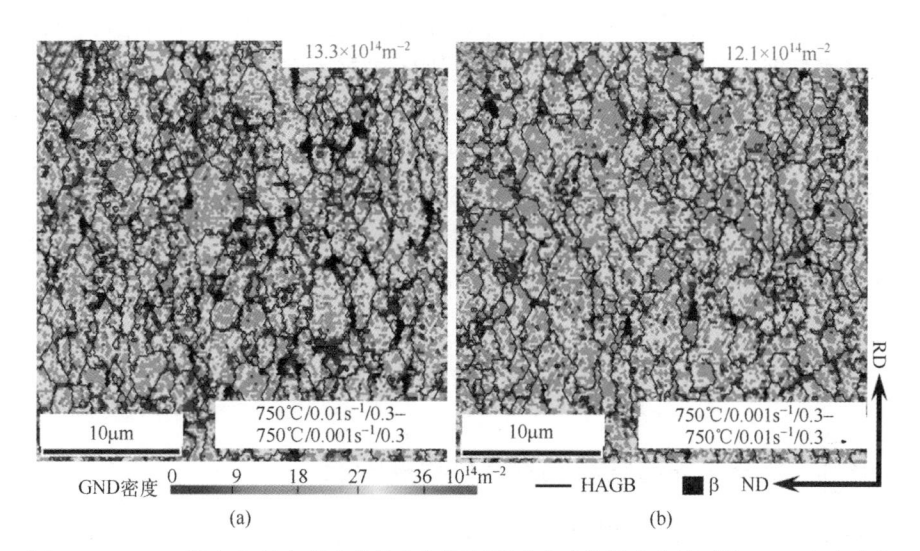

图 3-11 TA15 钛合金变应变速率热态气压成形时半球件最高点的平均 GND 密度分布
（右上角数字表示平均 GND 密度）（见彩插）

(a) 750℃/0.01s^{-1}/0.3-750℃/0.001s^{-1}/0.3；(b) 750℃/0.001s^{-1}/0.3-750℃/0.01s^{-1}/0.3。

在 750℃/0.001s^{-1}/0.3-750℃/0.01s^{-1}/0.3 变应变速率热态气压成形条件下，在初始的慢速胀形过程中，再结晶晶粒有晶界处细小再结晶晶粒和相邻且较大再结晶晶粒两种类型，DRX 行为为 CDRX 和 DDRX 混合再结晶行为。在后半段高速率热态气压成形过程中,大量的 CDRX 晶粒出现,导致再结晶分数增加、平均晶粒尺寸降低以及平均 GND 密度降低。

由于半球件的形状特征,难以直接获取完整的拉伸试样。因此,通过室温硬度近似表征构件的力学性能,如表 3-1 所列。高位错密度和细晶能够提高 TA15 钛合金构件强度,而成形工艺中引入的微观孔洞会降低构件的强度和塑性。TA15 钛合金半球件的硬度测试结果和微观组织参数同样符合这一规律。TA15 钛合金轧制态板材的平均硬度值为 323.47HV,在 900℃/0.001s^{-1}/0.6 恒应变速率热态气压成形条件下,TA15 钛合金半球件最高点的平均硬度值为 299.06HV,明显低于初始硬度值,这是由于构件发生了完全再结晶,导致晶粒粗化以及位错密度降低,力学性能弱化。

在 750℃/0.01s^{-1}/0.6 和 750℃/0.001s^{-1}/0.6 恒应变速率热态气压成形条件下,TA15 钛合金半球件最高点的平均硬度值分别为 330.25HV 和 334.02HV,略高于初始硬度值。前者晶粒细小,位错密度较高,但高应变速率变形引入的微观孔洞降低了其硬度;后者晶粒相对粗大,位错密度较低,导致了其较低的硬度。

在 750℃/0.01s^{-1}/0.3 - 750℃/0.001s^{-1}/0.3 和 750℃/0.001s^{-1}/0.3 - 750℃/0.01s^{-1}/0.3 变应变速率热态气压成形条件下,TA15 钛合金半球件最高点的平均硬度值分别为 353.74HV 和 343.78HV,明显高于初始板材的平均硬度值。变应变速率热态气压成形方法既不会引入较多的微观孔洞(750℃/0.01s^{-1}),也不会导致晶粒明显长大(750/0.001s^{-1}、900℃/0.001s^{-1})。通过调控应变速率提高 TA15 钛合金构件高温成形效率和成形性能的同时,确保了构件的力学性能。变应变速率热态气压成形的 TA15 钛合金半球件的平均晶粒尺寸比初始板材的降低 25%,平均硬度比初始板材的提高 9.4%。

3.3 钛合金管材热态气压成形性能

3.3.1 钛合金无缝管材热态气压成形性能

薄壁管件自由胀形过程同样可以近似认为是平面应力状态(图 3-12)。假设在胀形过程中,管材变形横截面近似呈圆形,根据力的平衡条件可以得出轴向应力 σ_z 和环向应力 σ_θ:

$$\sigma_z = \frac{p(\rho_\theta - t)^2}{2t(\rho_\theta - t/2)} \tag{3-8}$$

$$\sigma_\theta = \frac{p(\rho_\theta - t)}{2t(\rho_z - t/2)}(2\rho_z - t - \rho_\theta) \tag{3-9}$$

式中:p 为成形气体压力;ρ_θ 为环向曲率半径;t 为瞬时壁厚;ρ_z 为轴向曲率半径。

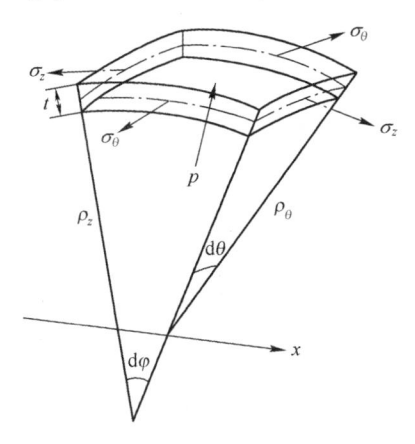

图 3-12 钛合金管材自由胀形受力分析

依据 Mises 屈服准则可以得到对应的等效应力值 $\bar{\sigma}$:

$$\bar{\sigma} = \sqrt{\sigma_\theta^2 - \sigma_\theta \sigma_z + \sigma_z^2} \tag{3-10}$$

胀形过程中可以通过式(3-11)和式(3-12)分别计算出环向应变 ε_θ 和厚度方向的应变 ε_t,从而得到等效应变 $\bar{\varepsilon}$,则有

$$\varepsilon_\theta = \ln \frac{\rho_\theta - t/2}{\rho_0 - t/2} \tag{3-11}$$

$$\varepsilon_t = \ln \frac{t}{t_0} \tag{3-12}$$

$$\bar{\varepsilon} = \frac{2}{\sqrt{3}} \sqrt{\varepsilon_\theta^2 + \varepsilon_\theta \varepsilon_t + \varepsilon_t^2} \tag{3-13}$$

TA18 钛合金管材(Ti-3Al-2.5V)为常见的钛合金无缝管材,本节采用的 TA18 钛合金管材长 200mm、外径 40mm、公称厚度 2mm。胀形实验中胀形区长度为 80mm,是管材外径的 2 倍。TA18 钛合金管材自由胀形的温度设定为 800℃,采用恒压胀形方式,气压加载路径如图 3-13 所示。在整个实验过程中,保持胀形区温度和内压恒定[5]。

TA18 钛合金管材自由胀形试件和胀形高度如图 3-14 所示。图 3-14(a)为初始管材、扩口管材和自由胀形管材的对比图,在 7.5MPa、12MPa 和 14MPa 的恒定内压作用下,管材的胀形高度分别为 11.21mm、8.65mm 和 6.83mm,膨胀率分别为 56.1%、43.3% 和 34.2%。在管材自由胀形过程中,胀形最高处构件的厚度减小,外径增大,恒定气压作用下构件应变速率逐渐增加,导致构件的胀形高度呈指数型增长。

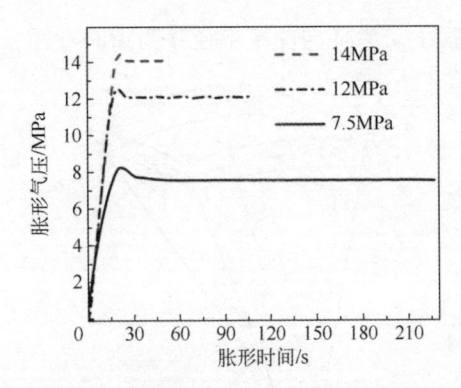

图3-13 TA18钛合金管材热态气压自由胀形气压加载路径

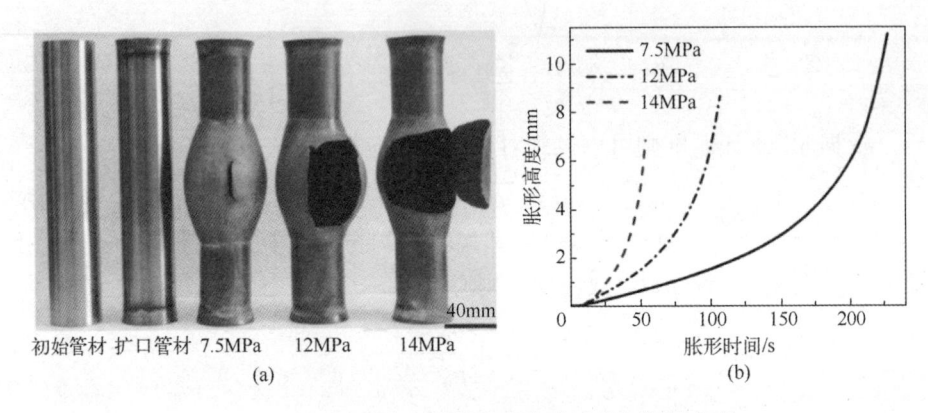

图3-14 TA18钛合金管材自由胀形试件和胀形高度
(a) 自由胀形试件；(b) 胀形高度。

针对管材自由胀形的外轮廓形状，可以采用合适的解析模型进行描述，常用的解析模型有圆形、椭圆形和抛物线。以管材中心线为 x 轴，以胀形区中心点为原点，垂直于 x 轴为 y 轴，将胀形模具过渡圆角忽略，抛物线模型轮廓拟合方程如下：

$$y=-\frac{h}{L^2}x^2+r_\theta \tag{3-14}$$

式中：h 为管材自由胀形高度；L 为管材自由胀形区轴向长度；r_θ 为自由胀形管材环向曲率半径。

TA18钛合金管材自由胀形试件轴向外轮廓的实验数据和解析模型的拟合结果如图3-15所示，显然，抛物线模型的解析模型可以更好地描述TA18钛合金管材自由胀形试件轴向外轮廓。

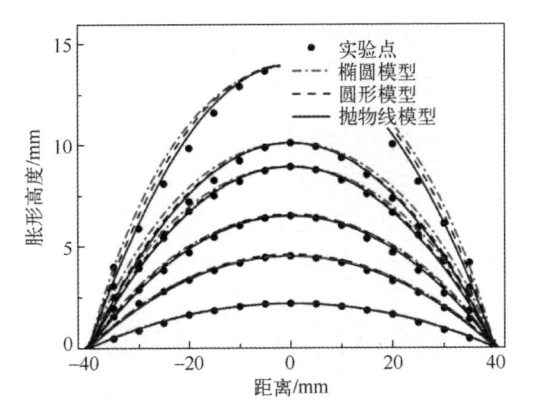

图 3-15　TA18 钛合金管材自由胀形试件轴向外轮廓分析(见彩插)

3.3.2　钛合金焊管热态气压成形性能

对于 TA15 钛合金、Ti$_2$AlNb 合金等高温轻质合金,多采用弯曲-激光焊接复合工艺制备管材,因此需要针对此类焊管开展热态气压成形性能研究。对于小径厚比高温轻质合金管材,其管材制备的基本原理如图 3-16 所示,即通过 U 成形和 O 成形两个连续的工序将板材成形为管材。为了消除成形之后强烈的回弹以及提高合金的塑性变形能力,成形过程需在高温条件下进行。图 3-17 所示为通过该方法制备的 O 形管材和焊管[6]。

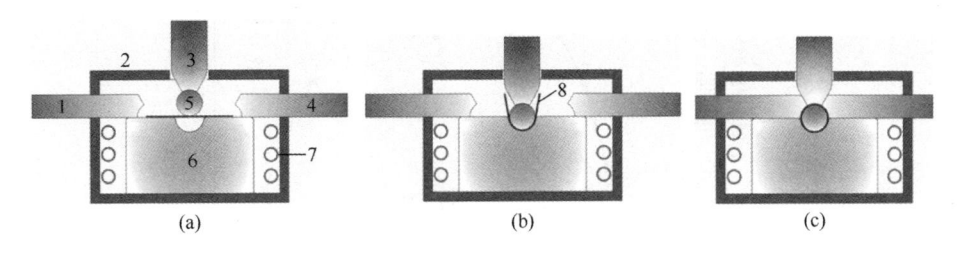

图 3-16　U-O 成形原理图
(a) 初始阶段;(b) U 成形;(c) O 成形。
1—左冲头;2—保温层;3—上冲头;4—右冲头;5—芯轴;6—凹模;7—感应加热线圈;8—板坯。

TA15 钛合金焊管的焊接接头分为三个区:焊缝中心区、热影响区和母材区。焊缝中心区为粗大的柱状晶组织,伴随着大量细针状的马氏体析出。热影响区由于处于焊缝中心区向母材区的过渡区,受热影响从中心区到母材区逐渐减弱,组织十分混杂,同时包含马氏体、转变 β 组织、β 相及等轴 α 相。母材区为细小的等轴组织,详见 2.3.1 节。

不同的组织形态导致焊接接头不同分区的力学性能存在差别,TA15 钛合金

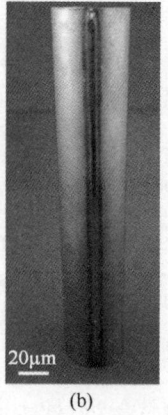

图 3-17 高温轻质合金 O 形管材及焊管

(a) O 形管材；(b) 焊管。

焊接接头的维氏硬度测试结果如图 3-18 所示。焊缝中心区硬度值要高于母材区的，这是由于马氏体室温的硬度值比等轴晶粒的要高。从焊缝中心区向母材区过渡时，材料硬度值发生了显著下降，焊缝中心区维氏硬度值为 365~375HV，热影响区维氏硬度值为 355~368HV，母材区维氏硬度值为 343~355HV。

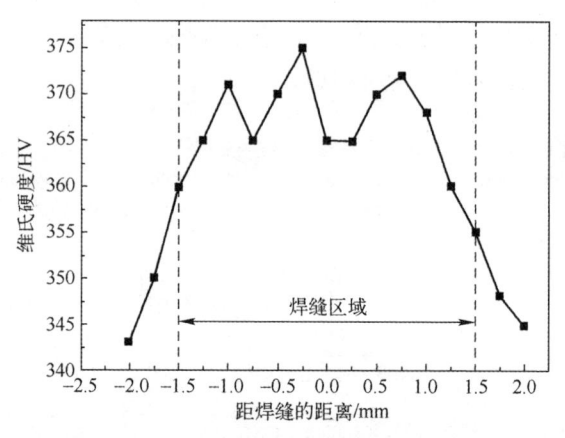

图 3-18 TA15 钛合金焊接接头维氏硬度分布

TA15 钛合金焊管焊接接头的组织性能和母材的差异巨大，其热态气压自由胀形中截面形状的变化规律将与无缝管材的不一样。TA15 钛合金管材的外径为 40mm，壁厚为 2mm。自由胀形区的轴向长度为 48mm，为管材外径的 1.2 倍，过渡圆角半径为 4mm。在 800℃、10MPa 变形条件下，获得了不同胀形高度的 TA15 钛合金热态气压自由胀形焊管，如图 3-19 所示。胀形初期管材的变形速率较慢，随着胀形高度的增加，管材曲率半径不断增大，壁厚逐渐减小，相同压力下，材料的管材的变形速率越来越快。当材料达到成形极限时管材发生破裂，在当前变形条件下 TA15 钛合金焊管的极限膨胀率为 73.9%[2]。

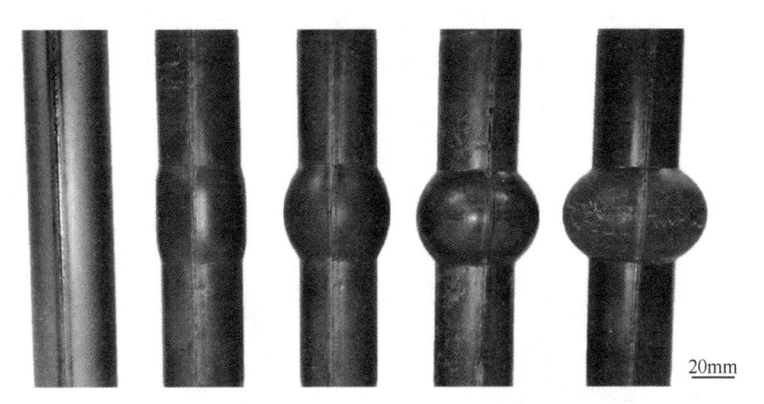

图 3-19　不同胀形高度的 TA15 钛合金自由胀形焊管

不同胀形高度的 TA15 钛合金自由胀形焊管的中间截面形状如图 3-20 所示。为了描述方便，在中间截面上定义了坐标，焊接接头为 0°位置，焊缝对面为 180°位置。在胀形管材发生颈缩破裂之前，试件的中间截面呈相对均匀的圆形。当膨胀率为 57.5% 时，焊缝附近的母材处出现两处颈缩，如图中灰色圈所示。多处颈缩是因为材料在高温变形时应变速率敏感性较高，颈缩处的局部应变速率较高，提升了材料的变形抗力，导致变形发生转移，从而提高材料的变形均匀性。自由胀形管件在发生局部颈缩之后，很快发生破裂，这是因为在胀形末段，材料变形的应变速率相对较大，导致材料的应变速率敏感性下降，所以颈缩出现后不久材料就发生破裂。

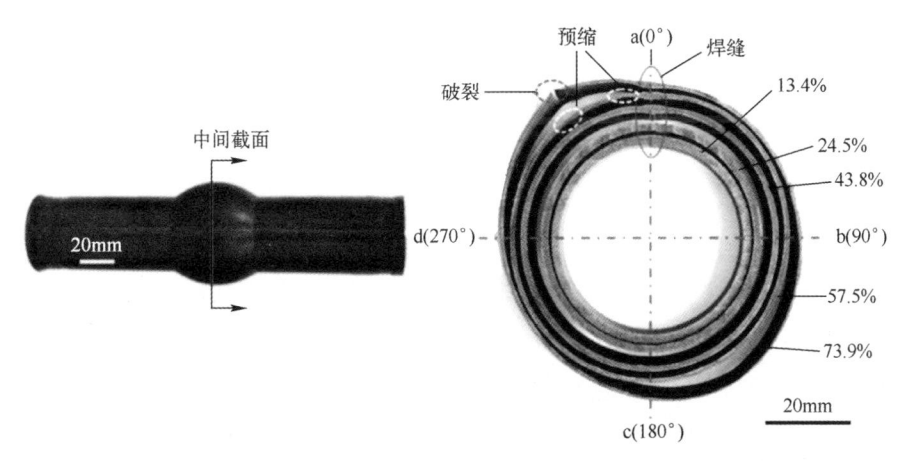

图 3-20　不同胀形高度的 TA15 钛合金自由胀形焊管的中间截面形状

TA15 钛合金焊管由于焊接接头和母材之间组织性能的显著差异,导致自由胀形管件的中间截面表现为近似圆形的不规则形状。管件不同方向的径向曲率半径如图 3-21 所示,测量方向沿着管材轴向的四个不同角度 0°、90°、180° 和 270°。自由胀形过程中焊缝的胀形高度始终要小于母材的,这是因为焊缝是针状组织,强度要高于母材的,所以相同外载荷下变形量要比母材的小。随着膨胀率的增加,焊缝的胀形高度和母材的胀形高度之间的差异性也在不断增大。由于焊缝的约束作用,不同部位的母材变形程度也不一样,焊缝对面的母材胀形高度要大于其他位置的母材胀形高度。

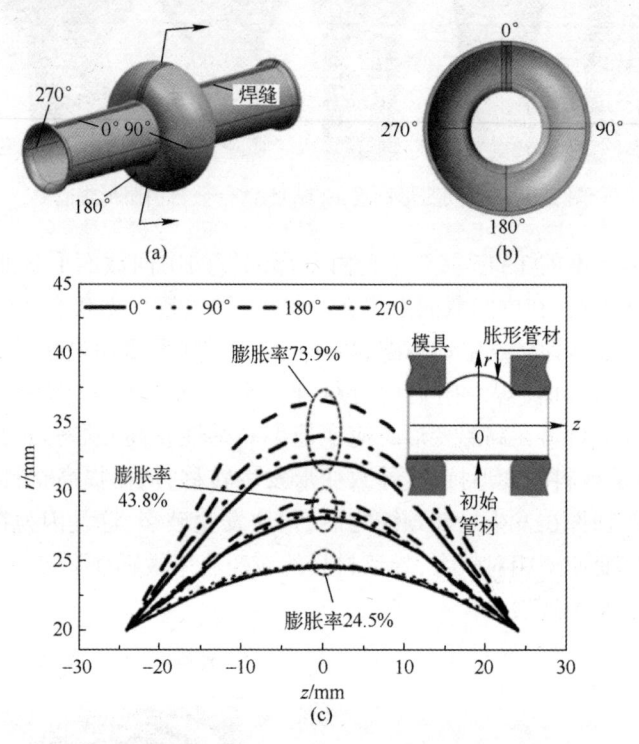

图 3-21　TA15 钛合金自由胀形焊管不同方向的截面轮廓分布
(a)、(b) 试件取样位置示意图;(c) 截面轮廓。

TA15 钛合金自由胀形管件的中间截面环向壁厚分布如图 3-22 所示,横坐标表示测量点位置,起始点为焊接接头。在自由胀形过程中由于焊接接头强度比母材的高,导致焊接接头的变形量小于母材的,所以胀形后焊接接头的厚度比母材的要大,而且随着膨胀率的增加,焊接接头和母材厚度之间的差异也越来越大。当膨胀率小于 43.8% 时,母材壁厚呈均匀分布。随着变形量的增加,焊缝附近和对面处的母材开始出现集中减薄。当管件膨胀率为 57.5% 时,焊缝附近的母材出现了严重的局部减薄,并迅速导致管材的破裂。

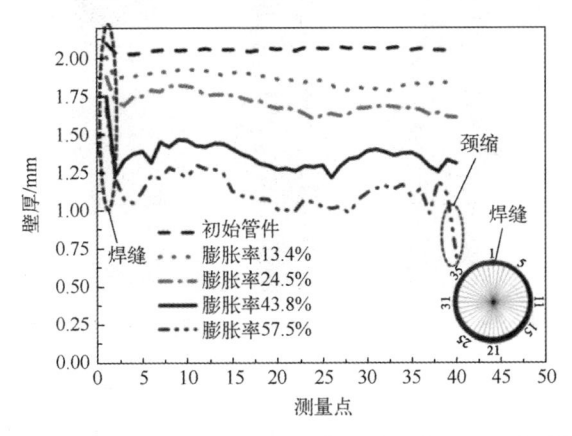

图 3-22 TA15 钛合金自由胀形管件的中间截面环向壁厚分布

在 TA15 钛合金焊管自由胀形后期,焊缝附近及对面处的母材减薄较为严重,也是典型的破裂位置,如图 3-23 所示。值得注意的是,焊缝附近的裂纹并不是在热影响区,而是在热影响区外侧的母材处。管材破裂的方向沿着管材轴向,这是因为在自由胀形过程中环向应力大于轴向应力。

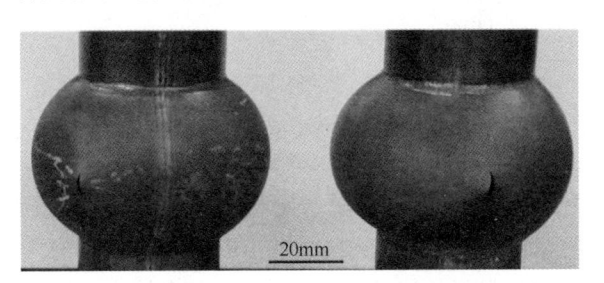

图 3-23 TA15 钛合金自由胀形管件的典型破裂方式

TA15 钛合金母材和焊接接头在热变形时对应变速率都十分敏感。在特定的温度下,TA15 钛合金焊管自由胀形的应变速率主要是由加载路径决定的。因此,在 800℃下采用了不同的气压加载路径进行胀形实验,胀形结果如图 3-24 所示,胀形气压加载路径如图 3-25 所示。胀形气压力分别采用了 7.5MPa、10MPa 和 12.5MPa,随着胀形气压的增加,胀形时间大幅缩短但是管材的胀形能力也发生不同程度的下降。

为了研究胀形温度对钛合金焊管胀形性能的影响,在相同加载路径不同温度下分别开展了自由胀形实验研究,加载路径采用 10MPa 恒压胀形,胀形温度分别选取 750℃、800℃和 850℃,胀形结果如图 3-26 所示。随着温度的升高,材

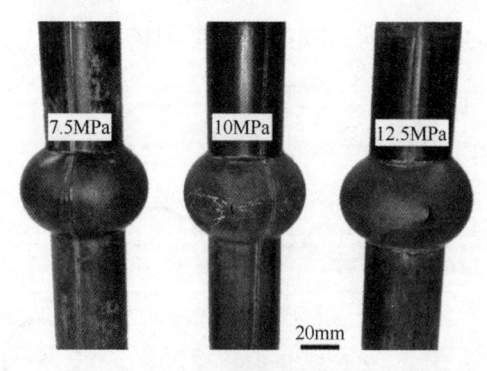

图 3-24 TA15 钛合金自由胀形焊管不同加载路径下的胀形结果(800℃)

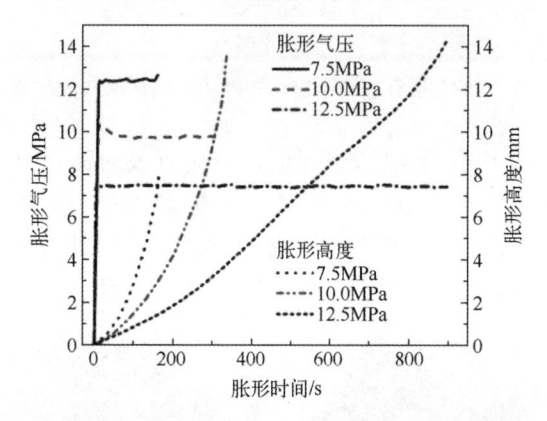

图 3-25 胀形气压加载路径及相应的胀形高度演化(800℃)

料的胀形高度并没有提高而是出现了一定程度的下降,但是胀形时间得到了大幅度下降。出现这种现象是因为影响材料变形性能的因素有两个:温度和应变速率。当温度升高时,材料的流动应力下降,故温度较高时,在相同的加载路径下钛合金焊管的应变速率显著升高,胀形时间也会大幅度下降。当材料的应变速率升高时,材料的延伸率就会下降,从而导致钛合金焊管胀形高度下降。

焊缝和母材的组织性能差异显著影响 TA15 钛合金焊管的热态气压成形性能。为此设计了两种热处理方式,以调控焊管的均匀变形能力。一种为双重退火,先在 950℃ 保温 2h、空冷,然后在 600℃ 再保温 2h、空冷;第二种为退火,900℃ 保温 4h,然后炉冷。胀形实验在 800℃、10MPa 恒定压力下进行。胀形后的结果如图 3-27 所示,双重退火管材胀形后破裂在焊缝,原始管材及 900℃ 退火管材均破裂在焊缝附近。TA15 钛合金双重退火后,母材内析出了次生 α 相,提升了母材的强度,从而降低母材和焊接接头之间的强度差异,提高了焊接接头和母材之间变形的协调性,从而在变形过程中焊缝发生了减薄,并最终在焊缝处

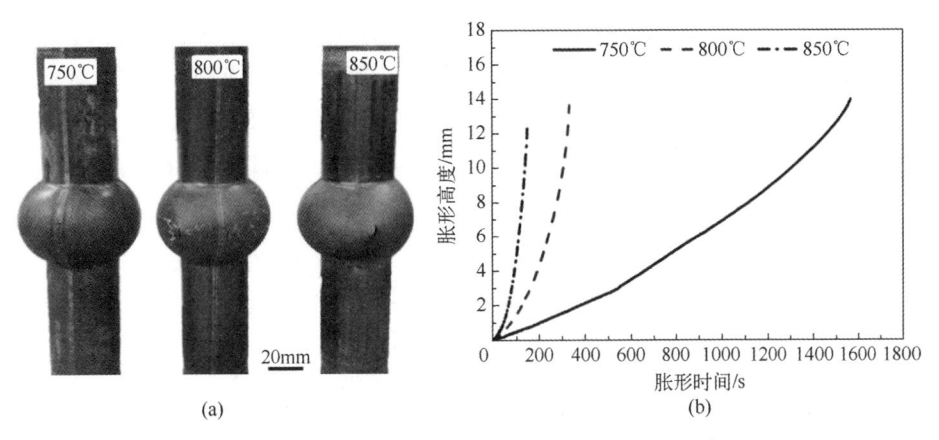

图 3-26 不同温度下胀形结果及中间截面焊缝胀形高度曲线
（a）胀形管件；（b）胀形高度曲线。

发生了破裂。然而900℃的退火消除了管材焊接后的残余应力，促进了晶粒长大。母材区依然为等轴组织，焊缝区为片层组织，母材和焊接接头的强度差异依然很大，胀形过程中焊接接头变形量依然很小，破裂仍旧发生在焊缝附近的母材处。

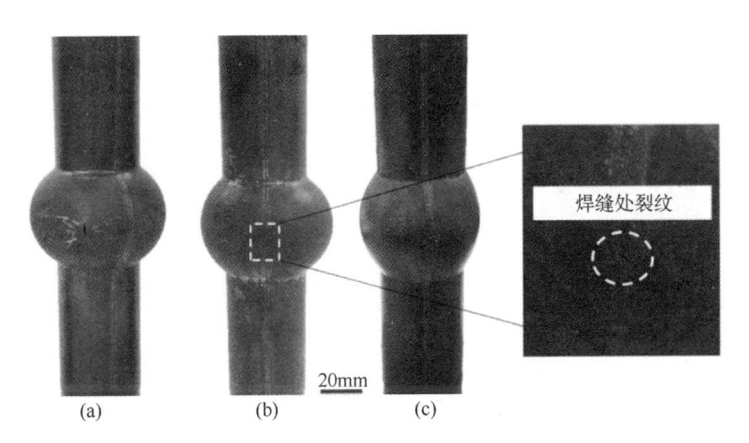

图 3-27 热处理后管材胀形结果
（a）原始管材；（b）双重退火管材；（c）退火管材。

3.4 Ti$_2$AlNb 合金板材热态气压成形性能

根据第 2 章 Ti$_2$AlNb 合金板材热变形行为研究，其合理的热成形工艺区间为 970~985℃/0.001~0.0004s^{-1}。图 3-28 为 Ti$_2$AlNb 合金板材 970℃/0.001s^{-1}

条件下胀形试样和应变随时间关系。为使 Ti$_2$AlNb 合金板材胀形试件最高点的应变速率近似恒定,采用式(3-6)和式(3-7)计算所需的压力加载路径。图 3-28(a)为 Ti$_2$AlNb 合金板材加载 150s、300s、450s、600s、900s 和破裂的胀形结果,最高点等效应变分别为 0.14、0.33、0.47、0.73、1.43 和 2.14,如图 3-28(b)所示。对胀形件外轮廓及壁厚进行测试,结果如图 3-29 所示。胀形过程中,材料变形均匀稳定,前期应变速率接近 0.001s^{-1}。600~900s 时,材料的应变速率约为 0.0023s^{-1},后期材料发生局部变形,材料应变速率增加[1]。

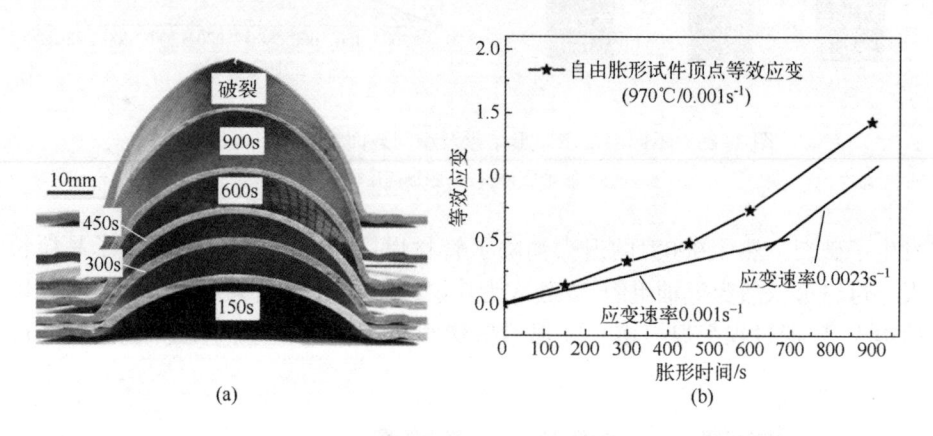

图 3-28　Ti$_2$AlNb 合金板材 970℃/0.001s^{-1}条件下胀形试件和应变随时间关系
(a) 自由胀形件;(b) 等效应变演化。

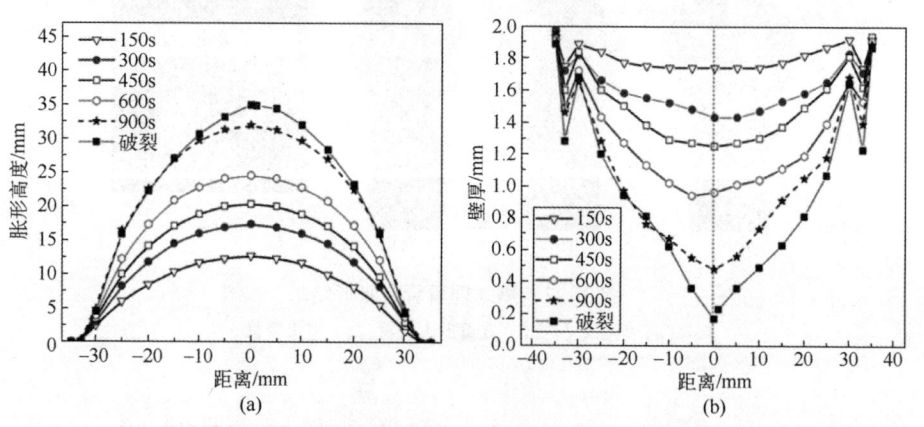

图 3-29　Ti$_2$AlNb 合金板材 970℃/0.001s^{-1}条件下
试件胀形高度及壁厚分布
(a) 胀形高度;(b) 壁厚。

为了研究应变速率和变形温度对板材胀形能力的影响,依照图 3-30 的所示的胀形气压加载路径进行胀形实验,得到图 3-31 的胀形试件。胀形试件的破裂口都出现在胀形件顶端,且都展现了良好的成形能力。图 3-32 和图 3-33 分别为不同成形温度和不同应变速率成形件的胀形高度及壁厚分布,结果表明:当温度降低或应变速率增加时,板材顶部的局部变形集中,曲率半径减小,胀形轮廓由"圆润"变得"尖锐",板材的变形均匀性能下降。930℃/0.001s^{-1}、950℃/0.001s^{-1}、970℃/0.01s^{-1}、985℃/0.001s^{-1} 和 970℃/0.1s^{-1} 的胀形高度分别为 35.53mm、33.47mm、32.51mm、35.35mm 和 30.82mm,对应破裂处的等效应变都大于1,明显优于高温拉伸性能,板材厚度逐渐减薄直至变形失效。

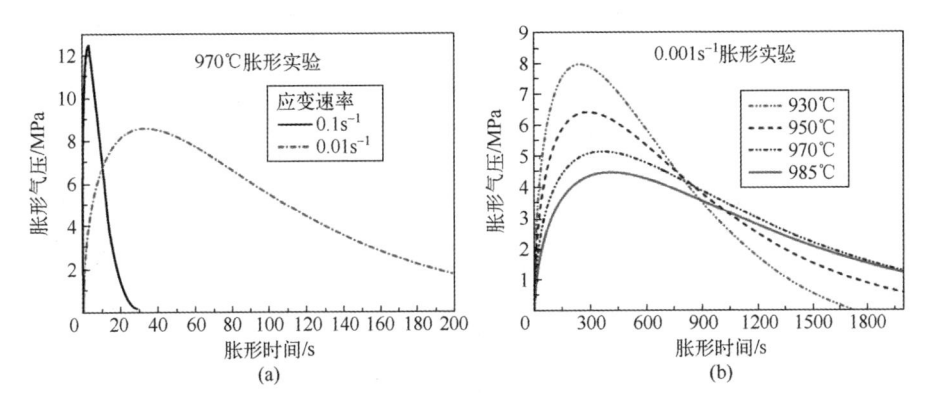

图 3-30 Ti$_2$AlNb 合金板材高温自由胀形压力加载曲线
(a) 不同应变速率;(b) 不同变形温度。

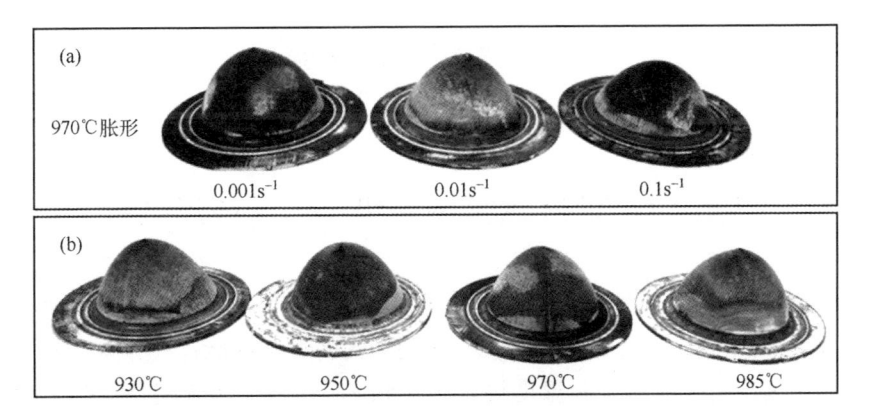

图 3-31 Ti$_2$AlNb 合金板材高温自由胀形试件
(a) 不同应变速率;(b) 不同变形温度。

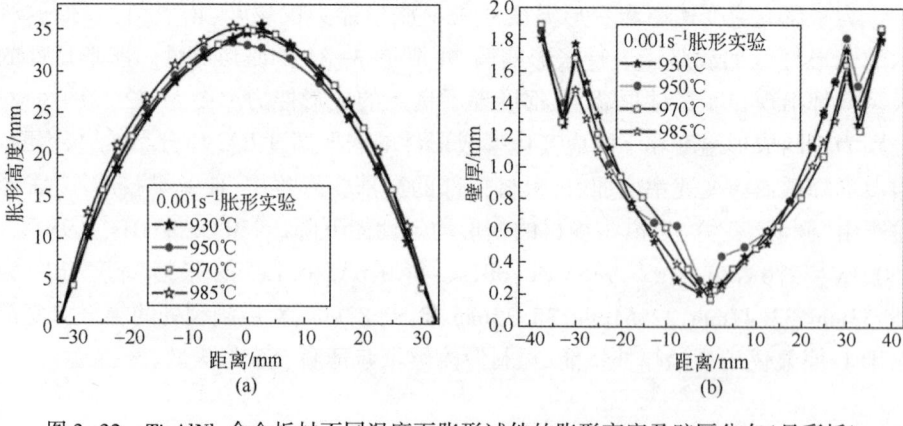

图 3-32　Ti$_2$AlNb 合金板材不同温度下胀形试件的胀形高度及壁厚分布(见彩插)

(a)胀形高度;(b)壁厚。

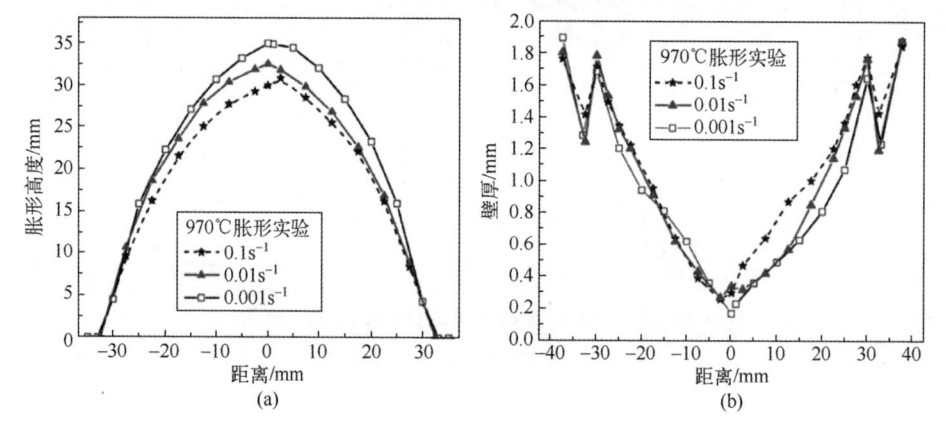

图 3-33　Ti$_2$AlNb 合金板材 970℃不同应变速率下胀形试件的

胀形高度及壁厚分布(见彩插)

(a)胀形高度;(b)壁厚。

3.5　Ti$_2$AlNb 合金焊管热态气压成形性能

　　Ti$_2$AlNb 合金焊管的焊接接头同样分为三个区域:焊缝中心区、热影响区和母材区,不同的组织形态导致焊接接头不同分区的力学性能存在差别。Ti$_2$AlNb 合金焊管热态气压成形实验温度设定为 1000℃,胀形气压分别是 3MPa、6MPa 和 9MPa,气压加载路径如图 3-34(a)所示。气压控制系统能够在 10s 内将气压加载至预设气体压力,并稳定在±0.25MPa 的误差范围内。实验过程中,通过激光位移传感器实时测量管材焊缝处的胀形高度,结果如图 3-34(b)所示[7]。

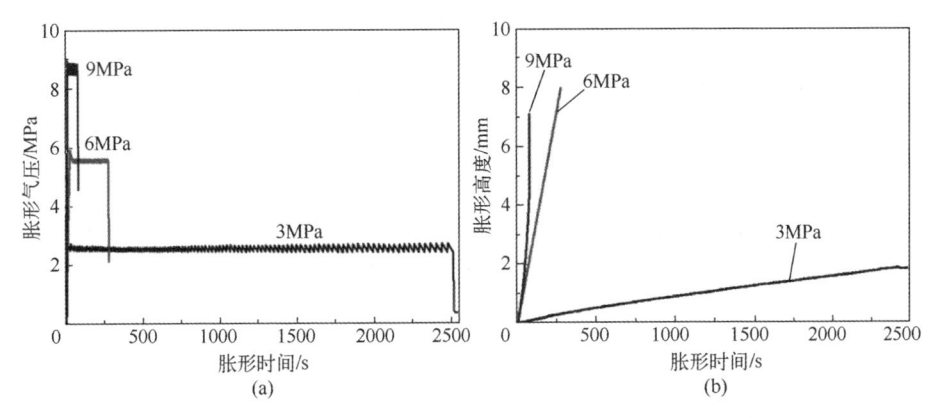

图 3-34 Ti₂AlNb 合金焊管自由胀形气压加载路径和焊缝胀形高度变化
(a) 胀形气压加载路径;(b) 胀形高度。

图 3-35 是三种气压加载路径下的 Ti₂AlNb 合金焊管自由胀形试件,管件极限膨胀率分别为 22%、66% 和 44%。焊接接头部分基本无环向拉伸变形,焊缝和母材间变形协调性差,焊缝附近的母材极易出现局部颈缩,并发生破裂。

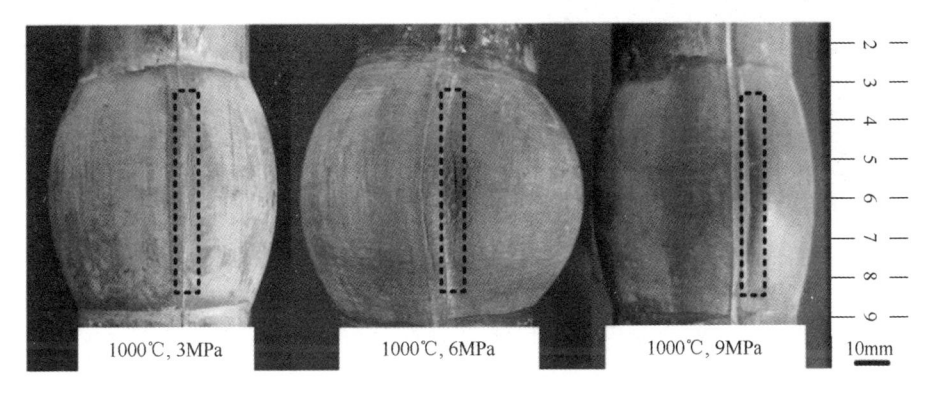

图 3-35 Ti₂AlNb 合金焊管不同气压加载路径下的自由胀形试件

在 9MPa 的胀形条件下,瞬时增高的内压引起瞬时高应变速率,平均应变速率约为 $0.007s^{-1}$。焊缝中的 α_2 强化相提高了焊接接头的强度,导致其高温塑性变形能力相对较差,焊缝部分在热态气压成形过程中基本未发生变形,焊接接头和母材的应变梯度在其交界处差别最大。当胀形高度为 7.2mm 时,在焊接接头附近的母材形成几乎横跨整个胀形区的明显颈缩和轴向撕裂裂纹。在 3MPa 的胀形条件下,由于胀形速度较慢,应变速率较低,平均应变速率约为 $1\times10^{-5}s^{-1}$,

焊接接头和母材的变形协调性优于9MPa的高压力状态。焊缝区发生少量的轴向拉伸变形，较低的应变速率导致管件的胀形高度较低，而且焊接接头和母材的变形不协调性导致焊缝附近母材发生明显局部颈缩。在6MPa的胀形条件下，焊接接头和母材能够在一定程度上实现变形协调，极限胀形高度为7.9mm，极限膨胀率达到约66%，焊缝壁厚减薄率为9.5%，平均应变速率约为0.002s^{-1}。

图3-36为Ti_2AlNb合金焊管不同胀形温度下的自由胀形试件和焊缝胀形高度变化曲线，胀形温度为950℃、970℃和990℃，胀形压力为5MPa。不同胀形温度下，胀形件的破裂位置均位于中间最大变形截面处，裂纹方向沿管件环向扩展。焊缝整体变形均匀性良好，变形焊缝表面无裂纹。胀形温度越高，胀形件的极限膨胀率和焊缝壁厚减薄率越大。在950℃胀形时，管件的极限膨胀率仅为40.9%，平均应变速率约为$1\times10^{-4}s^{-1}$，焊缝壁厚减薄率为15.0%。在970℃和990℃胀形时，管件胀形的平均应变速率分别约为0.001和0.0005s^{-1}，焊管极限膨胀率分别为75.1%和76.1%，焊缝壁厚减薄率分别为25.7%和33.5%。在胀形压力为5MPa时，970~990℃更适合进行焊管热态气压成形。

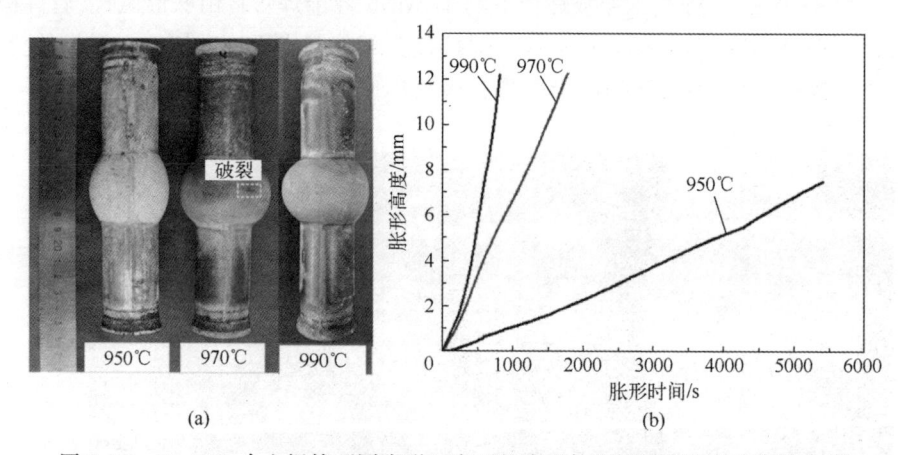

图3-36 Ti_2AlNb合金焊管不同胀形温度下的胀形件和焊缝胀形高度变化曲线
(a) 自由胀形试件；(b) 胀形高度。

图3-37为Ti_2AlNb合金焊管不同胀形气压下的自由胀形试件和焊缝胀形高度变化曲线，胀形温度为970℃。在4、5MPa和6MPa的胀形气压下，胀形平均应变速率分别约为$0.0002s^{-1}$、$0.0005s^{-1}$和$0.001s^{-1}$，胀形件的极限膨胀率分别为79.1%、75.1%和67.1%，焊接接头均能实现均匀协调变形，焊缝壁厚减薄率分别为31.0%、25.7%和39.0%。

图3-38为Ti_2AlNb合金焊管970℃/6MPa胀形工艺参数下的胀形件和变形焊接接头。胀形件的变形焊接接头处无裂纹且变形较均匀，焊接接头环向应

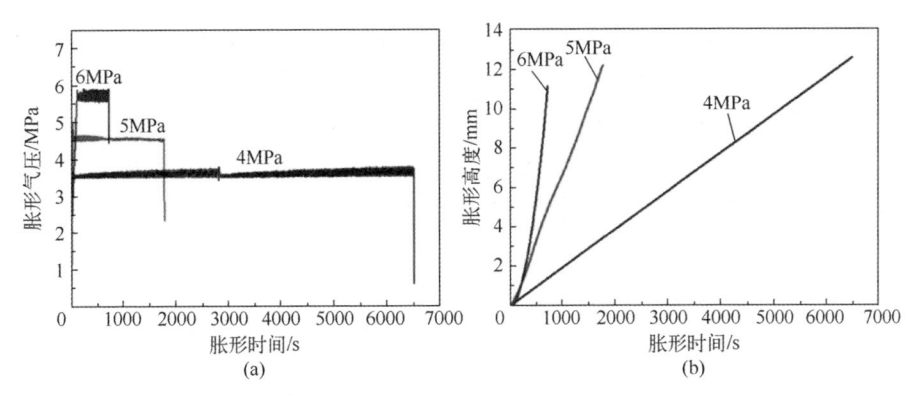

图 3-37 Ti$_2$AlNb 合金焊管不同胀形气压和焊缝胀形高度变化曲线

(a) 气压加载路径;(b) 胀形高度。

变大,与母材能够实现均匀协调变形,焊缝的壁厚减薄率达到 39%。

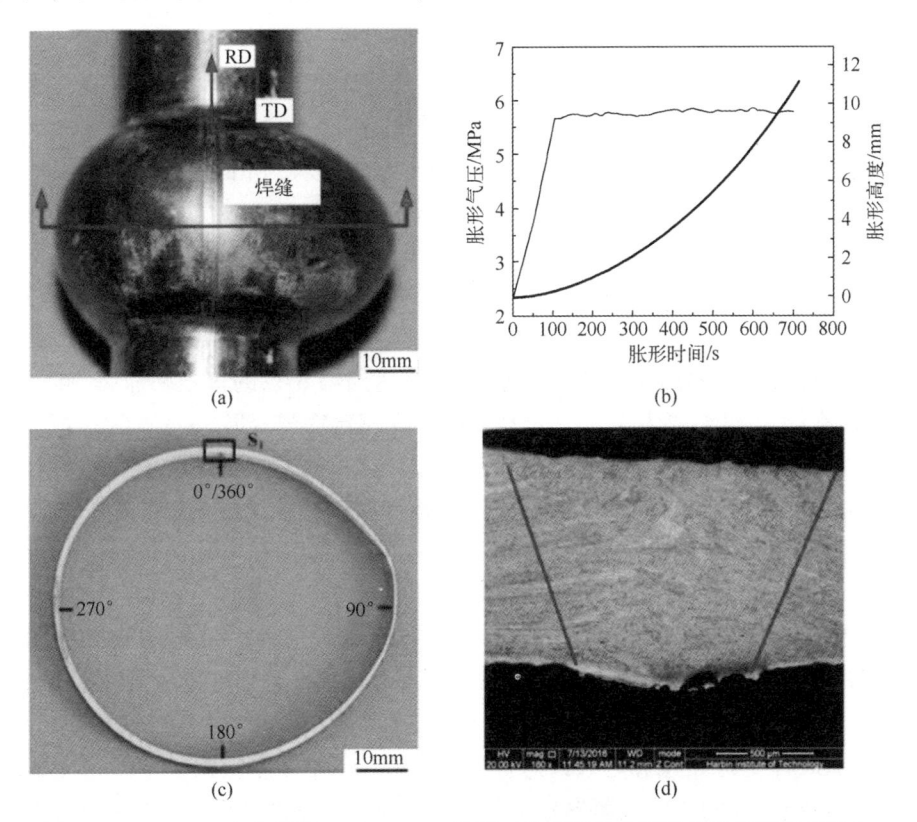

图 3-38 Ti$_2$AlNb 合金焊管 970℃/6MPa 胀形工艺参数下的胀形件和变形焊接接头

(a) 自由胀形试件;(b) 气压加载路径和胀形高度;(c) 试件中间截面;(d) 变形后焊接接头组织。

图 3-39 是胀形温度为 970℃,胀形气压分别为 4MPa、5MPa 和 6MPa 时所得自由胀形件最大变形截面处的壁厚分布图。不同气压下,胀形件的壁厚变化趋势相同:焊缝处的壁厚减薄率最小;胀形件破裂处及其对侧管壁的壁厚减薄率最大。其中,970℃/6MPa 的胀形工艺参数下所得胀形件焊接接头的壁厚减薄率最大,焊管焊接接头和母材间的变形均匀性较好。

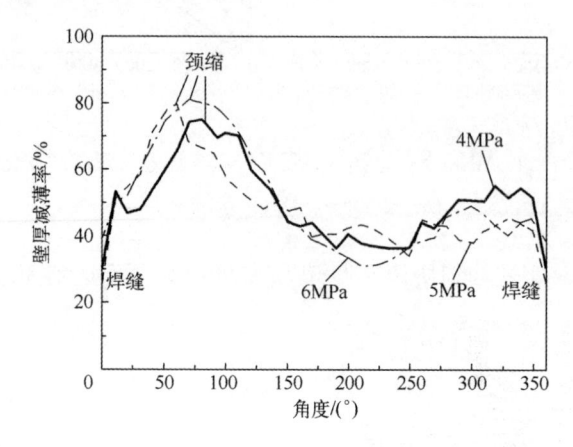

图 3-39　Ti$_2$AlNb 合金焊管 970℃不同胀形压力下的试件
中间截面环向壁厚减薄率分布

综上所述,在胀形温度为 970℃,压力为 4MPa、5MPa 和 6MPa 的工艺参数下,均适宜进行 Ti$_2$AlNb 合金焊管热态气压成形。其中,在 970℃/6MPa 工艺参数下,焊缝应变速率约为 0.001s^{-1},焊管能够达到约 67% 的极限膨胀率,此时焊缝减薄率约为 39%,焊接接头和母材能够实现相对均匀变形。

为了提高 Ti$_2$AlNb 合金焊管的均匀变形能力,进行了 990℃/1h 固溶处理。图 3-40 为 Ti$_2$AlNb 合金原始态和热处理态管材的自由胀形件,胀形工艺参数分别是 970℃/6MPa 和 990℃/3.5MPa。胀形件破裂位置均位于胀形区的最大变形截面母材处,破裂方式主要以轴向裂纹为主。970℃/6MPa 和 990℃/3.5MPa 胀形工艺参数下所得原始态和热处理态胀形件的极限膨胀率分别是 67.1%、69.5% 和 75.1%、80.6%,焊接接头的壁厚减薄率分别是 39%、41% 和 42%、43%。

图 3-41 为原始态和热处理态焊管在 970℃/6MPa 胀形条件下所得胀形件最大变形截面处的壁厚减薄率分布图。热处理态胀形件的焊接接头壁厚分布较原始态胀形件更均匀。通过热处理可以在一定程度上提高焊管整体的胀形性能和均匀变形能力。

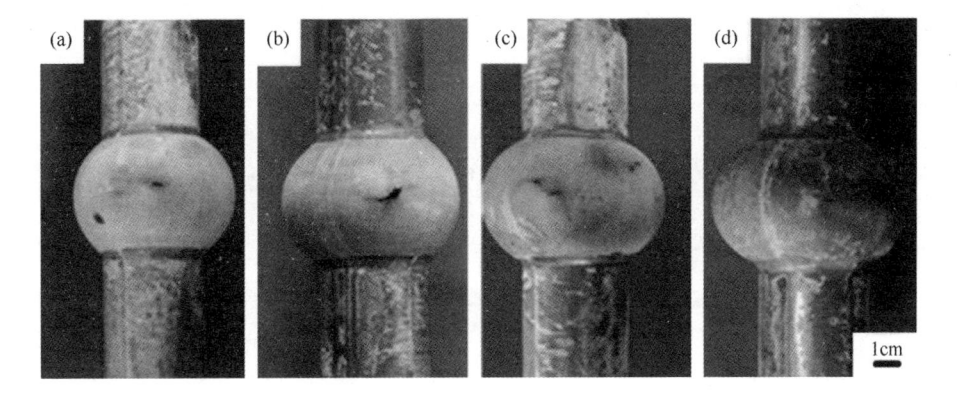

图 3-40 Ti₂AlNb 合金焊管不同胀形工艺参数下原始态和热处理态自由胀形件

(a) 原始管材,970℃/6MPa;(b) 热处理管材,970℃/6MPa;(c) 原始管材,990℃/3.5MPa;
(d) 热处理管材,990℃/3.5MPa。

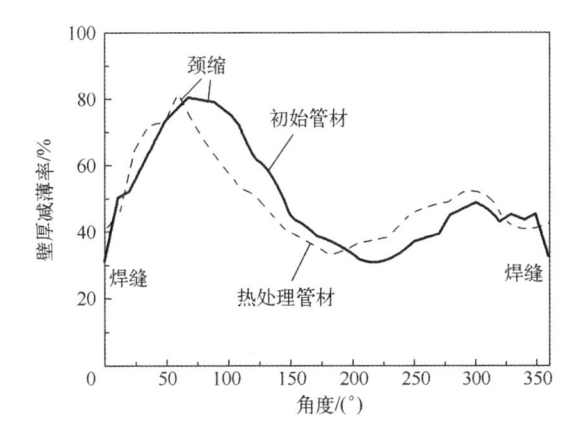

图 3-41 Ti₂AlNb 合金原始态管材和热处理态管材 970℃/6MPa 胀形
条件下试件中间截面壁厚减薄率分布

参考文献

[1] 武永. Ti-22Al-24.5Nb-0.5Mo 板材气胀成形微观组织与形变耦合建模仿真[D]. 哈尔滨:哈尔滨工业大学, 2017.

[2] 王克环. TA15 钛合金激光焊接管材热气胀变形行为与微观机理[D]. 哈尔滨:哈尔滨工业大学, 2016.

[3] Wu Y, Liu G, Liu Z, Wang B. Formability and microstructure of Ti-22Al-24.5Nb-0.5Mo rolled sheet within hot gas bulging tests at constant equivalent strain rate[J]. Materials & Design, 2016, 108:298-307.

[4] 赵杰. TA15钛合金板材高温变形行为及变速率热态气压成形研究[D]. 哈尔滨：哈尔滨工业大学, 2020.

[5] LIU G, WU Y, ZHAO J, et al. Formability determination of titanium alloy tube for high pressure pneumatic forming at elevated temperature[J]. Procedia Engineering, 2014, 81: 2243-2248.

[6] LIU G, KONG B B, YANG W, et al. Effects of the U-O forming process on microstructure evolution of TA15 tubes[J]. Materials Research Innovations, 2015, 19(5): 1202-1207.

[7] 孔贝贝. Ti-22Al-25Nb合金激光焊接接头高温变形及焊管胀形性能研究[D]. 哈尔滨：哈尔滨工业大学, 2017.

第4章
材料与成形过程建模及形变—组织—性能一体化仿真

4.1 钛合金统一黏塑性本构模型

高温轻质合金构件多采用热成形工艺,往往在成形后还需要热处理进一步提高构件的力学性能。在热成形及热处理工艺过程中,材料将出现复杂的微观组织演变行为,影响材料后续的变形性能和使役性能,实现高温轻质合金构件热成形及热处理全过程,形变—组织—性能一体化仿真是材料塑性加工领域的重要发展方向。

现有的金属材料热变形本构模型多为基于经验公式的唯象本构模型,例如双幂函数强化模型、Johnson-Cook 模型、Arrhenius 模型等,无法表达微观组织演变和变形历史对金属材料构件力学性能的影响。将金属材料微观组织演变行为和宏观高温变形相统一,建立基于位错密度和晶粒尺寸等物理内变量的统一黏塑性本构模型,可以实现高温轻质合金构件热成形工艺中热变形行为和微观组织演变的一体化仿真。

高温轻质合金板材的热态应力-应变关系和微观组织演变受变形温度和应变速率影响,位错、晶粒尺寸、相含量和损伤等微观组织参数同时演变,导致了流动应力呈现应变软化、稳定不变或加工硬化的复杂变化。高温轻质合金微观组织演变对热变形流动应力的影响如图 4-1 所示。低应变速率变形时,材料晶粒长大引起了材料硬化,热变形流动应力升高;高应变速率变形时,在回复、再结晶、球化和温升等软化机制以及损伤影响下,流动应力下降。

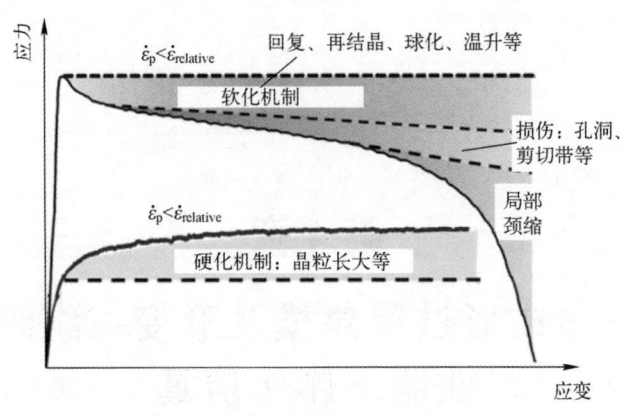

图 4-1 高温轻质合金微观组织演变对热变形流动应力的影响

4.1.1 钛合金板材热变形统一黏塑性本构模型

由第 2 章可知,钛合金轧制板材多为等轴组织,在高温变形过程中,会发生回复、再结晶、损伤等微观组织演变行为,显著影响材料的高温变形行为。为此,本节建立了钛合金板材高温变形统一黏塑性本构模型。

钛合金通常包含 α 相和 β 相,且 α 相比 β 相硬,两相的变形难易程度不一致。因此,α 相和 β 相的塑性应变速率须分开建模[1]:

$$\dot{\varepsilon}_{p,\alpha} = \left[\frac{\sigma/(1-D)-R-k_\alpha}{K_\alpha}\right]^{n_1} \bar{d}^{-n_2} \tag{4-1}$$

$$\dot{\varepsilon}_{p,\beta} = \left[\frac{\sigma/(1-D)-R-k_\beta}{K_\beta}\right]^{n_1} \bar{d}^{-n_2} \tag{4-2}$$

式中:R 为各向同性硬化项;D 为材料变形损伤率;k_α,k_β 为 α 相与 β 相的初始屈服应力;n_1,n_2,K_α,K_β 为 α 相与 β 相的材料常数;$\bar{d}$ 为材料相对晶粒尺寸,$\bar{d}=d/d_0$,其中 d 为实时平均晶粒尺寸,d_0 为初始平均晶粒尺寸。

由于两相性能相近,且 α 相强度要高于 β 相,为了减少计算量,通常令 $k_\beta = 0.8k_\alpha$,$K_\beta = 0.9K_\alpha$。基于等应力假设,钛合金的总塑性应变速率可表示为[1]:

$$\dot{\varepsilon}_p = \dot{\varepsilon}_{p,\alpha}(1-f_\beta) + \dot{\varepsilon}_{p,\beta}f_\beta \tag{4-3}$$

式中:f_β 为 β 相体积分数。

忽略材料高温变形过程中的温升,采用 JMAK 方程[2]描述钛合金 β 相体积分数 f_β 随变形温度的变化:

$$f_\beta = \exp[\gamma(T_{trans}-T)] \tag{4-4}$$

式中:T_{trans} 为相转变温度,对于 TA15 钛合金,$T_{trans} \approx 1258K$;T 为材料当前变形温度;γ 为材料常数。

损伤力学认为损伤演化方程可由孔洞形核和孔洞长大与聚合项构成。钛合金热变形过程中孔洞的形核是由于 α 相与 β 相变形不协调,致使在两相界面处形成微孔洞,孔洞形核引起的损伤如式(4-5)右侧第一项所示;孔洞长大与聚合的速率与应变速率相关,如式(4-5)右侧第二项所示[3]。

$$\dot{D}=d_1(1-D)|\dot{\varepsilon}_{p,\beta}-\dot{\varepsilon}_{p,\alpha}|^{d_2}+d_6\frac{\cosh(d_3\varepsilon_p)}{(1-D)^{d_4}}\dot{\varepsilon}_p^{d_5} \tag{4-5}$$

式中:d_x 为材料常数。

钛合金高温变形过程中发生明显的再结晶,显著影响材料的位错密度和晶粒尺寸等组织参数。再结晶体积分数变化率[1]:

$$\dot{S}=\frac{q_1(0.1+S)^{q_2}(1-S)\bar{\rho}^2}{\bar{d}} \tag{4-6}$$

式中:$\bar{\rho}$ 为归一化位错密度,$\bar{\rho}=1-\frac{\rho_0}{\rho}$,其中 ρ 为实时位错密度,ρ_0 为初始位错密度;q_x 为材料常数。

钛合金高温变形过程中,晶粒尺寸会发生静态长大、动态长大和再结晶引起的细化,具体公式如下[4]:

$$\dot{\bar{d}}=u_1\bar{d}^{-w_1}+u_2\dot{\varepsilon}_p\bar{d}^{-w_2}-u_3\dot{S}^{w_3}\bar{d}^{w_4} \tag{4-7}$$

式中:u_x,w_x 为材料常数。

钛合金高温变形过程中,塑性变形会引起位错密度增殖,动态回复、静态回复和再结晶会引起位错密度降低,如下所示[4]:

$$\dot{\bar{\rho}}=A\bar{d}^{C_4}|\dot{\varepsilon}_p|(1-\bar{\rho})-C_1\bar{\rho}^{C_3}-C_2\bar{\rho}\frac{\dot{S}}{1-S} \tag{4-8}$$

式中:A,C_x 为材料常数。

材料硬化变量 R 与位错密度平方根成正比,即满足泰勒模型[1]:

$$R=B\bar{\rho}^{0.5} \tag{4-9}$$

式中:B 为材料常数。

归一位错密度$\bar{\rho}$的初始值为 0,最大值为 1,适用于初始位错密度较低的材料,变形后材料位错密度增加。但是对于初始位错密度较高的材料,如钛合金轧制板材、激光焊接接头,高温变形后其位错密度可能会低于材料的初始位错密度。因此,对归一化位错密度$\bar{\rho}$重新定义:

$$\bar{\rho}=\frac{\rho}{\rho+\rho_0}=1-\frac{\rho_0}{\rho+\rho_0} \tag{4-10}$$

初始值为 0.5,取值范围仍为 0~1。

为保证变形初期材料的各向同性硬化项 $R=0$，对 R 的表达式进行了修改[5]：

$$R = B\bar{\rho}^{0.5} - R_0 \tag{4-11}$$

式中：R_0 为修正项，$R_0 = \dfrac{\sqrt{2}}{2}B$。

材料变形过程中，借鉴广义胡克定律，则材料的流动应力变化率为[1]：

$$\dot{\sigma} = (1-D)E(\dot{\varepsilon} - \dot{\varepsilon}_p) \tag{4-12}$$

式中：E 为弹性模量。

材料参数与温度相关，可采用阿伦尼乌斯（Arrhenius）方程 $k = k_0 \exp(Q_k/RT)$ 进行描述，如表 4-1 所列，其中 $R = 8.314 \mathrm{J \cdot mol^{-1} \cdot K^{-1}}$，$T$ 为热力学温度。

表4-1 钛合金板材高温变形统一黏塑性本构方程温度相关材料常数表达式

材料常数表达式	材料常数表达式	材料常数表达式
$k_\alpha = k_{\alpha 0} \exp(Q_{k_\alpha}/RT)$	$C_4 = C_{40} \exp(Q_{C_4}/RT)$	$w_2 = w_{20} \exp(Q_{w_2}/RT)$
$K_\alpha = K_{\alpha 0} \exp(Q_{K_\alpha}/RT)$	$q_1 = q_{10} \exp(-Q_{q_1}/RT)$	$w_3 = w_{30} \exp(Q_{w_3}/RT)$
$n_1 = n_{10} \exp(Q_{n_1}/RT)$	$q_2 = q_{20} \exp(Q_{q_2}/RT)$	$w_4 = w_{40} \exp(Q_{w_4}/RT)$
$n_2 = n_{20} \exp(Q_{n_2}/RT)$	$a_1 = a_{10} \exp(Q_{a_1}/RT)$	$d_1 = d_{10} \exp(Q_{d_1}/RT)$
$B = B_0 \exp(Q_B/RT)$	$a_2 = a_{20} \exp(-Q_{a_2}/RT)$	$d_3 = d_{30} \exp(Q_{d_3}/RT)$
$A = A_0 \exp(Q_A/RT)$	$u_1 = u_{10} \exp(-Q_{u_1}/RT)$	$d_4 = d_{40} \exp(Q_{d_4}/RT)$
$C_1 = C_{10} \exp(-Q_{C_1}/RT)$	$u_2 = u_{20} \exp(-Q_{u_2}/RT)$	$d_5 = d_{50} \exp(-Q_{d_5}/RT)$
$C_2 = C_{20} \exp(-Q_{C_2}/RT)$	$u_3 = u_{30} \exp(Q_{u_3}/RT)$	$d_6 = d_{60} \exp(Q_{d_6}/RT)$
$C_3 = C_{30} \exp(Q_{C_3}/RT)$	$w_1 = w_{10} \exp(-Q_{w_1}/RT)$	

由于统一黏塑性本构方程组较为复杂，且参数众多，对于这种参数维度非常大的拟合问题，遗传算法是常用的一种拟合手段。常微分方程组的求解采用前进欧拉法，以固定步长求出微分方程组的近似解，再利用目标函数去评价微分方程组的近似解与实验获取的应力-应变曲线之间的差异，从而评判这组材料常数的优劣，最后完成材料常数的"优胜劣汰"获取最优解。

为了描述模型解和实验值之间的差异，必须建立目标函数去评判每组材料常数的优劣，合理的目标函数能够大大缩短计算时间且能得到高质量的数值解。以 TA15 钛合金在 850℃、900℃、950℃ 下 $0.001\mathrm{s}^{-1}$、$0.01\mathrm{s}^{-1}$、$0.1\mathrm{s}^{-1}$ 三个不同应变速率的 9 条应力曲线为例，每条曲线的目标函数值为拟合值与实验值之间的相对误差求平方和后除以数据点数量，应力目标函数 f_s 表达式为

$$f_s(\mathbf{V}) = \sum_{j=1}^{m} \left[\frac{1}{n_j} \sum_{i=1}^{n_j} \left(\frac{\sigma_{ij}^c - \sigma_{ij}^e}{\sigma_{ij}^e} \right)^2 \right] \tag{4-13}$$

式中：V 为材料参数向量；m 为拟合的应力曲线的条数，$m=9$；n 为第 j 条曲线上取点的数量，$n=20$；σ_{ij}^c 为第 j 条曲线第 i 点的应力计算值；σ_{ij}^e 为第 j 条曲线第 i 点的应力实验值。

根据拟合得到的参数，将其带入钛合金高温变形统一黏塑性本构模型中，可以得到不同条件下材料真应力-真应变曲线，图 4-2 所示为 TA15 钛合金板材高温拉伸真应力-真应变曲线实验值与计算对比，两者吻合良好。为了对拟合效果进行定量评价，采用统计学指标平均相对误差（MRE）：

$$\text{MRE}(\%) = \frac{1}{n}\sum_{i=1}^{n}\left|\frac{X_i - Y_i}{X_i}\right| \times 100 \tag{4-14}$$

其中，X 代表实验值，Y 代表相应的模型计算值。计算得到 850℃、900℃、950℃下的 MRE 分别为 8.22%、6.91%、9.17%，平均值为 8.10%。

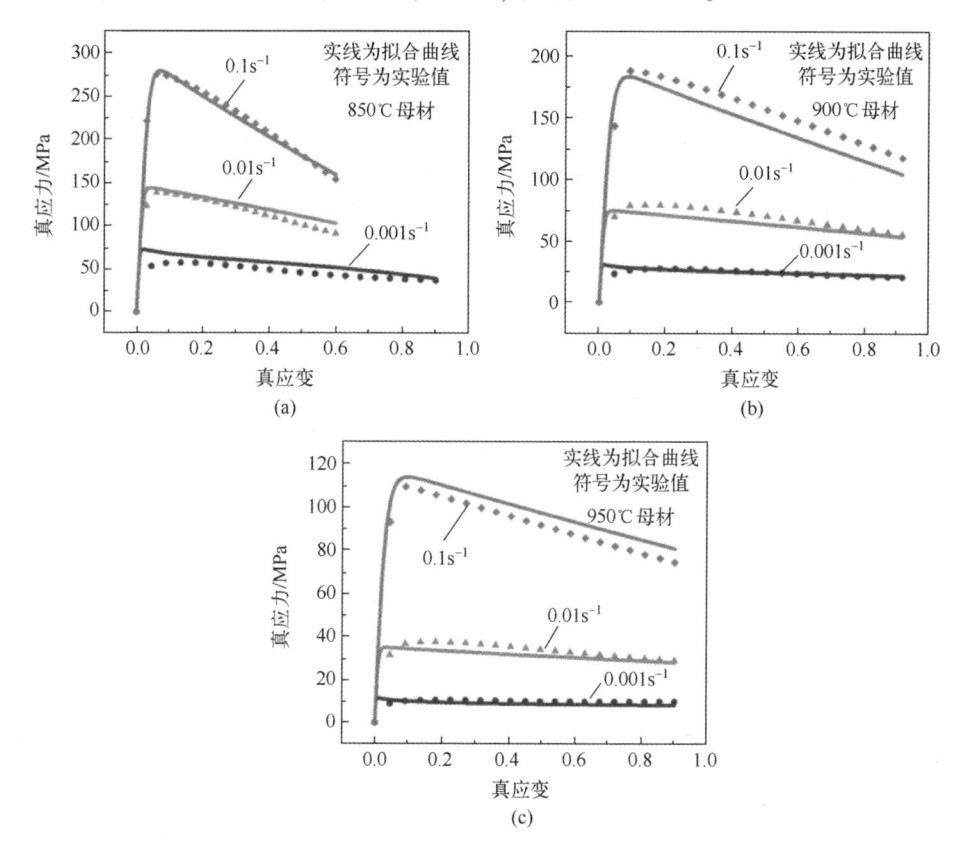

图 4-2 TA15 钛合金板材高温拉伸真应力-真应变曲线实验值与计算值对比
(a) 850℃；(b) 900℃；(c) 950℃。

图 4-3 所示为 TA15 钛合金板材高温变形位错密度演化曲线，变形温度为

850℃、900℃、950℃，应变速率为 0.001s^{-1}、0.01s^{-1}、0.1s^{-1}，与之前实验分析的位错密度演化趋势相符。在低温、高应变速率变形条件下，材料的位错密度随应变速率的增加逐渐提高。此时，材料的动态回复和再结晶作用较弱，位错密度主要由形变引起的位错增殖决定。而随着变形温度的升高和应变速率的降低，动态回复和再结晶作用增强，使得位错密度随应变的增加逐渐降低。

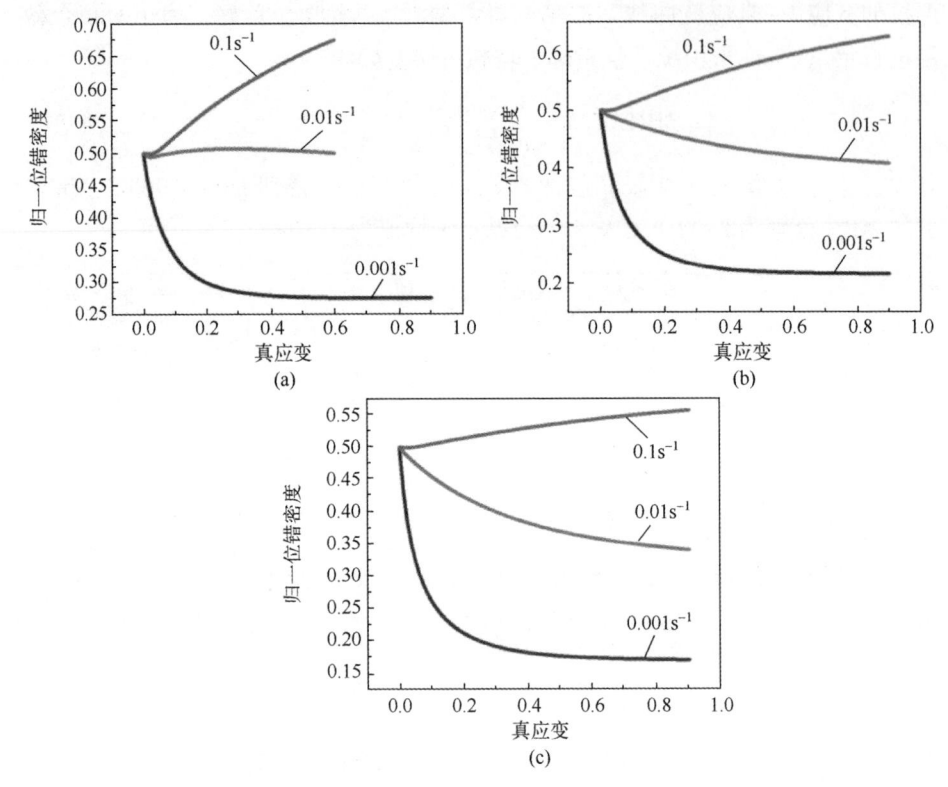

图 4-3　TA15 钛合金板材高温变形位错密度演化曲线
(a) 850℃；(b) 900℃；(c) 950℃。

图 4-4 所示为 TA15 钛合金板材高温变形损伤演化曲线，变形温度为 850℃、900℃、950℃，应变速率为 0.001s^{-1}、0.01s^{-1}、0.1s^{-1}，与之前实验分析的损伤演化趋势相符。材料损伤随真应变的增大而增大，随温度升高和应变速率的降低而减小。

图 4-5 所示为 TA15 钛合金板材高温变形再结晶分数演化曲线，变形温度为 850℃、900℃、950℃，应变速率为 0.001s^{-1}、0.01s^{-1}、0.1s^{-1}。当应变速率为 0.1s^{-1} 时，材料的再结晶分数基本不发生变化。而当应变速率降低后，再结晶分数明显上升，说明降低应变速率有利于材料再结晶的进行。不同温度下应变速

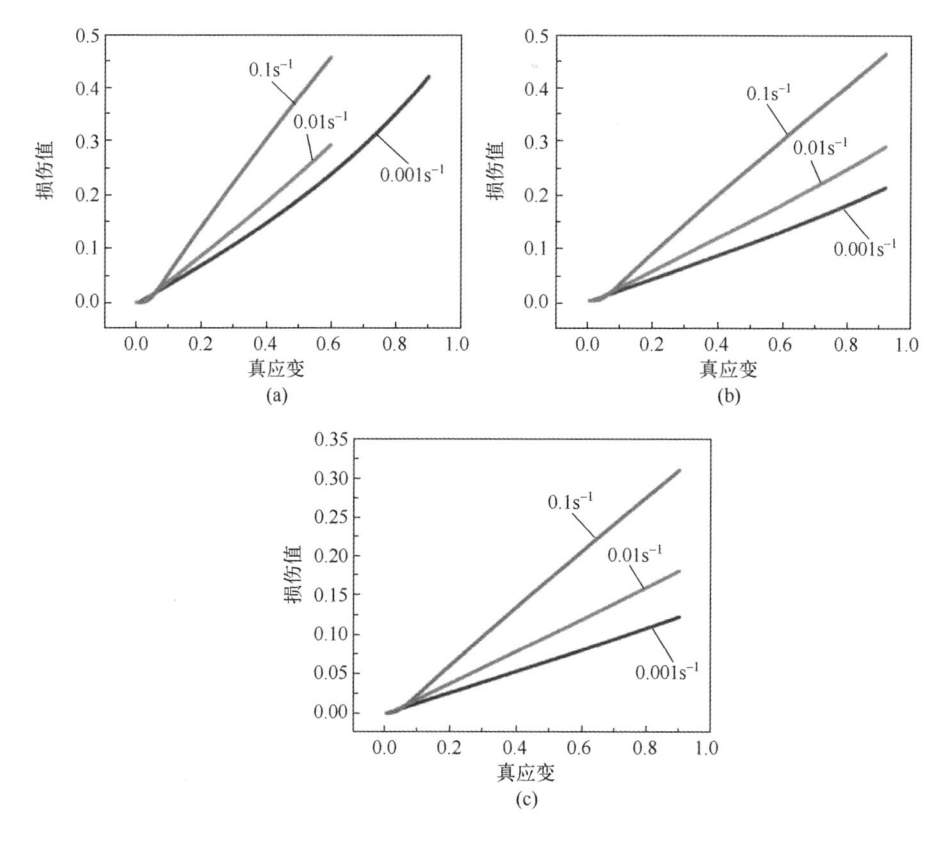

图 4-4 TA15 钛合金板材高温变形损伤演化曲线
（a）850℃；（b）900℃；（c）950℃。

率为 $0.001s^{-1}$ 的变形条件下，随着温度的升高，小应变段的曲线斜率上升，表示再结晶速率增大。

为了进一步验证钛合金高温变形统一黏塑性本构模型的预测效果，设计了两组变应变速率高温拉伸方案，一组为 $0.005s^{-1}$-$0.02s^{-1}$-$0.08s^{-1}$，应变速率逐渐提高；另一组为 $0.08s^{-1}$-$0.02s^{-1}$-$0.005s^{-1}$，应变速率逐渐降低。图 4-6 所示为 TA15 钛合金板材变应变速率高温拉伸真应力-真应变曲线实验值与计算值的对比，利用统一黏塑性本构模型计算的真应力-真应变曲线同实验曲线的吻合良好，在应变量较小时误差很小，虽然随着应变量的增加，计算曲线同实验曲线之间的误差增大，但仍在可接受的范围内。如果采用传统材料高温变形本构模型或者直接采用真应力-真应变曲线，显然无法考虑变形历史对材料后续变形的影响，预测准确性大大降低。

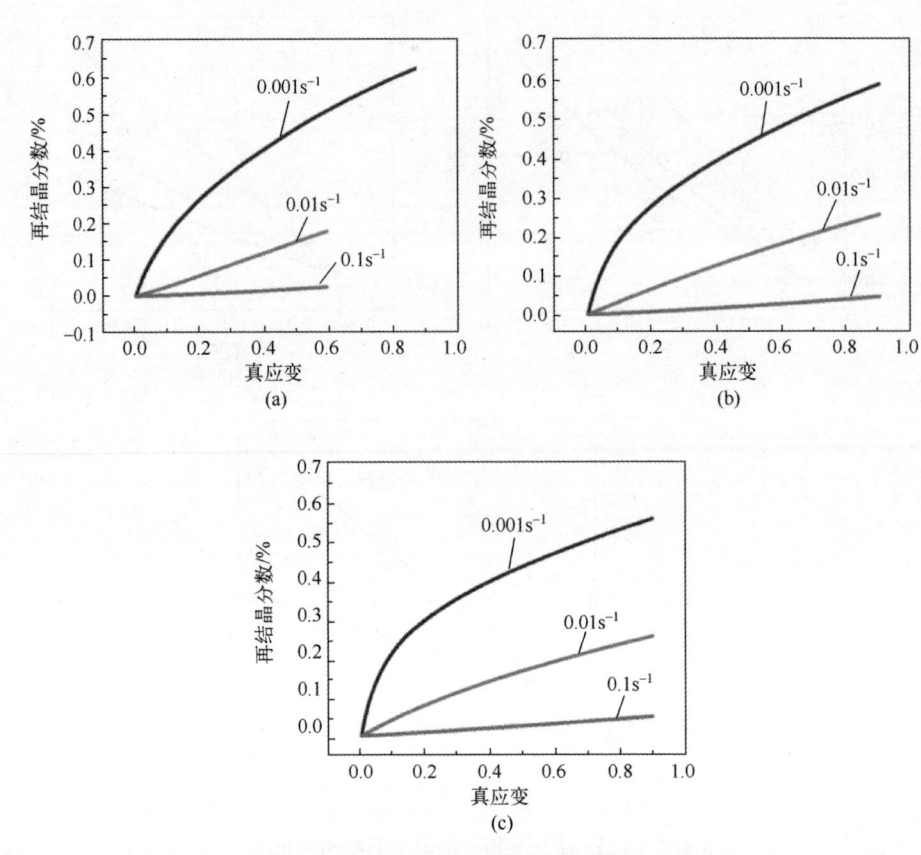

图 4-5　TA15 钛合金板材高温变形再结晶分数演化曲线

(a) 850℃；(b) 900℃；(c) 950℃。

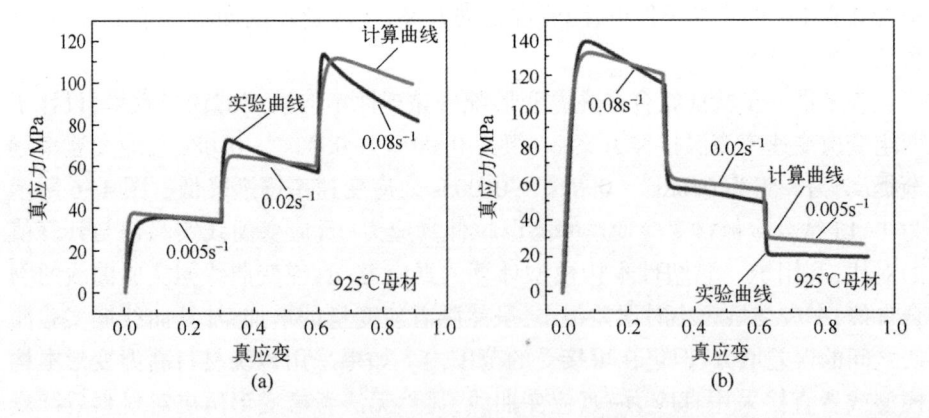

图 4-6　TA15 钛合金板材变应变速率高温拉伸真应力-真应变曲线实验值与计算值对比

(a) 应变速率逐渐升高；(b) 应变速率逐渐降低。

4.1.2 钛合金焊缝热变形统一黏塑性本构模型

钛合金焊缝的初始组织为片层组织,在高温变形时,片层组织的球化是其微观组织演变的一个重要特征。因此,钛合金焊缝高温变形统一黏塑性本构模型与板材有所不同。钛合金焊缝同样包含 α 相和 β 相,其塑性应变速率须分开建模,如式(4-15)和式(4-16)所示[1]:

$$\dot{\varepsilon}_{p,\alpha} = \left[\frac{\sigma/(1-D)-R-k_\alpha}{K_\alpha}\right]^n \tag{4-15}$$

$$\dot{\varepsilon}_{p,\beta} = \left[\frac{\sigma/(1-D)-R-k_\beta}{K_\beta(1-w)}\right]^n \tag{4-16}$$

基于等应力假设,钛合金的总塑性应变速率如式(4-3)所示。

钛合金次生片层 α 相的球化与 β 相的塑性应变密切相关,次生片层 α 相球化程度随着 β 相变形的增长而增长。因此,片层 α 相的球化率 $\dot{w}$ 可以描述为[6]:

$$\dot{w} = C_w(1-w)\dot{\varepsilon}_{p,\beta} \tag{4-17}$$

式中:C_w 为材料常数。

由于钛合金焊缝的球化也会导致位错密度的降低,式(4-8)所示位错密度演化公式改为

$$\dot{\bar{\rho}} = A|\dot{\varepsilon}_p|(1-\bar{\rho})-C_1\bar{\rho}^{C_3}-C_2\bar{\rho}\frac{\dot{w}}{1-w} \tag{4-18}$$

式中:A,C_x 为材料常数。

β 相体积分数与温度、损伤率 $\dot{D}$、材料硬化变量 R 的关系分别如式(4-4)、式(4-5)和式(4-11)所示。材料参数同样采用阿伦尼乌斯方程进行描述,采用遗传算法进行模型参数拟合,计算流程参照 4.1.1 节。

根据拟合得到的参数,将其带入钛合金焊缝高温变形统一黏塑性本构模型中,可以得到不同条件下材料真应力-真应变曲线,图 4-7 所示为 TA15 钛合金焊缝高温拉伸真应力-真应变曲线实验值与计算值的对比,变形温度为 850℃、900℃、950℃,应变速率为 $0.001s^{-1}$、$0.01s^{-1}$、$0.1s^{-1}$,本构模型计算结果与实验结果吻合良好。为了对拟合效果进行定量评价,采用统计学指标平均相对误差 MRE,计算公式见式(4-14)。计算得到 TA15 钛合金焊缝 850℃、900℃、950℃下拟合结果的 MRE 分别为 4.88%、5.62%、4.36%,平均值 MRE=4.95%。

图 4-8 所示为 TA15 钛合金焊缝高温变形位错密度演化曲线,变形温度为 850℃、900℃、950℃,应变速率为 $0.001s^{-1}$、$0.01s^{-1}$、$0.1s^{-1}$。在低温、高应变速率变形条件下,材料的位错密度随应变的增加逐渐提高。此时,材料的动态回复和再结晶作用较弱,位错密度主要由形变引起的位错增殖决定。而随着变形温度

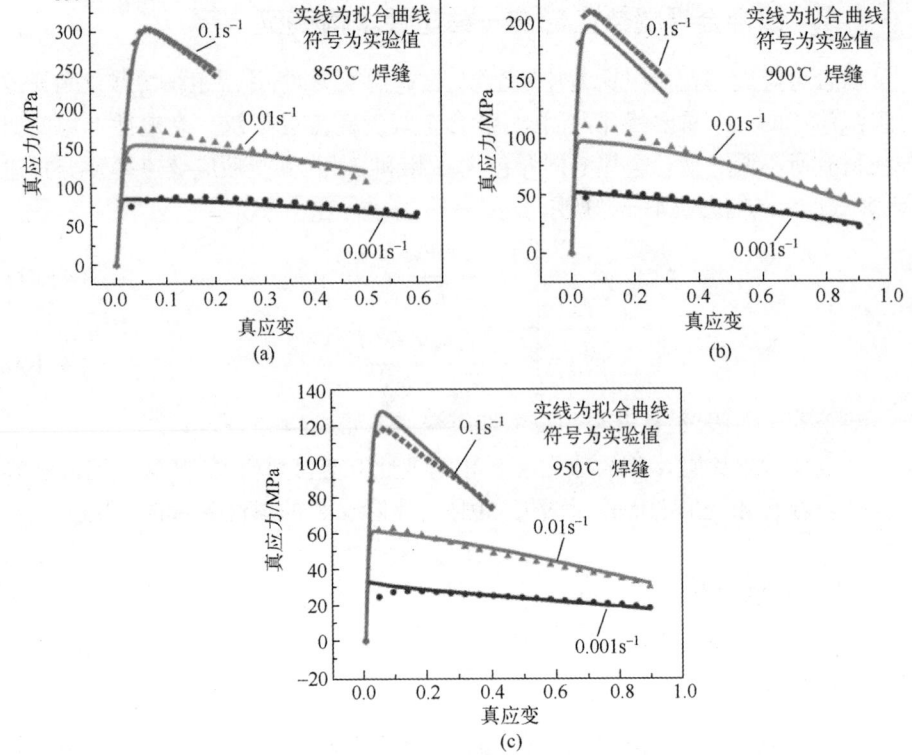

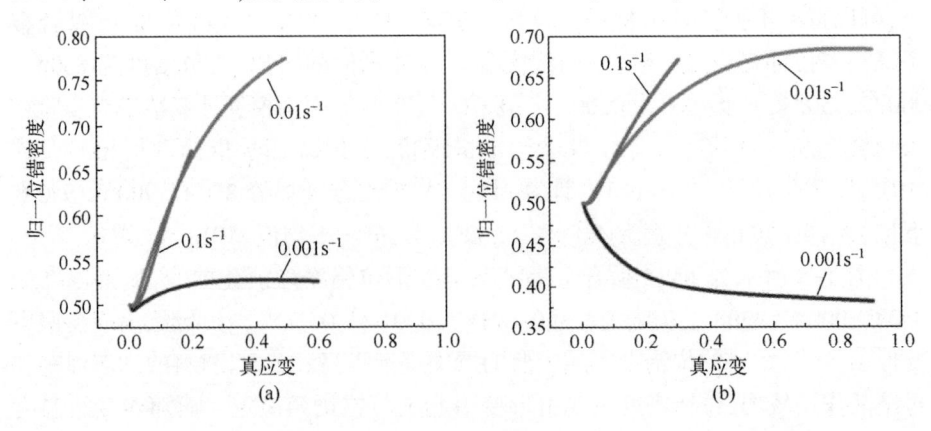

图 4-7 TA15 钛合金焊缝高温拉伸真应力-真应变曲线实验值与计算值对比

(a) 850℃;(b) 900℃;(c) 950℃。

的升高和应变速率的降低,动态回复和再结晶作用增强,使得位错密度随应变的增加逐渐降低。

图 4-9 所示为 TA15 钛合金焊缝高温变形损伤演化曲线,变形温度为 850℃、900℃、950℃,应变速率为 $0.001s^{-1}$、$0.01s^{-1}$、$0.1s^{-1}$,与之前实验分析的损

(c)

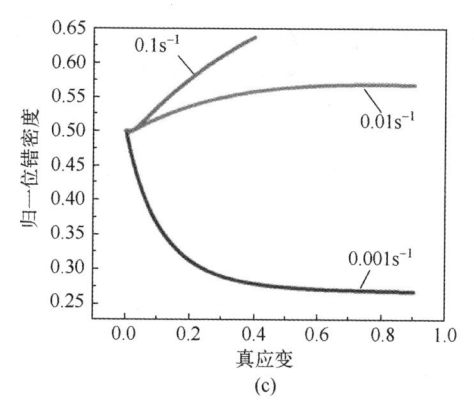

图 4-8 TA15 钛合金焊缝高温变形位错密度演化曲线
(a) 850℃；(b) 900℃；(c) 950℃。

伤演化趋势相符。材料损伤随应变的增大而增大，随温度升高和应变速率的降低而减小。

(a)

(b)

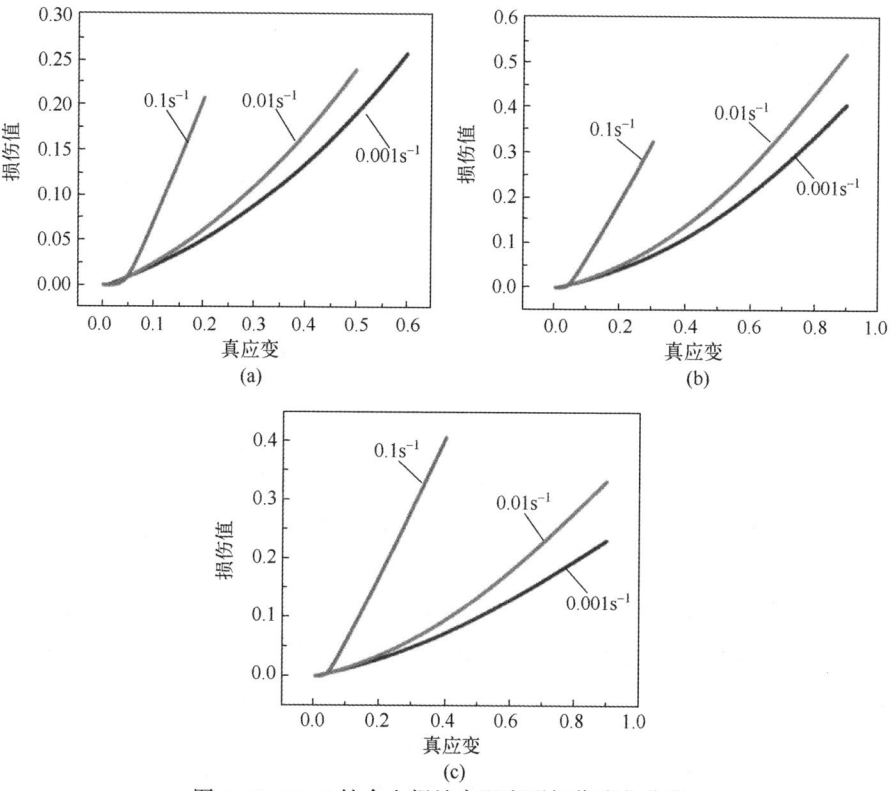

(c)

图 4-9 TA15 钛合金焊缝高温变形损伤演化曲线
(a) 850℃；(b) 900℃；(c) 950℃。

图 4-10 所示为 TA15 钛合金焊缝高温变形球化率演化曲线,变形温度为 850℃、900℃、950℃,应变速率为 $0.001s^{-1}$、$0.01s^{-1}$、$0.1s^{-1}$。焊缝的球化率主要受应变量的控制,随着应变量的增加球化率近似线性增加。随着应变速率的降低,球化率有较小幅度提升。温度对球化率的影响则较小。

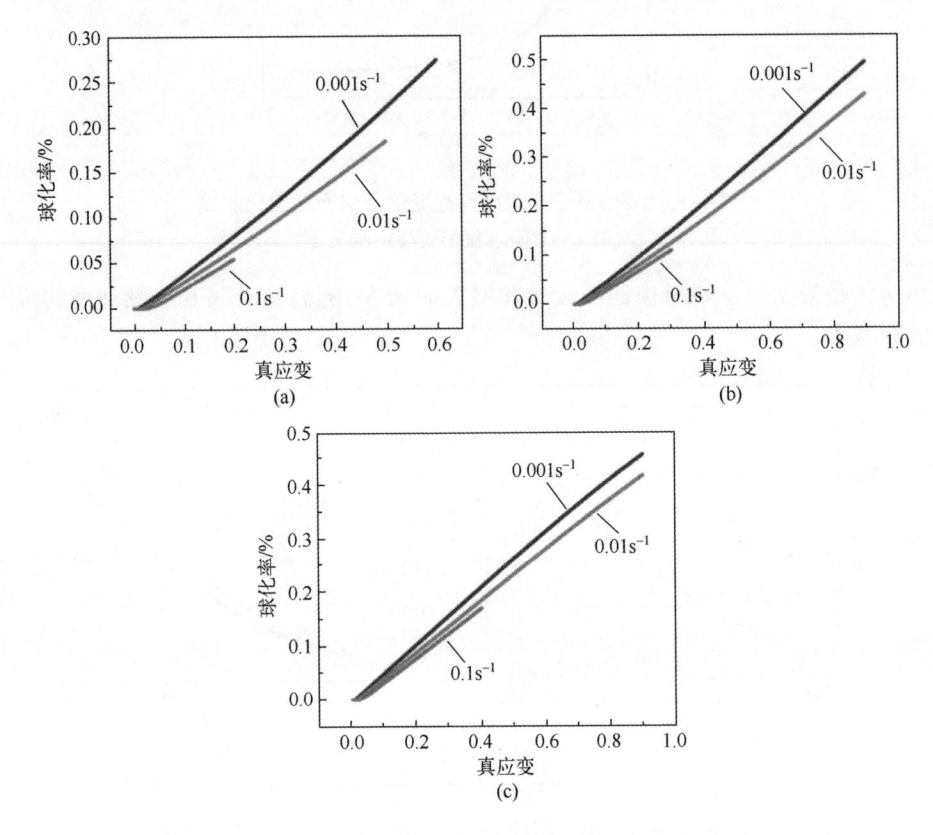

图 4-10 TA15 钛合金焊缝高温变形球化率演化曲线
(a) 850℃;(b) 900℃;(c) 950℃。

为了进一步验证钛合金焊缝高温变形统一黏塑性本构模型的预测效果,设计了两组变应变速率高温拉伸方案,一组为 $0.005s^{-1}$-$0.02s^{-1}$-$0.08s^{-1}$ 应变速率逐渐提高,另一组为 $0.08s^{-1}$-$0.02s^{-1}$-$0.005s^{-1}$ 应变速率逐渐降低。图 4-11 所示为 TA15 钛合金焊缝变应变速率高温拉伸真应力-真应变曲线实验值与计算值对比,利用统一黏塑性本构模型计算的真应力-真应变曲线同实验曲线的吻合良好。

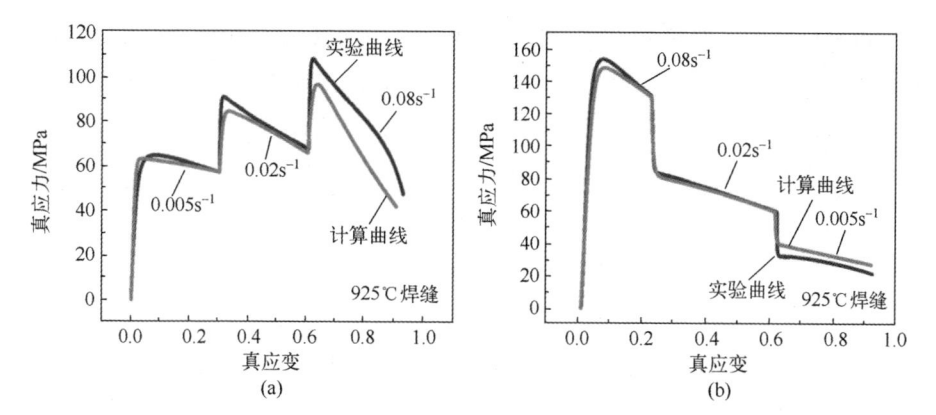

图 4-11 TA15 钛合金焊缝变应变速率高温拉伸真应力-真应变曲线实验值与计算值对比
(a) 应变速率逐渐升高;(b) 应变速率逐渐降低。

4.2 Ti$_2$AlNb 合金板材统一黏塑性本构模型

Ti$_2$AlNb 合金板材在 α$_2$+B2+O 和 B2/β+O 区塑性变形时,α$_2$ 相晶粒强度高,几乎不参与塑性变形,设定 $\dot{\varepsilon}_{p,\alpha_2}=0$。B2/β 相为高温软相,在塑性变形中起主导作用,且会发生再结晶、细化晶粒、降低位错密度。O 相强度处于 α$_2$ 和 B2/β 相中间,也参与了塑性变形,且针状 O 相晶粒球化对材料起应变软化作用,其引起的流动应力变化与针状 O 相晶粒体积分数和球化率相关。当材料出现孔洞等损伤时,材料变形截面积减小,变形应力增加,材料应变速率增加。O 相和 B2/β 相的塑性应变速率如下[7]:

$$\dot{\varepsilon}_{p,O} = \left[\frac{\sigma/(1-D)-R-k_O}{K_O} \right]^n \quad (4-19)$$

$$\dot{\varepsilon}_{p,B2/\beta} = \left[\frac{\sigma/(1-D)-R-k_{B2/\beta}}{K_{B2/\beta}(1-\zeta f_0 \omega)} \right]^n \bar{d}^{-\mu} \quad (4-20)$$

式中:ζ 为晶粒球化软化因子;f_0 为 O 相晶粒体积分数;ω 为针状 O 相晶粒球化率。

借鉴广义胡克定律,材料塑性变形过程中的流动应力为

$$\sigma = E(1-D)(1-\zeta f_0 \omega)(\varepsilon_T - \varepsilon_p) \quad (4-21)$$

假设 α$_2$ 相晶粒不参与塑性变形,材料塑性应变速率为

$$\dot{\varepsilon}_p = f_{B2/\beta}\dot{\varepsilon}_{p,B2/\beta} + f_O \dot{\varepsilon}_{p,O} \quad (4-22)$$

式中:$f_{B2/\beta}$ 为 B2/β 相晶粒体积分数。

随着热处理温度升高，Ti₂AlNb 合金板材的 B2/β 相晶粒体积分数升高，α_2 和 O 相体积分数降低。当热处理时间为 15min 时，材料中基本完成了第一阶段的 O→B2/β 和 α_2→B2/β 相转变。在高温拉伸中，应变对三相含量并没有明显影响。采用 JMAK 方程[2]对高温拉伸过程中三相含量进行描述：

$$\begin{cases} f_{B2/\beta} = 1 - \psi_1 \exp[\psi_2(T_{T,B2/\beta} - T)] \\ f_O = \psi_3 \exp[\psi_4(T_{T,O} - T)] \\ f_{\alpha_2} = 1 - f_{B2/\beta} - f_O \end{cases} \quad (4-23)$$

式中：ψ_x 为材料常数；$T_{T,B2/\beta}$ 为 α_2→B2/β 相变点，约为 1100℃；$T_{T,O}$ 为 O→B2/β 相变点，约为 1000℃。

损伤力学认为损伤演化方程可由孔洞形核和孔洞长大与聚合项构成。同时，金属高温变形时，材料会出现损伤自愈合现象，如下所示：

$$\dot{D} = \eta_1(1-D)\dot{\varepsilon}_p^{d_1} + \eta_2 \dot{\varepsilon}_p^{d_2} \exp(\eta_3 \varepsilon_p) - \eta_4 D \quad (4-24)$$

式中：η_1, d_1 为孔洞长大相关系数；η_2, η_3, d_2 为孔洞形核相关系数；η_4 为损伤自愈合相关系数。

建立再结晶模型时，考虑了再结晶孕育期影响，并引入相对晶粒度和应变速率的影响，建立了动态再结晶方程[8]：

$$\begin{cases} \dot{S} = q_1[x\bar{\rho} - \bar{\rho}_c(1-S)](1-S)^{q_2}\dot{\varepsilon}^{q_3}/\bar{d} \\ \dot{x} = A_0(1-x)\bar{\rho} \end{cases} \quad (4-25)$$

式中：q_x 为材料常数；x 为再结晶孕育百分比。

当应变速率较低时，材料变形时间长、热量损耗高，材料温升较低，而当应变速率较高时，材料变形时间较短、热量损耗小、材料温升较高。散热速率与温差近似成正比，因此塑性变形热导致的温度变化率为

$$\dot{T} = \frac{\eta\sigma}{C_v d_n}|\dot{\varepsilon}_p| - \lambda'\Delta T \quad (4-26)$$

式中：η 为变形功温度转化率；C_v 为材料的比热容；d_n 为材料的密度；λ' 为试样的综合散热系数；ΔT 为试样与变形环境的温度差。

晶粒尺寸变化率 $\dot{\bar{d}}$、位错密度变化率 $\dot{\bar{\rho}}$、材料硬化变量 R、针状 O 相球化率 $\dot{w}$ 分别如式(4-7)、式(4-8)、式(4-9)和式(4-17)所示。材料参数同样采用阿伦尼乌斯方程进行描述，采用遗传算法进行模型参数拟合，计算流程参照 4.1.1 节。

Ti₂AlNb 合金板材 α_2、B2/β 和 O 三相含量与温度之间关系采用式(4-23)拟合，拟合结果如图 4-12 所示。在 910~970℃，随着温度升高，O 相体积分数迅速降低，B2/β 相体积分数迅速增加，而 α_2 相体积分数变化缓慢。温度升高至

970℃以上时,材料中 α_2 和 O 相体积分数较低,并且随着温度的升高持续降低,与实验结果匹配度高。

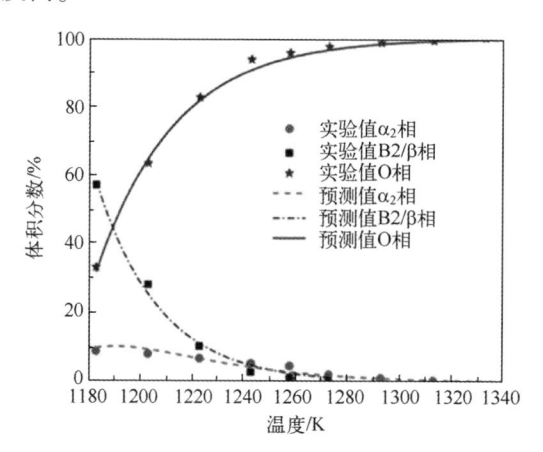

图 4-12　Ti$_2$AlNb 合金板材 α_2、B2/β 和 O
三相含量与温度之间的关系

图 4-13 所示为 Ti$_2$AlNb 合金板材在 930℃和 985℃变形时材料损伤累积结果。应变速率增加时,材料损伤累积速率增加,变形能力变差。图 4-14(a)显示应变速率为 0.001s^{-1}时不同温度拉伸的损伤累积结果。温度越低,O 相针状晶粒含量越高,越容易形成孔洞缺陷。在 α_2+B2/β+O 相区变形时,α_2 和 O 相含量少,B2/β 相含量高达 95%以上,材料损伤明显减少,材料塑性变形能力提高。图 4-14(b)显示了 985℃时应变速率恒定和应变速率突变高温拉伸时损伤理论预测结果。应变速率恒定时,高应变速率(0.1s^{-1})的材料损伤迅速累积,低应变速率(0.001s^{-1})的材料损伤累积速率缓慢。采用应变速率突降高温拉伸实

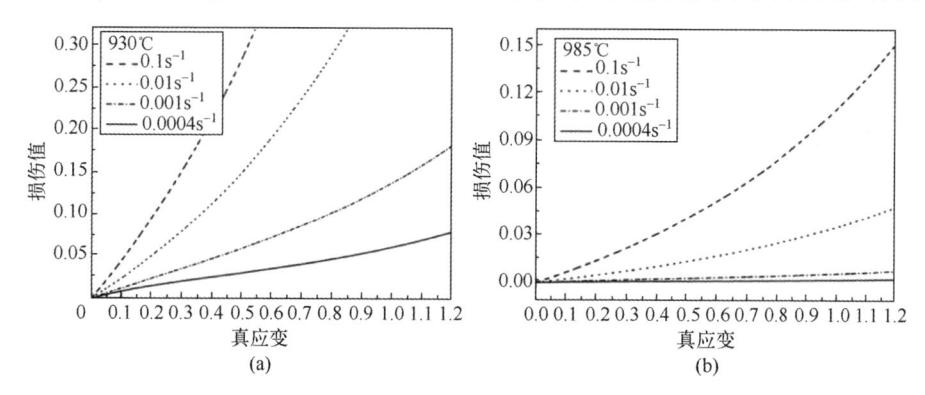

图 4-13　应变速率对 Ti$_2$AlNb 合金板材损伤演变的影响
(a) 930℃;(b) 985℃。

验($0.1 \sim 0.001\text{s}^{-1}$)时，前期高应变速率材料损伤快速累积，当应变为0.4时，材料的损伤累积至约3%，应变速率突降至0.001s^{-1}后，材料损伤在变形中缓慢修复。应变速率突增的高温拉伸实验($0.001 \sim 0.1\text{s}^{-1}$)，前期低应变速率损伤累积较少，应变速率突然提高至0.1s^{-1}时，材料损伤产生速率升高，损伤快速累积。

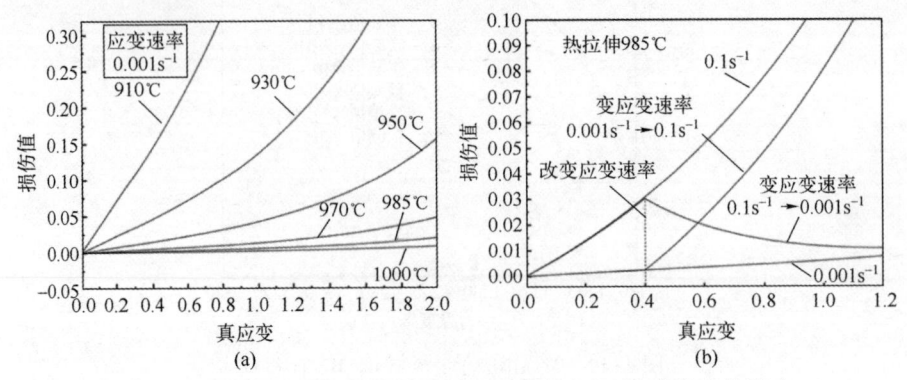

图4-14　Ti_2AlNb合金板材变形温度及应变速率对损伤演变的影响

(a) 变形温度；(b) 应变速率。

图4-15所示为Ti_2AlNb合金板材在930℃和985℃时晶粒尺寸预测曲线，在变形过程中，晶粒在热效应作用下长大，再结晶导致晶粒细化。在930℃时，热效应导致的材料晶粒长大效应低于再结晶导致的晶粒细化效应，晶粒尺寸减小。应变速率较高时，变形时间短，热效应对晶粒尺寸的影响可以忽略，当应变速率为0.001s^{-1}和0.0004s^{-1}，变形时间长，晶粒尺寸大于高应变速率(0.1s^{-1}和0.01s^{-1})变形时的晶粒尺寸。在985℃高温变形时，热效应对材料晶粒尺寸的影响增加，应变速率较低时，材料晶粒粗化，而应变速率较高时，材料晶粒细化。

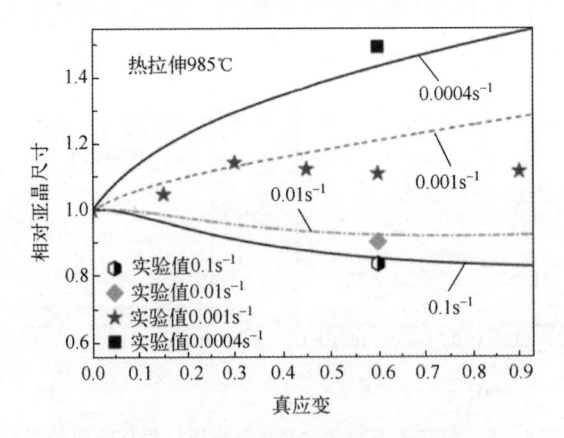

图4-15　不同应变速率变形时Ti_2AlNb合金板材相对晶粒尺寸演变(985℃)

图 4-16 所示为 910~1000℃ 时统一黏塑性本构模型预测的真应力-真应变曲线和实验结果的对比，拉伸变形的应变速率为 0.1~0.004s^{-1}，本构模型计算结果与实验结果吻合良好，平均相对误差 MRE 为 6.13%。

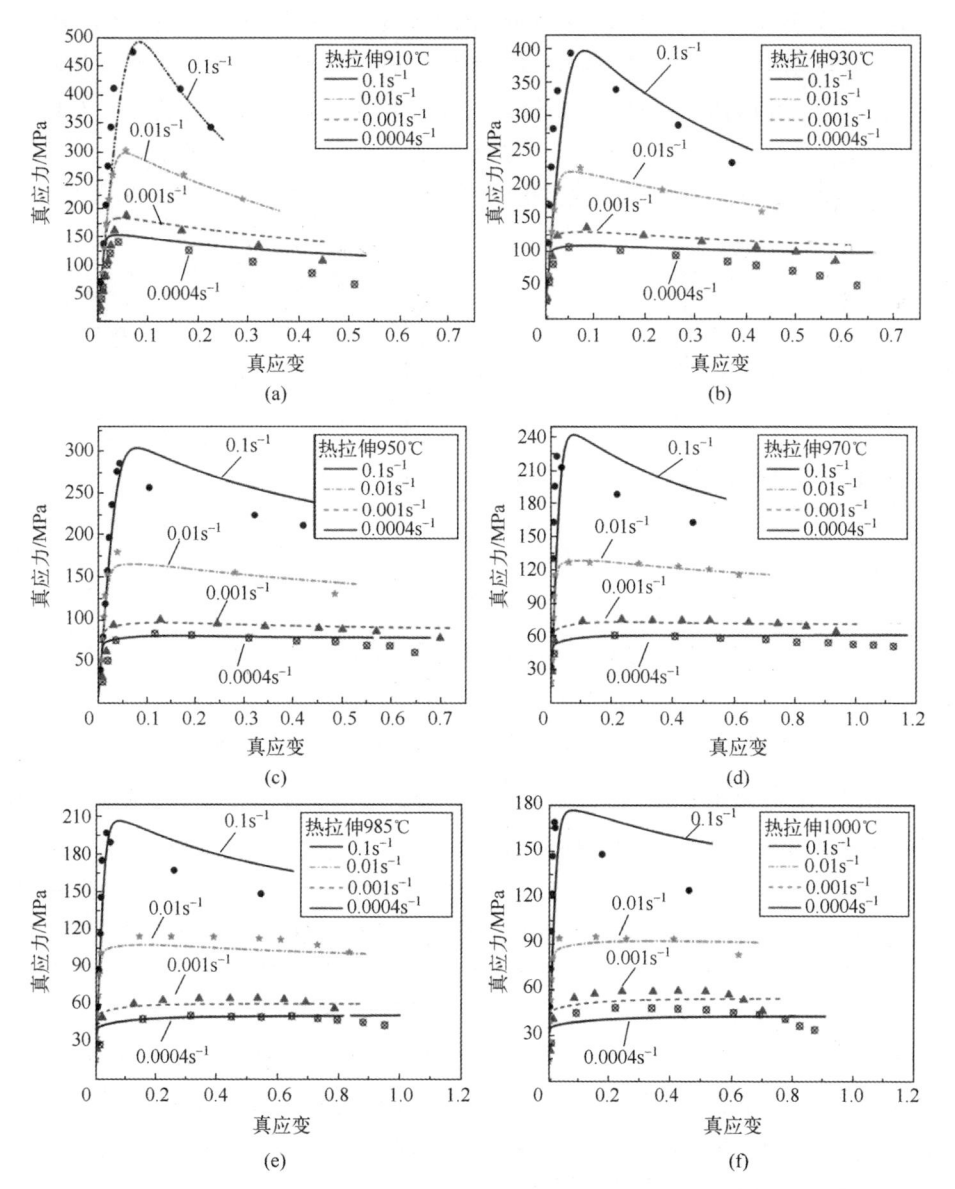

图 4-16　Ti$_2$AlNb 合金板材统一黏塑性本构模型预测的真应力-
真应变曲线与实验结果的对比（见彩插）
(a) 910℃；(b) 930℃；(c) 950℃；(d) 970℃；(e) 985℃；(f) 1000℃。

图 4-17 给出了 930℃应变速率突变时得到的真应力-真应变曲线,并与统一黏塑性本构模型的拟合结果进行对比。在图 4-17(b)中,930℃变应变速率为 $0.0001s^{-1}$、$0.001s^{-1}$、$0.01s^{-1}$、$0.1s^{-1}$ 高温拉伸时,材料前期损伤较小,应力软化程度较小,应变为 0.5 时应变速率增加至 $0.1s^{-1}$,材料的流动应力升高至 319.2MPa,而不是恒应变测试时的 170MPa 左右。有限元软件直接调用对应变速率的流动应力曲线,或者采用修正的唯象本构方程,无法考虑变形历史的影响,导致在复杂变形情况下仿真结果误差较大。而采用统一黏塑性模型可以较好地预测复杂变形过程中材料流动应力演变。

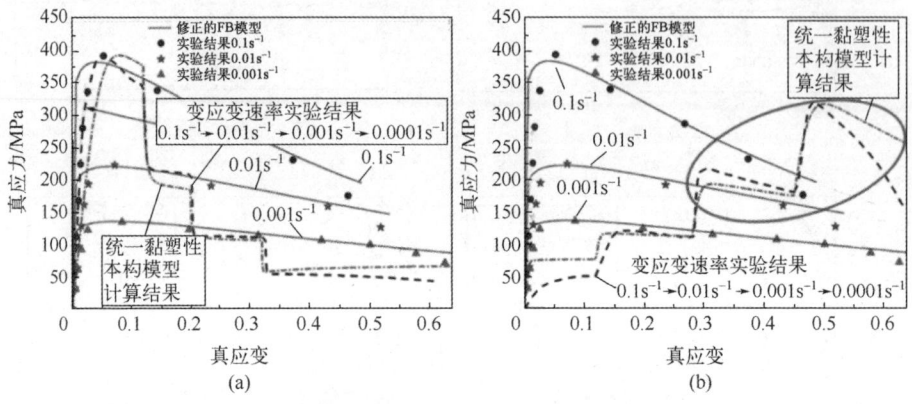

图 4-17 Ti₂AlNb 合金板材 930℃应变速率突变时高温拉伸真应力-真应变曲线(见彩插)

(a) $0.1s^{-1}$→$0.01s^{-1}$→$0.001s^{-1}$→$0.0001s^{-1}$;(b) $0.0001s^{-1}$→$0.001s^{-1}$→$0.01s^{-1}$→$0.1s^{-1}$。

图 4-18 所示为 930℃应变速率突变时材料物理内变量演变计算结果,分别为相对位错密度、温升、材料损伤和相对亚晶尺寸。在(高温拉伸时变应变速率 $0.0001s^{-1}$→$0.001s^{-1}$→$0.01s^{-1}$→$0.1s^{-1}$),变形初期材料损伤速率低,位错密度较低,没有明显的温升和再结晶,晶粒粗化。随着应变速率的增加,位错密度、变形温升和材料损伤增加,发生再结晶,材料晶粒细化程度和材料软化程度均增大。在高温拉伸时(变应变速率 $0.1s^{-1}$→$0.01s^{-1}$→$0.001s^{-1}$→$0.0001s^{-1}$),变形初期应变速率较高,位错密度迅速升高,发生再结晶导致晶粒细化,同时材料损伤迅速积累,变形温升增加。随着应变速率的降低,材料的位错密度降低,部分损伤被修复,同时温升减少,再结晶减弱,相对亚晶尺寸增大。显然,材料的变形历史影响了材料位错密度和组织演变,这也必然导致材料流动应力演化不同。因此,在数值模拟过程中,直接调用各恒定应变速率的流动应力与材料实际行为存在较大差异,而基于物理内变量的统一黏塑性本构模型可以准确预测变形历史对微观组织的影响,进而准确预测流动应力。

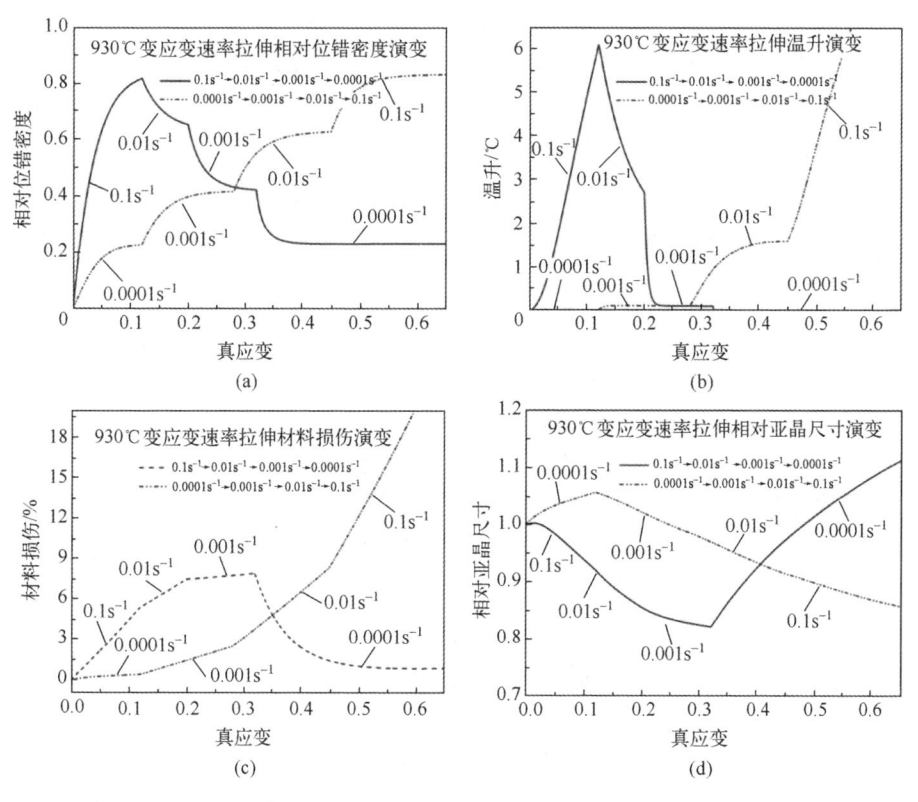

图 4-18　Ti$_2$AlNb 合金板材 930℃ 应变速率突变拉伸时材料物理内变量演变

（a）相对位错密度；（b）变形温升；（c）材料损伤；（d）相对晶粒尺寸。

4.3　Ti$_2$AlNb 合金板材时效处理过程组织演变及屈服强度预测模型

Ti$_2$AlNb 合金板材成形温度一般需大于 900℃，最佳成形温度为 950~990℃，该温度区间处于 Ti$_2$AlNb 合金 B2+O+α$_2$ 相区，成形构件的高温组织为等轴组织，在 B2 相基体上分布着等轴的 α$_2$ 相并存在少量的 O 相。随着成形温度的升高，组织中的 α$_2$ 相和 O 相逐渐减少，当成形温度达到 970℃ 以上，成形组织中的 O 相基本消失。由于成形组织以粗大的 B2 相为主，在服役条件下（Ti$_2$AlNb 合金板材长时间服役温度为 650~750℃，650℃ 为典型的服役温度）综合力学性能较差，因此需要对其组织进行调控，成形—淬火—时效处理是 Ti$_2$AlNb 合金构件组织性能最简洁有效的调控手段。

在时效过程中,大量细小的片层 O 相从过饱和的固溶体 B2 相中析出,O 相的析出过程是典型的形核—长大—粗化的过程。大量的 B2 相转变为 O 相,一方面提高了塑性,另一方面,由于大量细小片层 O 相产生的相界强化作用,提高了材料的强度。因此,通过时效处理,可以降低 Ti$_2$AlNb 合金成形构件的脆性,同时保证良好的强度。在整个时效过程中,α$_2$ 相在动力学上处于亚稳定的状态,其向 O 相的转变较慢,以等轴相的形态在时效过程中持续存在,仅在 α$_2$ 相周围形成 O 相环层[9]。

Ti$_2$AlNb 合金板材的屈服强度主要取决于材料的相含量、析出相的尺寸、固溶度以及热处理后残余的位错密度,则有

$$\sigma_y = f(\sigma_{ss}, \sigma_p, \sigma_{dis}) \tag{4-27}$$

式中:σ_{ss} 为固溶强化;σ_p 为析出相强化;σ_{dis} 为位错强化。

在时效过程中,变形残留的位错对时效过程中组织的演变具有重要影响,高温成形过程中应变和应变速率对时效后合金的微观组织形貌和力学性能的影响主要来源于变形位错对时效过程组织演变的影响。

Ti$_2$AlNb 合金板材在时效过程中将发生静态回复,材料中的位错密度逐渐降低。相对位错密度在热处理过程中的演变可以表示为[10]

$$\dot{\bar{\rho}} = -c_\rho \bar{\rho}^{n_\rho} \exp\left(\frac{Q_\rho}{RT}\right) \tag{4-28}$$

式中:c_ρ, n_ρ, Q_ρ 为材料常数;R 为气体常数。

在时效过程中,透镜状的片层 O 相从 B$_2$ 相基体中析出,其片层厚度与时效温度和时间有关。随着时效温度升高,原子扩散速度增加,片层长大的速度随之增大,片层长大速度与温度的关系采用阿伦尼乌斯公式表达。此外,变形过程中产生大量的位错为材料相变过程中引入额外的能量,提供了更多的形核位置,并为相变过程中原子的扩散提供了通道,促进了析出相的形核长大过程。Ti$_2$AlNb 合金在恒温时效处理过程中析出的 O 相片层相对厚度的演变可以表示为[11-12]

$$\dot{\bar{r}}_p = K_r(Q_p - \bar{r}_p)^{m_p}(1 + \gamma\bar{\rho})^{m_p} \exp\left(\frac{Q_r}{RT}\right) \tag{4-29}$$

$$\bar{r}_p = \frac{r_p}{r_c} \tag{4-30}$$

式中:K_r, Q_p, m_p, γ 为材料常数;Q_r 为 O 相析出激活能;T 为时效温度;r_p 为时效处理过程中 O 相片层厚度;r_c 为 O 相片层时效能达到的最大厚度。

在时效过程中高温变形残余的 α$_2$ 相逐渐溶解,并在 α$_2$ 相周围形成环状的 O 相,引入时效温度对 α$_2$ 相溶解速度的影响。等轴 α$_2$ 相的相对半径演化率为[13]

$$\dot{r}_\mathrm{d} = -\frac{k}{2}\sqrt{\frac{D_\mathrm{k}}{\pi t}}\exp\left(\frac{Q_{\alpha_2}}{RT}\right) \tag{4-31}$$

式中：k 为材料常数；D_k 为扩散系数；t 为时效时间；Q_{α_2} 为 α_2 相溶解激活能。

成形件在 B2+O 相区时效过程中，由于 O 相的析出，过饱和 B2 相的固溶度逐渐降低，向时效温度下的平衡固溶度转变。同时，引入位错密度对析出相析出过程的影响，相对固溶度的演变可以用下式表示[14]：

$$\dot{\bar{c}} = -A_\mathrm{c}(\bar{c}-\bar{c}_{\alpha_2})(1+\gamma\bar{\rho})^{m_\rho}\exp\left(\frac{Q_\mathrm{c}}{RT}\right) \tag{4-32}$$

$$\bar{c} = \frac{c}{c_\mathrm{f}} \tag{4-33}$$

式中：A_c，γ，m_ρ 为材料常数；Q_c 为固溶相关激活能；c_{α_2} 为时效温度下的平衡固溶度；c_f 为 985℃ 固溶处理的平衡固溶度。

O 相从 B2 相基体中析出的过程可以用 JMAK[2] 方程描述，如式(4-34)所示。Ti$_2$AlNb 合金在固溶和变形过程中残存一部分 α_2 相，则 O 相的含量如式(4-35)所示。在时效过程中，随着时效时间的延长，α_2 相逐渐溶解，相含量演变与析出相半径演变成正比，如式(4-36)所示。

$$f_\mathrm{OB2} = 1-\exp\left[K_0 t^{n_\mathrm{f}}\exp\left(\frac{Q_\mathrm{O}}{RT}\right)\right] \tag{4-34}$$

$$f_\mathrm{O} = f_\mathrm{OB2}(1-f_{\alpha_2}) \tag{4-35}$$

$$f_{\alpha_2} = \left(\frac{r_\mathrm{d}}{r_\mathrm{d0}}\right)^3 f_{\alpha_20} \tag{4-36}$$

式中：K_0，n_f，Q_O 为材料常数；r_d0 为等轴 α_2 相的初始半径；f_{α_20} 为等轴 α_2 相的初始体积分数。

Ti$_2$AlNb 合金在 B2+O+α_2 三相区进行热处理或变形后，合金中的 α_2 和 O 相溶解，溶质原子进入 B2 相基体。当材料从高温快冷下来（淬火处理），材料存在一定的过饱和度，在时效过程中，O 相的析出会降低合金的过饱度，当相变未完全进行时，B2 相基体仍然存在一定的过饱和，导致 B2 相产生固溶强化。在变形过程中，溶质原子会在基体中产生局部畸变，导致局部应力场的产生，阻碍位错的运动，同时，溶质原子还会钉扎位错的运动，导致合金强度提高[15]。由于在 O 相析出过程中基体相 B2/β 相的含量变化较大，因此引入相含量对固溶强化的影响，即

$$\bar{\sigma}_\mathrm{ss} = k_\mathrm{s} f_\mathrm{B2} \bar{c}^{2/3} \tag{4-37}$$

式中：k_s 为材料常数。

在时效过程中,大量片层 O 相从 B2 相基体中析出,产生大量的 O 相晶界,O 相的析出对合金强度的贡献主要通过相界强化产生,其强化效果与 O 相的含量以及尺寸有关,而 O 相片层厚度与材料强度满足霍尔-佩奇(Hall-Petch)公式[16]。忽略透镜状的 O 相在热处理过程中轴长比的变化,则 O 相的强化可以表示为

$$\overline{\sigma}_{pO} = k_O f_O^{m_O} r_p^{-0.5} \qquad (4-38)$$

式中:k_O,m_O 为材料常数。

在变形过程中,第二相对材料的强化主要通过承担载荷和阻碍位错运动两种机制实现。在变形过程中,当第二相尺寸较小时,以阻碍位错的运动为主要强化机制,其强化效果与第二相尺寸有关,第二相尺寸越小,强化效果越强。当第二相的尺寸较大时,第二相主要通过承担变形载荷来实现强化,其强化效果与第二相含量有关,第二相含量越高,强度越高。α_2 相对合金强度的贡献通过承担载荷和阻碍位错运动来实现,其强化效果与其相含量和相尺寸有关[17]。由于尺寸较大,载荷承担占主导地位,α_2 相强化可以表示为

$$\overline{\sigma}_{p\alpha_2} = k_{\alpha_2} \left(\frac{f_{\alpha_2 0}}{r_{d0}^3} \right)^{m_{\alpha_2}} r_d^{n_{\alpha_2}} \qquad (4-39)$$

式中:k_{α_2},m_{α_2},n_{α_2} 为材料常数。

O 相和 α_2 相的综合强化效果用经典的混合法则[18]表示为

$$\overline{\sigma}_p = \sqrt{\overline{\sigma}_{pO}^2 + \overline{\sigma}_{p\alpha_2}^2} \qquad (4-40)$$

位错强化是材料最常见的强化方式之一,位错强化效果主要与材料中的位错密度有关,可以表示为

$$\overline{\sigma}_{dis} = A_\rho \overline{\rho}^{n_{\rho s}} \qquad (4-41)$$

式中:A_ρ,$n_{\rho s}$ 为材料常数。

Ti$_2$AlNb 合金在高温变形过程中,在应力的作用下,晶粒会发生变形和转动,当晶粒变形不协调时,会产生微孔洞缺陷。同时,在高温变形过程中,由于 α_2 相和 B2 相力学性能差异较大,在变形中也会由于变形不协调而产生微孔洞、微裂纹、应力集中等缺陷。随着变形的进行,损伤会持续积累,发生孔洞和裂纹的形核、长大直至材料发生破坏。变形结束后,在变形过程中产生的材料损伤会保留下来。在后续的热处理过程中,在热的作用下,部分缺陷会发生弥合和修复[19],主要与热处理温度和时间有关,损伤在时效过程的修复可以表示为

$$\dot{D} = -c_D D^{m_D} \exp\left(\frac{Q_D}{RT}\right) \qquad (4-42)$$

式中:c_D,m_D,Q_D 为材料常数。

考虑到损伤的影响,总的强化效果可以用混合定律表示:

$$\overline{\sigma}_y = (1-D)(\overline{\sigma}_s + \sqrt{\overline{\sigma}_{dis}^2 + \overline{\sigma}_p^2}) \tag{4-43}$$

4.4 成形-热处理全过程一体化仿真

4.4.1 钛合金热态气压成形与微观组织演变预测

商业有限元软件会提供用户材料自定义接口,允许用户以子程序的形式自定义材料模型。用户材料子程序根据每一个材料积分点的应变增量及材料的本构关系,计算出该积分点的应力增量和相应的状态变量。

通过 4.1 节建立的钛合金板材和激光焊缝高温变形统一黏塑性本构模型,对 TA15 钛合金拼焊板杯形件热态气压成形进行了仿真。有限元模型的部件有两个,分别为模具和拼焊板材,如图 4-19 所示。根据实验结果,在拼焊板材划分一条宽为 3mm 的长条区域作为焊缝材料赋予部位,其余部分赋予母材材料属性。模具采用刚体壳单元,网格大小为 1.5mm。拼焊板材采用变形六面体单元,母材区域网格大小为 1.2mm。焊缝由于区域较小,网格划分要更细一些,大小为 0.75mm,在厚度方向上设置了 4 层网格以保证计算准确性[5]。

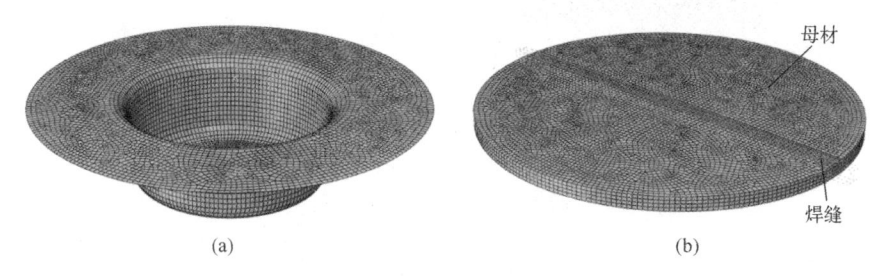

图 4-19 TA15 钛合金拼焊板杯形件热态气压成形有限元模型
(a) 模具;(b) 板坯。

图 4-20 所示为 TA15 钛合金拼焊板材在 900℃、成形压力为 8MPa 时,保压 2min、3.5min、5min 得到的实验试件中间截面轮廓和同等条件下仿真结果的比较,将三种变形程度的试件分别命名为Ⅰ、Ⅱ、Ⅲ。仿真结果同实验结果较为接近,中心焊缝和侧壁壁厚较大,壁厚最小处位于顶部母材区域。

图 4-21 所示为 TA15 钛合金拼焊板材晶粒尺寸仿真结果与实验结果对比,变形条件为成形温度为 900℃、成形压力为 8MPa、成形时间为 5min。A、B、C、D 四点预测值同实验值的误差分别为 16.4%、10.4%、1.2%、1.8%。虽然在法兰位置的误差略大,但在法兰区外的主要变形区域,模型的预测效果仍然较好。由于顶部贴模,后续变形较小,仿真显示该过程中顶部母材晶粒长大,与实验结果

相吻合，说明统一黏塑性本构模型可以对变形过程中材料整体晶粒尺寸演变进行较好的预测。

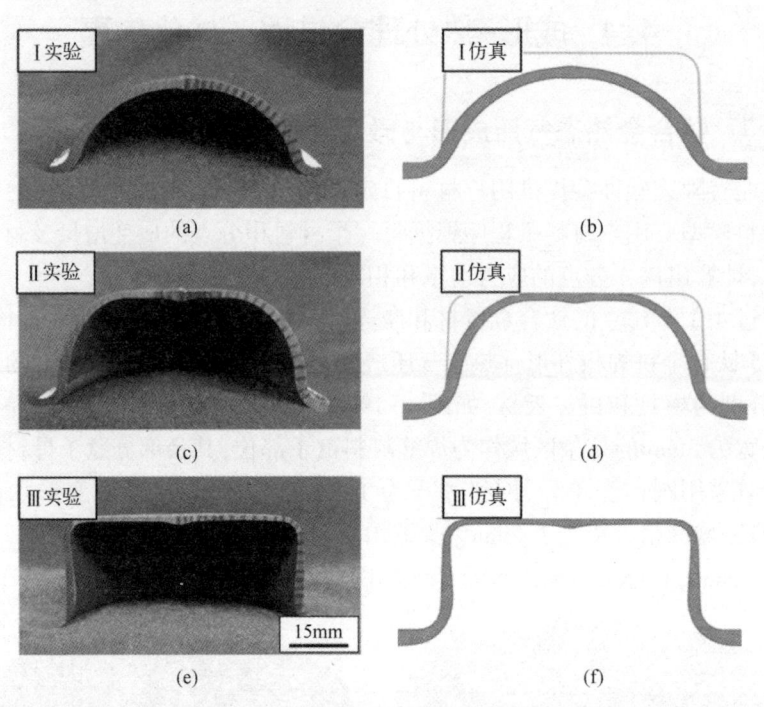

图 4-20　TA15 钛合金拼焊板材中间截面轮廓仿真结果与实验结果对比
(a) 2min 实验；(b) 2min 仿真；(c) 3.5min 实验；(d) 3.5min 仿真；
(e) 5min 实验；(f) 5min 仿真。

图 4-22 为 TA15 钛合金拼焊板杯形件焊缝球化率仿真与实验对比，变形条件为成形温度 900℃、成形压力 8MPa、成形时间 5min。在顶部中心、顶部圆角、侧壁和法兰处各取了特征点进行分析，仿真结果显示顶部 A 点球化率最高(35.99%)，圆角 B 点略低于顶部，侧壁 C 点球化率明显降低，法兰处 D 点由于未发生变形，而本构方程中未考虑静态球化，所以其球化率为 0。而从 EBSD 结果中也可以看出仿真结果是准确的，位于顶部和圆角的 A、B 两点均发生了明显的球化现象，两者球化率大小差异不明显，而 C 点球化率相比于 A、B 两点明显减小，位于法兰处 D 点的球化率则更小。

为了进一步说明统一黏塑性本构模型相比于传统唯象本构模型的准确性及先进性，同样进行了采用传统唯象本构模型(直接输入材料真应力-真应变曲线)的 TA15 钛合金拼焊板热态气压成形仿真。

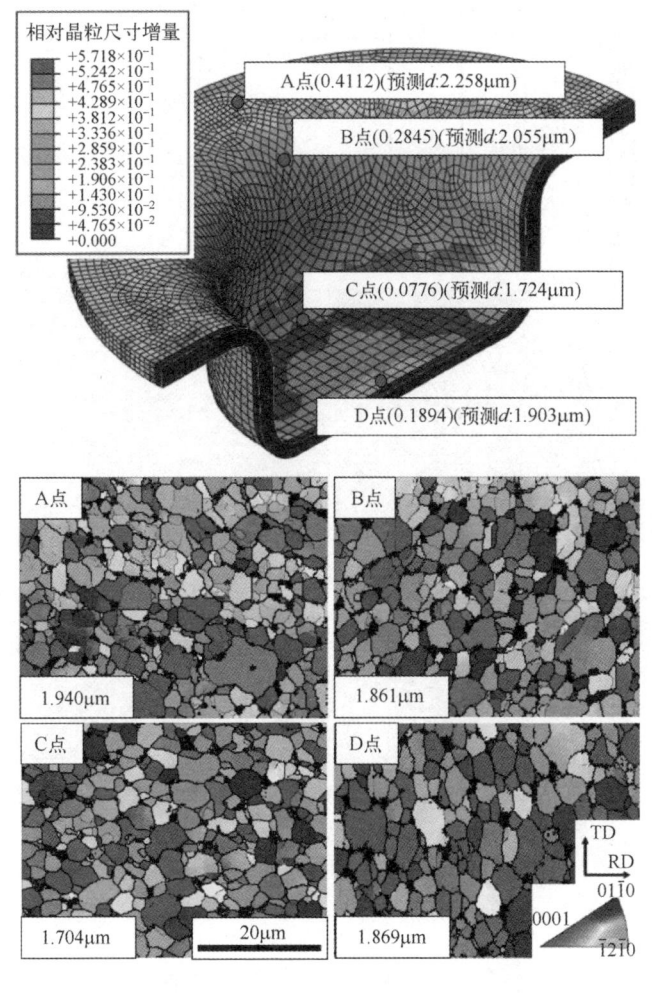

图 4-21　TA15 钛合金拼焊板材晶粒尺寸仿真结果与实验结果对比（900℃、8MPa、5min）（见彩插）

图 4-23 为采用统一黏塑性本构模型与传统唯象本构模型的 TA15 钛合金杯形件仿真结果对比，变形条件为成形温度 900℃、成形压力 8MPa、成形时间 5min。对于 TA15 钛合金杯形件的壁厚分布，统一黏塑性本构模型的仿真精度明显优于传统唯象本构模型。采用唯象本构模型的仿真同实验结果的最大相对误差为 26.3%，位于测量位置角为 15°处。而采用统一黏塑性本构模型得到的壁厚分布结果同实验结果相比的最大相对误差仅为 9.18%，明显降低，计算精度明显提升。

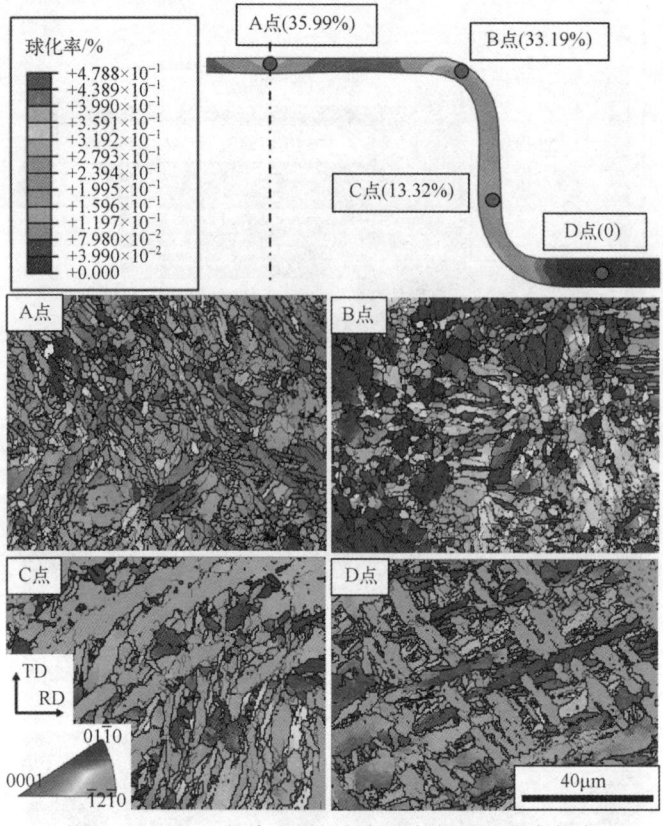

图 4-22　TA15 钛合金拼焊板杯形件焊缝球化率仿真
与实验对比（900℃、8MPa、5min）（见彩插）

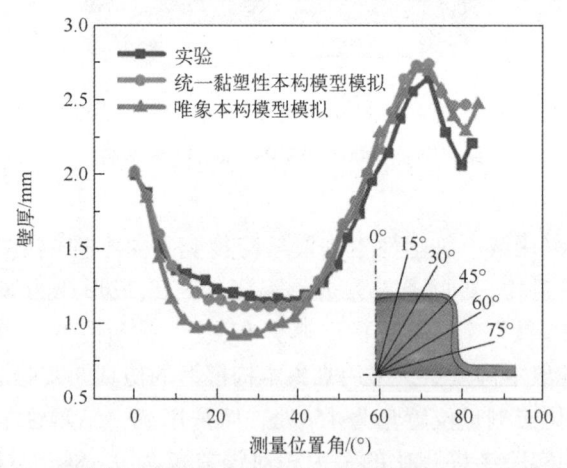

图 4-23　统一黏塑性本构模型与传统唯象本构模型的 TA15 钛合金杯形件
仿真结果对比（900℃、8MPa、5min）（见彩插）

4.4.2 Ti₂AlNb 合金热态气压成形与组织演变预测

通过 4.2 节建立的 Ti₂AlNb 合金板材统一黏塑性本构模型,对 Ti₂AlNb 合金板材杯形件热态气压成形进行了仿真。杯形件尺寸如图 4-24(a) 所示,杯深 20mm,直径 60mm。有限元模型如图 4-24(b) 所示。板材为变形六面体单元,初始厚度为 2mm,模具设为刚体壳单元,板材与模具接触面的摩擦系数为 0.3。为了防止法兰区材料流入模具型腔,在板材边缘设置节点位移约束[7]。

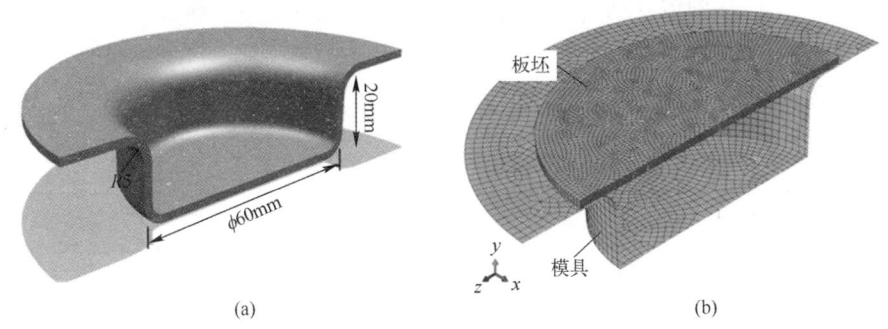

图 4-24 Ti₂AlNb 合金板材杯形件尺寸和有限元模型

(a) 杯形件尺寸;(b) 有限元模型。

杯形件胀形过程可以分解为前期的自由胀形阶段和后期的整形贴模阶段。自由胀形阶段,成形件的应变速率可以通过胀形压力控制,待胀形顶点接触至杯形件模具底部时,线性增加胀形压力,完成整形贴模过程。为了研究不同的整形压力对成形件形状的影响,在 985℃、$0.001s^{-1}$ 实验条件下,选择最大成形压力分别为 4.5MPa、8MPa 和 11MPa,胀形压力加载路径如图 4-25 所示,0~900s 阶段为自由胀形阶段,900~1470s 阶段为整形贴模阶段。

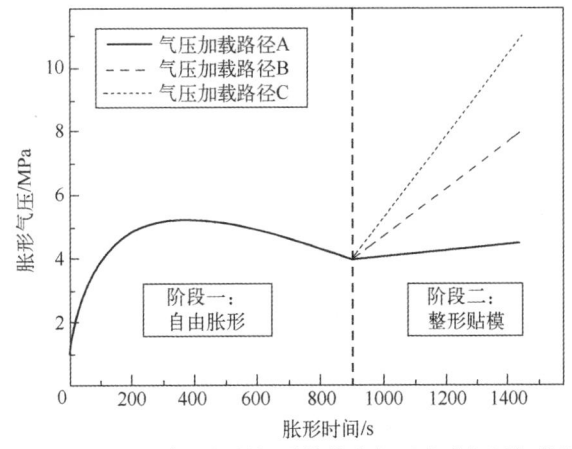

图 4-25 Ti₂AlNb 合金板材杯形件热态气压成形气压加载路径

高温时，材料的成形性能和流动应力受到成形温度和应变速率影响。当成形温度较低或应变速率较高时，流动应力较高，需要增加胀形压力才能完成成形过程。当成形温度较高或者应变速率较低时，成形效率和节能性较差，且成形件晶粒粗大。因此，需要同时兼顾成形效率、成形件组织性能及胀形压力大小等因素来选择最终成形工艺参数，实验方案如表 4-2 所列。为了研究成形温度对成形件的组织和性能影响，在应变速率为 0.001s^{-1} 时，在温度分别为 930℃、950℃、970℃和 985℃时成形。为了研究应变速率对成形件组织和性能影响，在成形温度为 970℃时，分别以 0.001s^{-1}、0.01s^{-1} 和 0.1s^{-1} 的应变速率胀形。按照压力加载公式，计算各自条件下的加载气压，并计算出最大整形压力，胀形气体的压力加载路径如图 4-26 所示。

表 4-2 Ti$_2$AlNb 杯形件胀形实验方案

工艺条件	温度/℃	应变速率/s^{-1}	最大气压/MPa	冷却方法
杯形件-930	930	0.001	16.5	水冷
杯形件-950	950	0.001	14.5	水冷
杯形件-985	985	0.001	11.0	水冷
杯形件-0.1	970	0.1	20.5	水冷
杯形件-0.01	970	0.01	14.5	水冷
杯形件-0.001	970	0.001	13.0	水冷

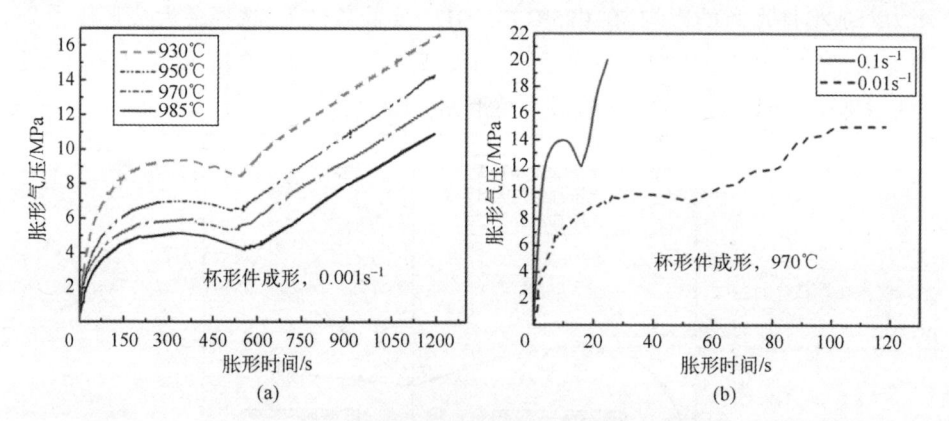

图 4-26 成形温度及应变速率不同时 Ti$_2$AlNb 合金板材杯形件的胀形气压加载路径
(a) 不同成形温度；(b) 不同应变速率。

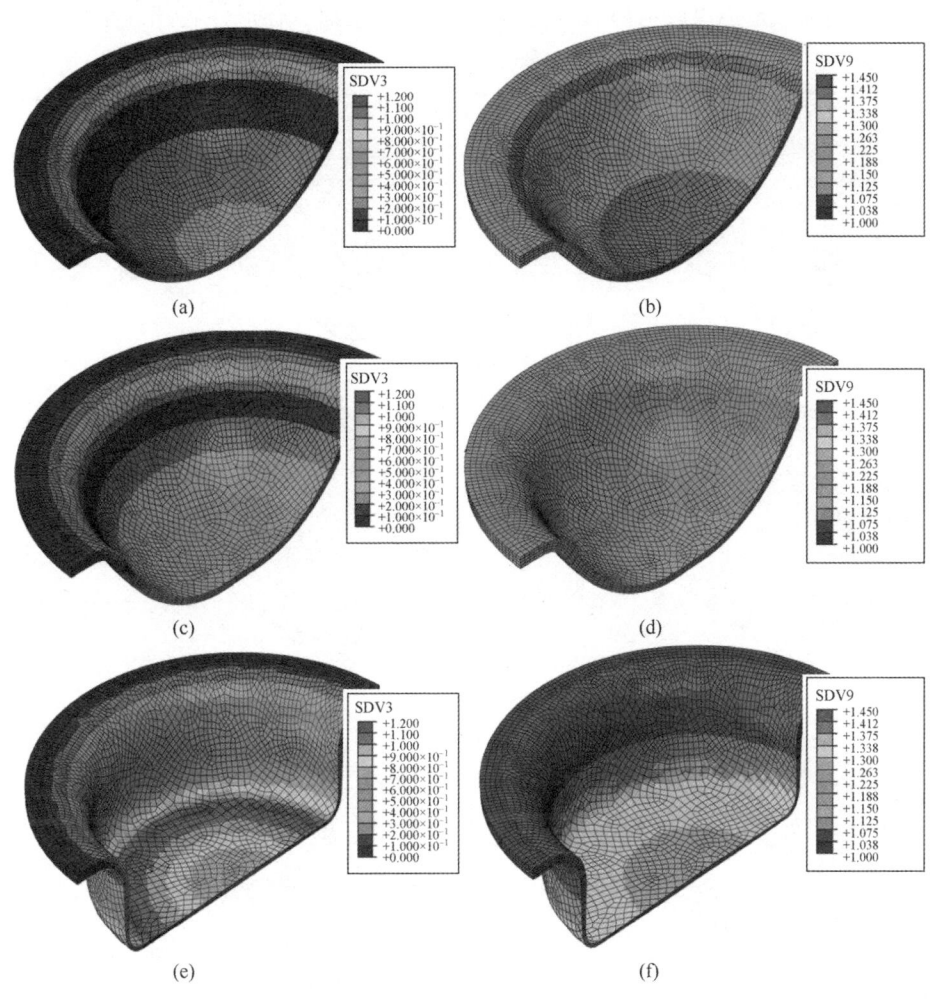

通过4.2节建立的Ti₂AlNb合金板材高温变形统一黏塑性本构模型,对Ti₂AlNb合金杯形件热态气压成形进行仿真,预测成形过程中的组织演变。图4-27所示为Ti₂AlNb合金杯形件应变量及相对晶粒尺寸演变,变形条件为985℃、$0.001s^{-1}$、11MPa。从图4-27(a)、(c)和(e)可以看出,胀形前期,变形集中在法兰圆角和胀形底部,胀形区底部中心材料的应变速率近似稳定在$0.001s^{-1}$。成形后期的整形过程中,塑性变形集中在底部圆角处,导致杯形件圆角处的壁厚明

图4-27　Ti₂AlNb合金板材杯形件应变量和相对晶粒
尺寸演变（985℃、$0.001s^{-1}$、11MPa）（见彩插）
(a) 300s,塑性应变；(b) 300s,晶粒尺寸；(c) 600s,塑性应变；
(d) 600s,晶粒尺寸；(e) 1200s,塑性应变；(f) 1200s,晶粒尺寸。

显减薄,最大等效应变约为 1.19。图 4-27(b)、(d)和(f)描述了相对晶粒尺寸演变,成形温度较高,而应变速率较低,变形过程中晶粒呈缓慢长大趋势,法兰区晶粒偏大,杯形件底部晶粒偏小,但杯形件整体呈现晶粒粗化。

图 4-28 和图 4-29 比较了表 4-2 中杯形件-0.001、杯形件-0.01、杯形件-0.1、杯形件-950 和杯形件-930 五个工艺条件下材料的相对位错密度及损伤分布。图 4-28(a)、(c)、(e)和图 4-29(a)、(c)的相对位错密度分布表明,当应变速率较高或成形温度较低时,相对位错密度明显增加。杯形件底部圆角处的位

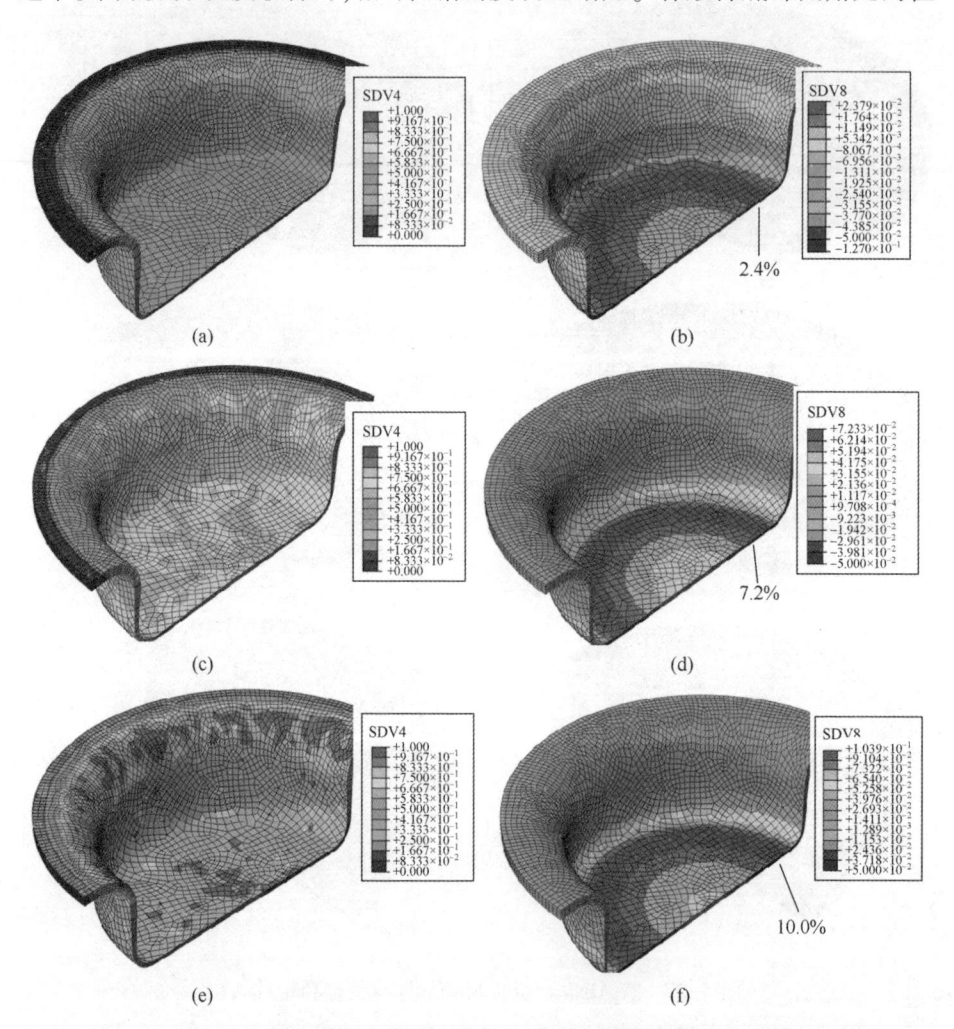

图 4-28 Ti$_2$AlNb 合金板材杯形件不同应变速率下的相对位错密度和损伤分布(见彩插)
(a) 杯形件-0.001,位错密度;(b) 杯形件-0.001,损伤;(c) 杯形件-0.01,位错密度;
(d) 杯形件-0.01,损伤;(e) 杯形件-0.1,位错密度;(f) 杯形件-0.1,损伤。

错密度大于杯形件底部中心、侧壁及法兰处的位错密度,这主要是因为增大整形压力导致应变速率升高。图 4-28(b)、(d)、(f) 和图 4-29(b)、(d) 中材料损伤分布结果表明,当应变速率增加或成形温度降低时,杯形件的损伤明显增加,损伤最大位置都出现在杯形件圆角附近。根据数值模拟结果,杯形件-0.001、杯形件-0.01、杯形件-0.1、杯形件-950 和杯形件-930 的最大损伤率分别为 2.4%、7.2%、10.0%、6.6% 和 27.5%。杯形件的形变损伤明显降低了构件的使用性能,侧面证明了降低成形温度或提高应变速率都无法成形性能较高的 Ti_2AlNb 合金构件。同时,通过数值模拟,也可以给出各种工艺参数下成形构件的晶粒尺寸分布、再结晶率、相含量等分布。

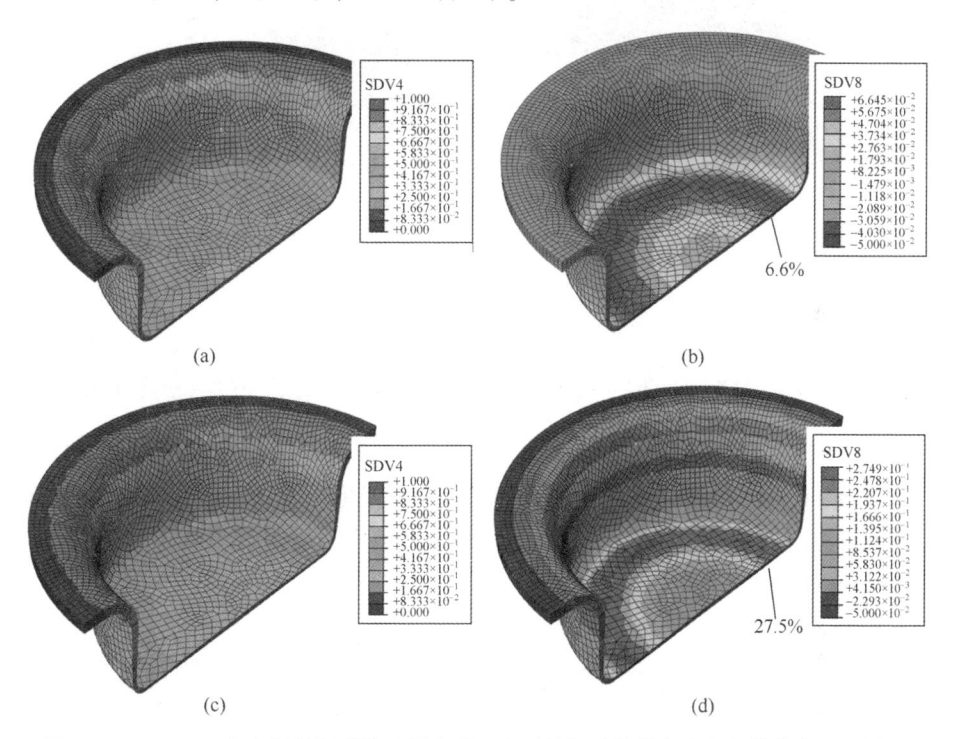

图 4-29 Ti_2AlNb 合金板材杯形件不同变形温度下的相对位错密度和损伤分布(见彩插)
(a) 杯形件-950,位错密度;(b) 杯形件-950,损伤;
(c) 杯形件-930,位错密度;(d) 杯形件-930,损伤。

图 4-30(a) 为 985℃ 温度下按照图 4-25 所示的三种气压加载路径下成形的杯形件。随着整形压力增加,成形件的圆角半径减小,当整形压力分别为 4.5MPa、8MPa 和 11MPa 时,小圆角半径分别为 15mm、12mm 和 4mm。图 4-30(b) 所示为杯形件的壁厚分布规律,每个测试点之间相隔 2mm。随着整形压力的增加,圆角部分逐渐贴近模具,杯形件最大减薄率逐渐增加。当整形压力为 11MPa

时，最大减薄率为 56.3%，位于底部圆角两侧悬空区。由于几何特性，杯形件的直壁部分壁厚差异较大，减薄率为 10%~40%。由于弯曲变形的剪切力作用，法兰圆角处出现较大的减薄率，为 30.9%。实验结果表明，在成形 Ti$_2$AlNb 合金杯形件局部小曲率半径时，需要较大的胀形压力。

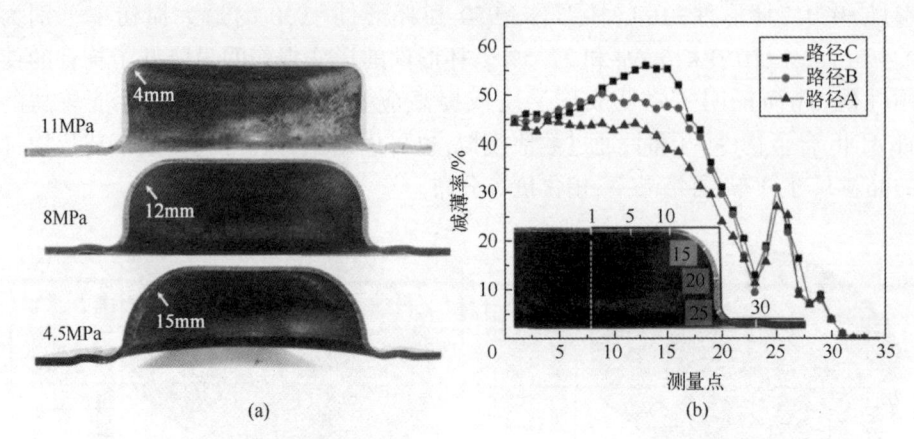

图 4-30　985℃不同整形压力成形的 Ti$_2$AlNb 合金杯形件及壁厚减薄率分布
(a) 构件；(b) 壁厚减薄率分布。

4.4.3　Ti$_2$AlNb 合金时效处理过程中的组织演变与屈服强度预测

构件在高温成形后，往往需要通过一定的热处理工艺对材料的组织和性能进行调控。因此，将热成形和热处理两个过程有机地结合在一起考虑，建立合金在热变形和热处理过程中组织和力学性能演变的模型是实现构件成形及热处理全过程数值模拟的基础。

根据 4.3 节建立的 Ti$_2$AlNb 合金时效处理过程组织演变预测模型，进行了 Ti$_2$AlNb 合金热变形及固溶处理试样在时效处理过程中的微观组织演变预测。图 4-31 为采用该模型计算的 Ti$_2$AlNb 合金在 970℃固溶处理后进行不同温度时效处理时，微观组织中 O 相片层厚度随时效时间的变化。随着时效时间的延长，O 相片层逐渐长大粗化。提高时效温度，在相同的时效时间下，可以获得厚度更大的 O 相片层。将组织演变模型计算的片层厚度与实验数据点（970℃固溶处理 25min，825℃、30~480min 和 775~875℃不同温度下 120min 时效后处理试样的片层厚度）进行对比，模型计算结果与实验点吻合较好。

图 4-32 为采用该模型计算的 Ti$_2$AlNb 合金高温变形试样在时效过程中 O 相片层厚度演变结果，图 4-32(a) 为 Ti$_2$AlNb 合金在不同初始相对位错密度下进行 825℃时效处理过程中片层厚度随时效时间的演变。位错密度会促

进 O 相片层的粗化,随着初始相对位错密度的提高,合金在相同的时效温度和时效时间可以获得更大厚度的 O 相片层。图 4-32(b)为应变为 0.4 条件下不同温度时效处理时的 O 相片层厚度演化。随着热处理温度的提高,可以获得更大厚度的 O 相片层。Ti$_2$AlNb 合金在变形-时效工艺中,随着变形量、时效温度和时效时间的增加,O 相片层厚度增加,且时效参数对 O 相片层厚度的影响更加明显。

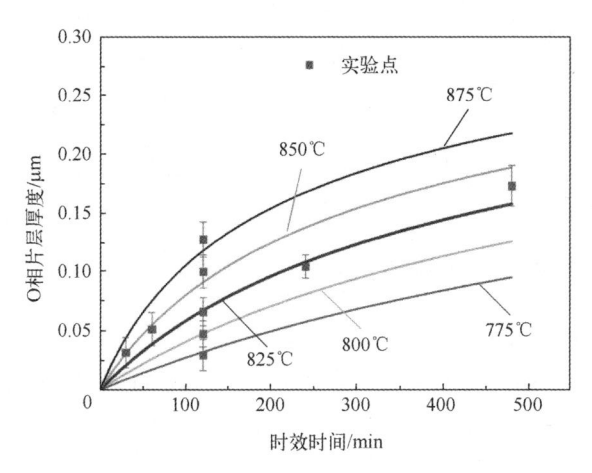

图 4-31 不同温度时效处理的 O 相片层厚度演变(见彩插)

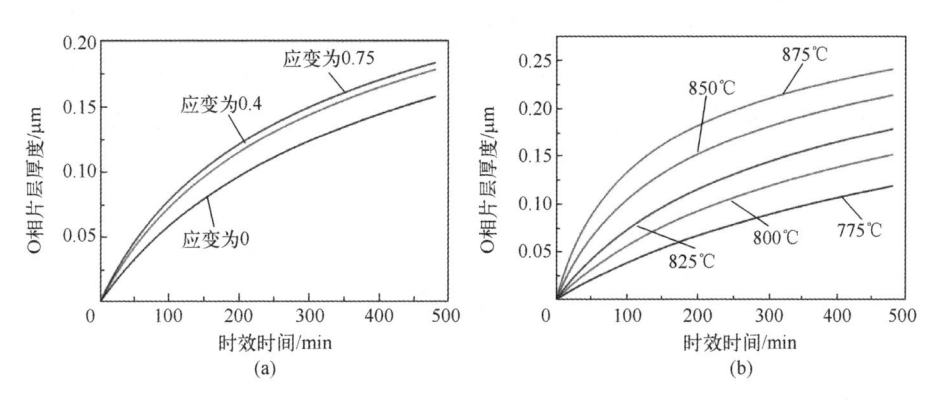

图 4-32 Ti$_2$AlNb 合金高温变形试样时效过程中 O 相片层厚度演变结果
(a) 不同应变;(b) 不同时效温度。

在时效处理过程中,高温变形/固溶保留下来的 α_2 相逐渐溶解,转变为 O 相。970℃固溶 25min,在不同温度时效处理的 α_2 相平均直径演变如图 4-33 所示。在同一时效温度下,随着热处理时间的延长,α_2 相尺寸逐渐减小。提高时效温度会增加 α_2 相溶解的速度,但 α_2 相在时效温度下能够长时间存在。970℃

固溶 25min，825℃进行 30~480min 时效处理获得的 α_2 相尺寸与模型计算结果最大偏差为 6.3%。

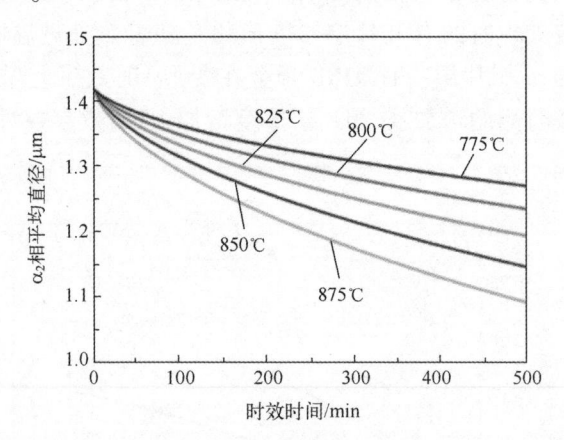

图 4-33　不同温度时效处理的 α_2 相平均直径演变

根据 4.3 节建立的 Ti_2AlNb 合金时效处理过程屈服强度预测模型，对比了该模型计算的屈服强度与实验点（模型求解所采用的 25 组不同实验参数的固溶-时效处理和变形-时效处理试样的屈服强度）差异。实验值测量条件为温度 650℃，应变速率 $0.001s^{-1}$。

图 4-34 为模型计算结果与实验点的相对偏差值（（实验值-计算值）/实验值×100）分布，其中有 72% 的数据点相对误差小于 3%，模型预测结果的最大相对误差为 7.2%。由此可见，模型计算结果与实验点吻合较好。表 4-3 对比了几种典型的固溶/变形-时效处理条件下计算的屈服强度与实验测得的屈服强度，模型预测效果良好。

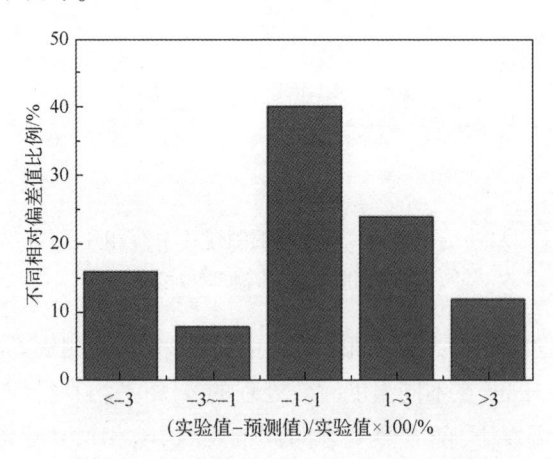

图 4-34　模型计算值与实验值相对偏差值分布

表 4-3　固溶/变形-时效处理后试样在时的
屈服强度计算结果与实验值对比

变形温度/℃	970	950	970	950	990	970
应变速率/s^{-1}	0	0	0.001	0.001	0.1	0.1
应变	0	0	0.15	0.75	0.45	0.45
时效温度/℃	775	825	825	850	875	850
时效时间/℃	120	120	120	240	120	480
屈服强度计算值/MPa	981	733	874	770	795	776
屈服强度实验值/MPa	976	767	911	769	837	760

图 4-35(a)为 970℃、应变速率 0.01s^{-1} 变形条件下,不同变形量试样 800℃时效过程屈服强度随时间演变的计算结果。试样在变形前进行了 15min 保温处理,即固溶处理时间为 15min。随着时效时间的延长,合金的屈服强度降低。在变形阶段,经过更大变形的试样,由于时效处理过程不能使位错完全回复,导致屈服强度有所增加。

图 4-35(b)为 970℃、应变 0.45 变形条件下,不同应变速率变形试样 825℃时效过程屈服强度随时间演变的计算结果。试样在变形前进行了 15min 保温处理,即固溶处理时间为 15min。变形试样在时效处理过程中表现出比未变形试样更高的屈服强度。随着应变速率的提高,位错密度增加引起的强化作用大于损伤加剧引起的弱化作用,导致合金的屈服强度有所提高。

综上所述,变形量越大的 Ti$_2$AlNb 合金试样在时效过程中的屈服强度越高,但对应变速率不太敏感;随着时效温度的提高和时效时间的增加,合金的屈服强度降低。

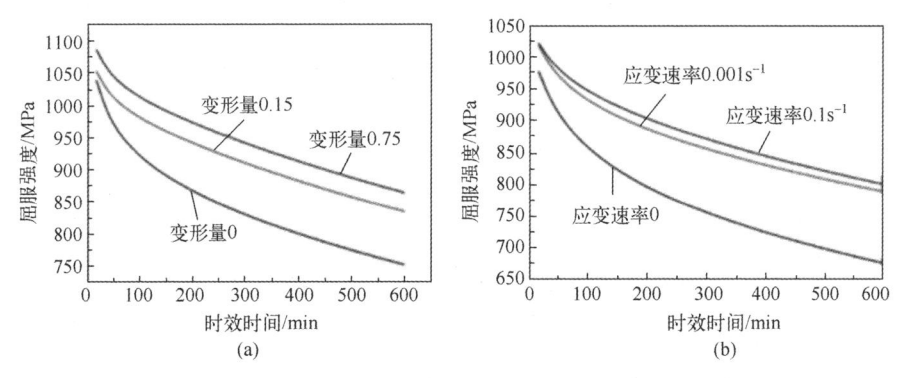

图 4-35　970℃时 Ti$_2$AlNb 合金时效过程屈服强度随时间的演变
(a) 应变速率 0.01s^{-1},时效温度 800℃;(b) 应变 0.45,时效温度 825℃。

参考文献

[1] 林建国. 金属加工技术的材料建模基础——理论与应用[M]. 长沙:中南大学出版社,2019.

[2] AVRAMI M P. Granulation, phase change, and microstructure kinetics of phase change. Ⅲ[J]. Journal of Chemical Physics, 1941, 86: 134-139.

[3] 杨雷. TA15钛合金板材高温塑性损伤本构建模与成形极限研究[D]. 北京:北京科技大学,2016.

[4] ALABORT E, PUTMAN D, REED R C. Superplasticity in Ti-6Al-4V: characterisation, modelling and applications[J]. Acta Materialia, 2015, 95: 428-442.

[5] 宋珂. TA15钛合金拼焊板统一粘塑性本构模型及热态气压成形研究[D]. 哈尔滨:哈尔滨工业大学,2021.

[6] 赵慧俊. 基于球化机理TA15钛合金热态气压成形微观组织建模仿真[D]. 北京:北京科技大学,2016.

[7] WU Y, WANG D, LIU Z, et al. A unified internal state variable material model for Ti2AlNb-alloy and its applications in hot gas forming[J]. International Journal of Mechanical Sciences, 2019, 164: 105126.

[8] LIN J G. Fundamentals of materials modelling for metals processing technologies: theories and applications[M]. London: World Scientific Publishing Co. Inc., 2015.

[9] 刘志强. Ti$_2$AlNb合金薄壁件热态气压成形-时效处理过程建模与仿真[D]. 哈尔滨:哈尔滨工业大学,2022.

[10] LIN J, LIU Y. A set of unified constitutive equations for modelling microstructure evolution in hot deformation[J]. Journal of Materials Processing Technology, 2003, 144: 281-285.

[11] LIN J, HO K C, DEAN T A. An integrated process for modelling of precipitation hardening and springback in creep age-forming[J]. International Journal of Machine Tools and Manufacture, 2006, 46(11): 1266-1270.

[12] LI Y, SHI Z S, LIN J G, et al. A unified constitutive model for asymmetric tension and compression creep-ageing behaviour of naturally aged Al-Cu-Li alloy[J]. International Journal of Plasticity, 2017, 89: 130-149.

[13] WHELAN M J. On the kinetics of precipitate dissolution[J]. Metal Science, 1969, 3(1): 95-97.

[14] WU L, FERGUSON W G. Modelling of precipitation hardening in casting aluminium alloys[M]. Gold Coast: Trans. Tech. Publications, 2009.

[15] LABUSCH R. A statistical theory of solid solution hardening[J]. Physica Status Solidi, 1970, 41(2): 659-669.

[16] CHEN X, WEIDONG Z, WEI W, et al. Coarsening behavior of lamellar orthorhombic phase and its effect on tensile properties for the Ti-22Al-25Nb alloy[J]. Materials Science and Engineering: A, 2014, 611: 320-325.

[17] SHERCLIFF H R, ASHBY M F. A process model for age hardening of aluminium alloys—I. The model[J]. Acta Metallurgica Et Materialia, 1990, 38(10): 1789-1802.

[18] KOCKS U F, ARGON A S, ASHBY M F. Models for macroscopic slip[J]. Progress in Materials Science, 1975, 19: 171-229.

[19] VOYIADJIS G Z, SHOJAEI A, LI G. A thermodynamic consistent damage and healing model for self healing materials[J]. International Journal of Plasticity, 2011, 27(7): 1025-1044.

第 5 章
钛合金薄壁构件热态气压成形工艺

5.1 热态气压成形工艺过程与主要参数

5.1.1 热态气压成形工艺过程

封闭截面构件热态气压成形时,先将原始管材加热至设定温度,然后通过高压气体在管材内部施加内压,在较高的增压速率下,使管材发生快速变形,最终贴靠模具型腔,从而获得复杂形状的构件。高温成形条件可使室温塑性差的轻质合金材料的延伸率显著提高,变形抗力大幅降低,有利于构件成形。

图 5-1 是变截面构件热态气压成形示意图。管材在模具中被加热至最佳成形温度,利用水平冲头对管材端部进行密封,建立封闭型腔,并向管材内部按照一定的加载曲线充入内压可控的高压气体,配合水平冲头补料完成构件成形。

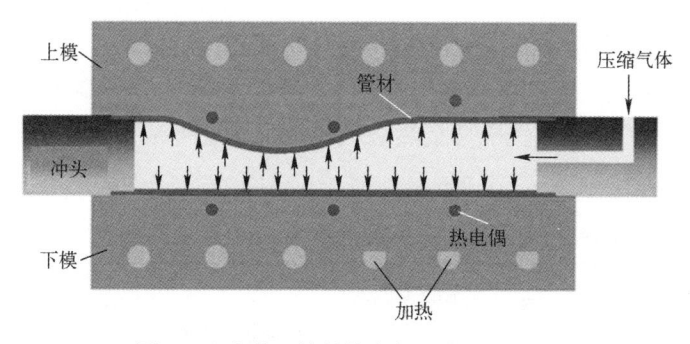

图 5-1 变截面构件热态气压成形示意图

图 5-2 是轻质合金热态气压成形工艺的典型加载路径示意图,包括气体压力曲线和轴向补料曲线,成形过程中气体压力和轴向补料需要合理的配合才可

实现构件的顺利成形。成形过程可以分为四个阶段：初始加载、成形、整形和卸载。

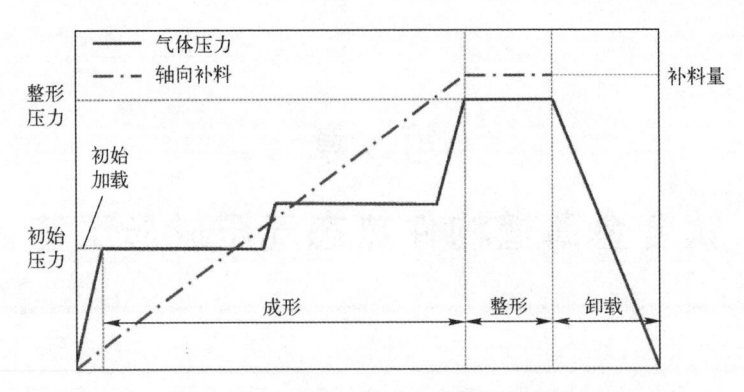

图 5-2 热态气压成形加载路径示意图

5.1.2 热态气压成形主要工艺参数

1. 成形温度

对于给定材料,成形温度的选择需满足:①材料在该温度下的延伸率满足零件最大变形的塑性要求;②成形后零件的微观组织性能满足使用要求。然而不同的工艺条件下,材料塑性与微观组织的演变规律不同。因此,成形温度的选择应综合考虑塑性和组织性能要求。

从塑性角度来看,成形温度可根据在给定应变速率条件下的高温拉伸真应力-真应变曲线或热态气压自由胀形(双向应力)结果进行选取。通常,热态气压成形的成形温度高于 $0.3T_m$(T_m 为材料的熔点)且低于 $0.6T_m$,材料具有明显的黏塑性特征。

从组织性能角度来看,过高的成形温度可能导致材料晶粒粗大、氧化严重等问题。过低的成形温度易导致塑性不足、所需成形压力过高等。综上所述,表 5-1 给出了典型高温轻质合金热态气压成形的临界成形温度及常用应变速率下相应的延伸率。

表 5-1 典型材料热态气压成形的临界成形温度区间及相应延伸率

材料	牌号	临界成形温度/℃	单向拉伸延伸率/% 应变速率 $0.1s^{-1}$	单向拉伸延伸率/% 应变速率 $0.01s^{-1}$
钛合金	TA15	700	31	51
		850	65	200

续表

材　料	牌　号	临界成形温度/℃	单向拉伸延伸率/% 应变速率 0.1s^{-1}	单向拉伸延伸率/% 应变速率 0.01s^{-1}
钛合金	TA18	650	35	80
		800	58	130
	TC4	700	32	51
		850	53	165
	TA32	750	28	43
		900	82	194
Ti$_2$AlNb	—	950	95	98
		985	132	183

2. 成形压力

热态气压成形的气体压力包括初始变形压力与整形压力。初始变形压力是指原始管材能够发生塑性变形的初始压力值，其值可以用下式估算：

$$p_s = \frac{2\delta}{d}\sigma_s(T,\dot{\varepsilon}) \tag{5-1}$$

式中：p_s 为初始变形压力；δ 为管材壁厚；d 为管材直径；$\sigma_s(T,\dot{\varepsilon})$ 为管材在温度为 T、应变速率为 $\dot{\varepsilon}$ 条件下变形时的流动应力，该流动应力可以通过高温单向拉伸试验获得。

整形压力是指成形后期用于使管件局部特征充分贴模的压力，以图 5-3 中所示的方形截面管件胀形为例，其整形压力可以用下式估算：

$$p_c = \frac{\delta}{r_c}\sigma_{\max}(T,\dot{\varepsilon}) \tag{5-2}$$

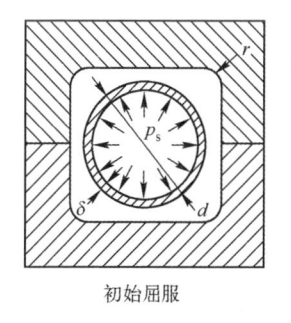

初始屈服　　　　整形阶段

图 5-3　成形压力计算

式中:p_c 为整形压力;δ 为管材壁厚;r_c 为构件最小圆角半径;$\sigma_{max}(T,\dot{\varepsilon})$ 为管材在温度为 T、应变速率为 $\dot{\varepsilon}$ 条件下变形时的峰值流动应力,该数值可以通过高温单向拉伸试验获得。

以图 5-3 所示的方形截面管件为例,对于更小的圆角半径,一般可通过预成形调控或者适当延长保压时间来实现圆角贴模成形。

3. 增压速率

热态气压成形需在可控的增压速率下完成,增压速率分为初始增压速率和成形增压速率。增压速率的选择需考虑两个因素:一是对应的应变速率,二是生产效率。初始增压速率的选择可根据成形节拍确定,在设备允许的条件下选择尽可能高的增压速率。

一般来说,热态下材料的成形性能受应变速率影响很大,不同温度下的应变速率强化程度和延伸率存在较大差异。因此,应根据不同温度下材料的真应力-真应变曲线,选择具有最佳成形性能(硬化行为与均匀延伸率相匹配)的应变速率 $\dot{\varepsilon}^*$,在该应变速率基础上计算增压速率。在一定的假设条件下,增压速率 $\dot{p}$ 的估算公式如下:

$$\dot{p} \approx \frac{\sqrt{3}\dot{\varepsilon}^*(d-r_c)\sigma_{max}(T,\dot{\varepsilon})}{2dr_c(\ln\phi_{max}-\ln\phi_0)} \tag{5-3}$$

式中:ϕ_0 为沿轴线方向上初始管材周长;ϕ_{max} 为成形后零件全部横截面中的最大周长。

5.2 钛合金管件热态气压成形圆角变形行为

热态气压成形过程中,模具被整体加热至 600℃以上,管材在高温封闭模具内发生膨胀变形,无法采用接触式位移传感器对圆角变形进行直接实时测量。针对此问题,提出间接测量法,即将陶瓷探测棒沿分模面水平嵌入模具型腔,与管材紧密接触。采用激光位移传感器对探测棒位移进行实时测量,从而间接测量出圆角位移(图 5-4),最后利用式(5-4)将瞬时圆角剩余间隙转换为瞬时圆角半径:

$$r = R + 0.414\Delta L \tag{5-4}$$

式中:r 为瞬时圆角半径;R 为模具圆角半径;ΔL 为圆角剩余间隙。

5.2.1 增压速率对圆角变形行为的影响

采用圆角半径为 6mm、膨胀率为 20% 的方形截面件,研究了增压速率对

TA18钛合金圆角变形行为的影响规律。首先,对成形温度为700℃、最高成形压力为35MPa、增压速率分别为0.194MPa/s和3.5MPa/s两种加载路径下的圆角半径变化曲线进行分析。图5-5(a)所示为成形过程中两种加载路径下的压力变化曲线。可以看出,采用3.5MPa/s的高增压速率时,升压阶段持续10s,采用0.194MPa/s的低增压速率时,升压阶段持续180s。与两种加载路径对应的圆角半径变化曲线如图5-5(b)所示。从图中可以看出,在0.194MPa/s-35MPa加载路径下(增压速率为0.194MPa/s最终恒定压力为35MPa),圆角完全成形需要550s,圆角变形速率呈现出明显的低—高—低变化趋势;在3.5MPa/s-35MPa加载路径下,圆角完全成形仅需要400s,而且圆角变形速率只呈现出先高后低的变化趋势。两种增压速率下,圆角半径变化曲线只在成形前期差别明显,而在成形后期,圆角半径达到8mm之后,两条充填曲线均趋于平缓,圆角变化缓慢。

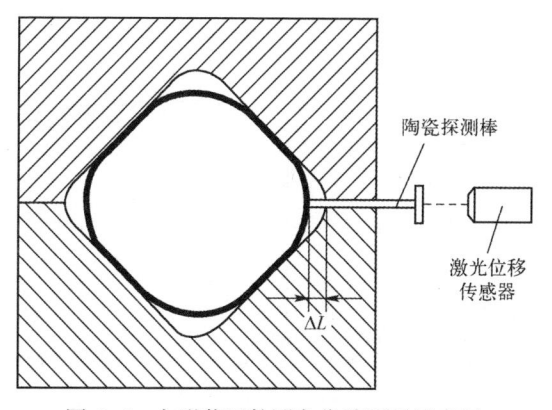

图5-4 方形截面件圆角位移测量示意图

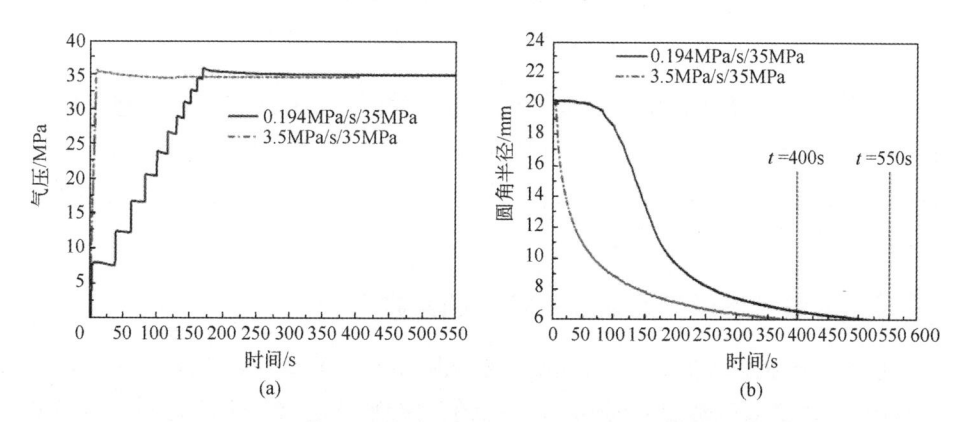

图5-5 700℃、不同加载路径下的压力变化曲线及相应的圆角半径变化曲线
(a)气压加载路径;(b)圆角充填曲线。

基于上述分析,进一步分析两种加载路径的升压阶段圆角半径变化曲线。图 5-6(a) 所示为 0.194MPa/s/35MPa 加载路径下升压阶段的圆角半径变化曲线。可以看出,在成形开始后 80s 内,圆角半径基本保持不变,这主要是由于 700℃下成形压力低于 15MPa,圆角变形非常缓慢;80s 之后随着压力进一步升高,圆角变形加快,圆角半径开始随时间近似呈线性变化,直至 180s 升压结束。图 5-6(b) 所示为 3.5MPa/s-35MPa 加载路径下升压阶段的圆角半径变化曲线。可以看出,提高增压速率后,压力增大迅速,曲线变化明显,在 10s 升压阶段,圆角半径随时间近似呈线性变化,加压 10s 后圆角半径便从 20mm 减小为 17mm,此时成形压力也升至 35MPa;与之相比,0.194MPa/s/35MPa 加载路径下,圆角半径从 20mm 减小为 17mm 需要 115s,而且由于此时成形压力还不足 25MPa,导致成形时间进一步延长,圆角半径变化曲线与 3.5MPa/s/35MPa 加载路径的结果有明显差异。

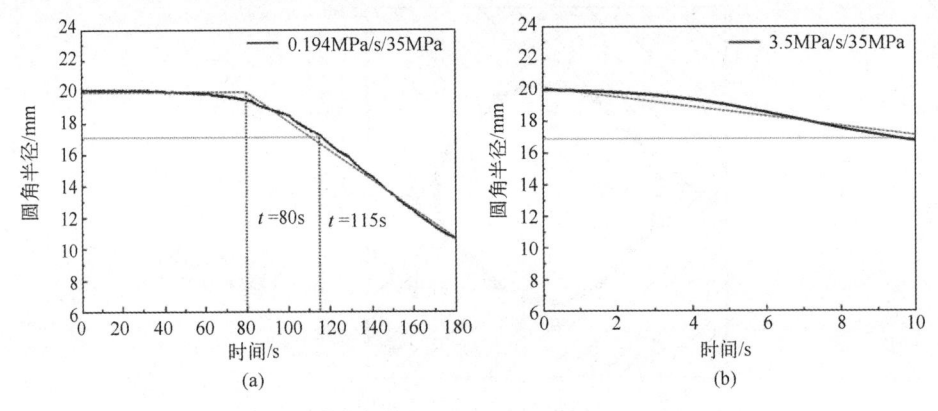

图 5-6 不同加载路径下升压阶段圆角半径变化曲线
(a) 0.194MPa/s/35MPa;(b) 3.5MPa/s/35MPa。

综上所述,热态气压成形过程中钛合金材料的流变行为具有应变速率敏感性,导致在圆角变形时,应变速率越高,所需压力越高;在增压过程中,增压速率越高,圆角变形速率越大;在恒压加载阶段,随着圆角半径的减小,应变速率逐渐降低,导致圆角变形速率降低。

5.2.2 加载路径对圆角变形行为的影响

由于增压速率较低时,在升压阶段初期圆角基本不发生变形,整个圆角成形过程中,圆角变形速率会呈现低—高—低的复杂变化趋势。为简化圆角半径变化曲线以便进一步研究分析,将增压速率均提高至 1MPa/s 以上,并且在 700℃下将胀形时间限定为 300s,分别采用四种不同的加载路径进行热态气压成形实验,压力变化曲线如图 5-7(a)所示,其分别具有不同的增压速率和最终恒定压力。圆角半径变化曲线如图 5-7(b)所示,方形截面件最终圆角半径如表 5-2 所列。从图 5-7(a)可以看出,四种加载路径分别在 10s 内快速升压至 15MPa、25MPa、35MPa、45MPa,并一直保持恒定,直至胀形结束。从图 5-7(b)可以看出,快速升压结束,压力保持恒定以后,随着胀形时间延长,不同压力下的圆角变形速率均逐渐减小,但胀形压力越高,相同时刻的圆角变形速率越快,而且 300s 内圆角半径随着压力的升高而减小,当胀形压力由 15MPa 升高至 45MPa 时,胀形件最终圆角半径由 17.5mm 减小为 6mm。

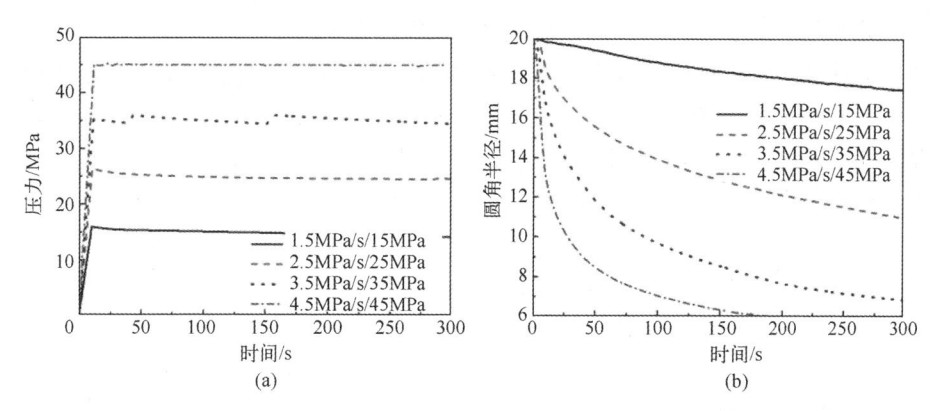

图 5-7 700℃四种加载路径下压力变化曲线及相应的圆角半径变化曲线

表 5-2 700℃四种不同加载路径下胀形件最终圆角半径

成形温度/℃	时间/s	胀形压力/MPa	圆角半径/mm
700	300	15	17.5
700	300	25	11.0
700	300	35	7.0
700	300	45	6.0

室温内高压成形过程中,在相同的材料屈服强度和管件壁厚条件下,圆角半径越小,所需成形压力越高,而且由于材料本身的应变硬化作用,恒压条件下,圆角半径达到一定值时便会停止变形。然而与室温内高压成形不同,在高温条件下,圆角变形会受到应变速率敏感性影响,在恒压条件下,随着圆角半径逐渐减小,材料的应变速率和流动应力降低,圆角变形可以一直进行,只是变形速率逐渐减小。

热态气压成形过程中,由于气体具有显著的可压缩性,管材内部高压不可能瞬时建立,而是需要一个气体充入过程,在达到恒定胀形压力之前,虽然在较高的增压速率下升压阶段的时间很短,但也会对圆角变形行为产生一定影响。图 5-7(a)中的 1.5MPa/s/15MPa、2.5MPa/s/25MPa、3.5MPa/s/35MPa、4.5MPa/s/45MPa 四种压力加载曲线均可划分为两个阶段,10s 升压阶段和 290s 恒压阶段,升压阶段压力随时间呈线性变化,恒压阶段压力保持不变。鉴于此,对于图 5-7(b)中四种加载路径所对应的圆角半径变化曲线,也将其划分为两个阶段进行分析,分别与压力加载曲线的升压阶段和恒压阶段相对应。

为了更深入地分析加载路径对圆角变形行为的影响规律,将整条圆角半径变化曲线划分为 10s 升压变形阶段和 290s 恒压变形阶段后,分别对两个阶段进行了数据拟合。根据圆角半径变化曲线的形状,依次选用线性方程、多项式方程以及指数方程进行拟合对比。经过多次拟合,发现不同圆角半径变化曲线的 10s 升压变形阶段均可用线性方程精确拟合,即圆角半径随时间呈线性变化,拟合曲线如图 5-8(a)所示,数学关系可用下式表示:

$$r = A + Bt \tag{5-5}$$

式中:r 为瞬时圆角半径,t 为成形时间;A 和 B 为常数项。

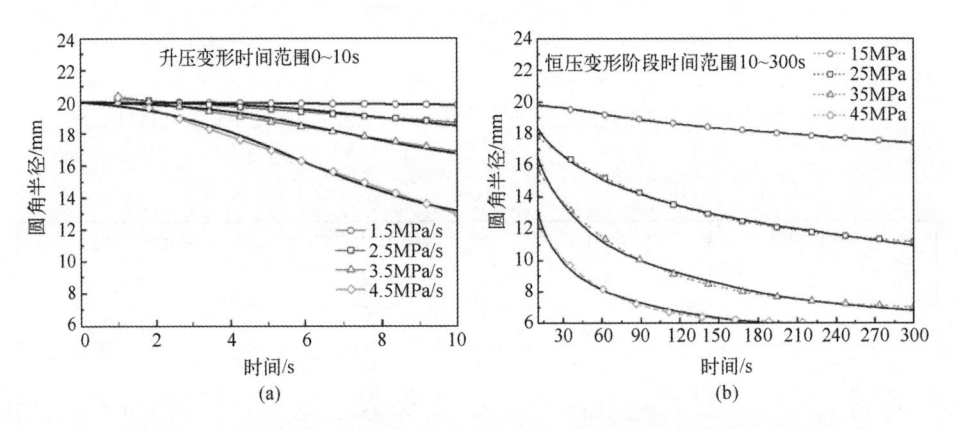

图 5-8 700℃四种不同加载路径下圆角半径变化曲线分段数据拟合结果(见彩插)
(a) 升压变形阶段;(b) 恒压变形阶段。

拟合结果如表 5-3 所列。而 290s 恒压变形阶段则可用一阶指数方程精确拟合,即圆角半径随时间呈指数变化,拟合曲线如图 5-8(b)所示,数学关系可用下式表示:

$$r = Ce^{Dt} + E \tag{5-6}$$

式中:r 为瞬时圆角半径;t 为成形时间;C、D、E 为常数项。

表 5-3 700℃下升压变形阶段数据拟合结果

增压速率/(MPa/s)	常数 A	常数 B	拟合精度/%
1.5	20.03	-0.02	98.57
2.5	20.42	-0.17	92.66
3.5	20.76	-0.39	97.51
4.5	21.12	-0.82	99.20

拟合结果如表 5-4 所示。从图 5-8(a)和表 5-3 可以看出,当增压速率高于 1MPa/s 时,在升压阶段,圆角半径均随时间呈线性变化,圆角变形速率可近似保持恒定,常数 B 的绝对值即为圆角变形速率,而常数 A 可近似代表初始圆角半径。随着增压速率由 1.5MPa/s 升高至 4.5MPa/s,圆角变形速率由 0.02mm/s 升高至 0.82mm/s。在 1.5MPa/s 增压速率下,圆角变形速率过低,圆角半径在升压变形阶段基本不发生变化;而在 4.5MPa/s 增压速率下,圆角半径变化明显,由 20mm 减小为 13mm。从图 5-8(b)和表 5-4 可以看出,进入恒压变形阶段以后,圆角变形速率会逐渐减小,常数 D 的绝对值随着压力的升高而逐渐增大,说明压力越高,相同时刻所成形的圆角半径越小,而常数 E 可近似代表最终圆角半径;在 15MPa 恒压变形阶段,圆角半径在 290s 内从 20mm 减小为 17.5mm,而在 45MPa 恒压变形阶段,圆角半径在 170s 内从 13mm 减小为 6mm。

表 5-4 700℃下恒压变形阶段数据拟合结果

胀形压力/MPa	常数 C	常数 D	常数 E	拟合精度/%
15	3.71	-0.004	16.32	99.89
25	7.87	-0.009	10.57	99.54
35	10.06	-0.013	6.83	99.31
45	7.86	-0.021	5.99	99.01

综上所述,方形截面件热态气压成形过程中,加载路径对圆角变形行为影响明显。在升压阶段,增压速率越高,圆角变形速率越快,圆角半径随时间近似呈线性变化;在恒压阶段,压力越高,圆角变形速率越快,圆角半径随时间近似呈一阶指数变化。

5.2.3 成形温度对圆角变形行为的影响

方形截面件热态气压成形过程中,圆角变形行为受应变速率敏感性的影响,而材料的应变速率敏感性又受温度的影响。本节采用圆角半径为 6mm、膨胀率为 20% 的方形截面件,研究了成形温度对圆角变形行为的影响。

在650℃、700℃、750℃、800℃四种温度下,采用2.5MPa/s/25MPa的加载路径分别进行了热态气压成形实验,胀形时间均为300s,加载路径如图5-9(a)所示,各个温度下的圆角半径变化曲线如图5-9(b)所列,胀形件的最终圆角半径如表5-5所列。从图5-9(a)可以看出,压力加载曲线的重复性非常好。从图5-9(b)和表5-5可以看出,成形温度越高,圆角变形速率越快,相同时间内所能成形的圆角半径越小。650℃下300s内所成形圆角半径为15.5mm,800℃下75s内所成形圆角半径为6mm。进入恒压变形阶段之后,各个温度下的圆角变形速率均表现出逐渐减小的趋势,温度越低,减小趋势越明显。

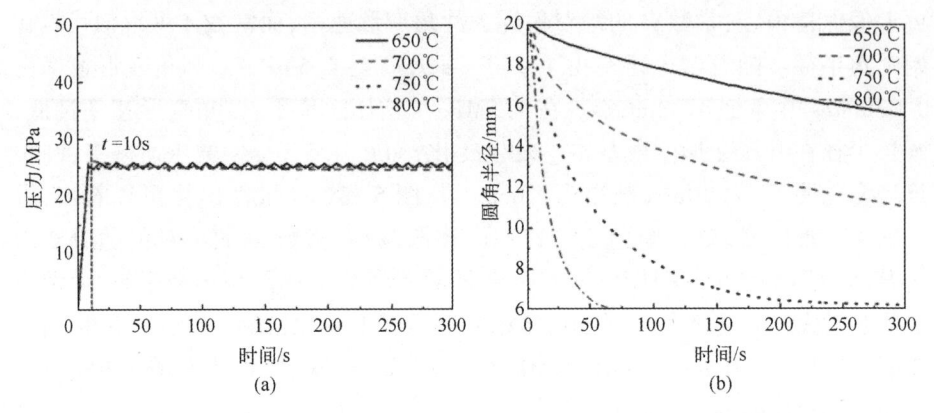

图5-9 不同成形温度下的加载路径及相应圆角半径变化曲线(见彩插)

表5-5 四种不同成形温度下胀形件最终圆角半径

成形温度/℃	时间/s	胀形压力/MPa	圆角半径/mm
650	300	25	15.5
700	300	25	11
750	300	25	6.2
800	300	25	6

为了进一步分析成形温度对圆角变形行为的影响规律,将整条圆角半径变化曲线划分为10s升压变形阶段和290s恒压变形阶段,然后分别对两个阶段进行数据拟合。经过多次拟合,发现不同温度下圆角半径变化曲线的10s升压变形阶段均可用线性方程精确拟合,即圆角半径随时间呈线性变化,拟合曲线如图5-10(a)所示,数学关系仍可用式(5-4)表示,拟合结果如表5-6所列。290s恒压变形阶段则可用一阶指数方程精确拟合,即圆角半径随时间呈指数变化,拟合曲线如图5-10(b)所示,数学关系仍可用式(5-5)表示,拟合结果见表5-7。

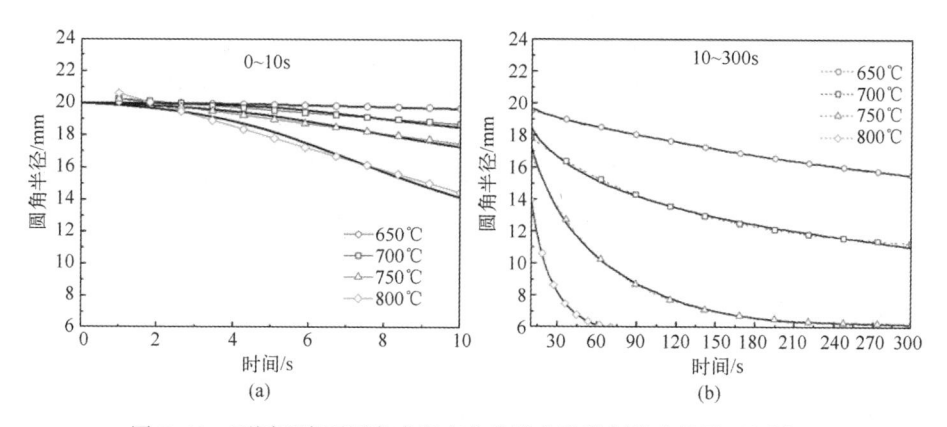

图 5-10 不同温度下圆角半径变化曲线分段数据拟合结果(见彩插)

表 5-6 不同温度下升压变形阶段数据拟合结果

成形温度/℃	常数 A	常数 B	拟合精度/%
650	20.07	-0.04	97.06
700	20.42	-0.17	92.66
750	20.55	-0.31	97.03
800	21.26	-0.68	97.39

表 5-7 不同温度下恒压变形阶段数据拟合结果

成形温度/℃	常数 C	常数 D	常数 E	拟合精度/%
650	6.82	-0.003	12.91	99.95
700	7.87	-0.009	10.57	99.54
750	12.70	-0.018	6.16	99.89
800	14.97	-0.061	5.81	99.96

从图 5-10(a)和表 5-6 可以看出,在升压阶段,圆角变形速率可近似保持恒定,随着成形温度由 650℃升高至 800℃,圆角变形速率由 0.04mm/s 升高至 0.68mm/s。在 650℃时,材料强度高,导致圆角变形速率过低,圆角半径在升压阶段基本不发生变化;而在 800℃时,材料强度大幅降低,圆角半径变化明显,由 20mm 减小为 14mm。从图 5-10(b)和表 5-7 可以看出,进入恒压变形阶段以后,圆角变形速率会逐渐减小,但是温度越高,相同时刻所成形的圆角半径越小。在 650℃时,圆角半径在 290s 内从 20mm 减小为 15.5mm;而在 800℃时,圆角半径在 65s 内从 14mm 减小为 6mm。

方形截面件热态气压成形过程中,成形温度对圆角变形行为影响明显。随着温度的升高,相同应变速率下的材料强度和应变硬化指数 n 显著降低,有利于材料持续变形,同时,应变速率敏感系数 m 逐渐增大,材料变形过程中应变速率敏感性提高,即当应变速率降低时,温度越高,流动应力减小程度越大,越有利于材料进一步变形。综上所述,相同加载路径下,随着成形温度的升高,圆角变形速率有所增大。

5.2.4 膨胀率对圆角变形行为的影响

本节分别对膨胀率为 10%、20%、25% 的方形截面件进行热态气压成形实验,研究了膨胀率对圆角变形行为的影响。其中,成形温度均为 800℃,成形膨胀率为 10% 的方形截面件的加载路径为 3MPa/s/30MPa,成形膨胀率为 20% 和 25% 的方形截面件的加载路径为 2.5MPa/s/25MPa,加载路径如图 5-11(a)所示,50s 内所成形圆角半径如表 5-8 所列。

图 5-11(b)所示为成形时间 50s 内不同膨胀率方形截面件的圆角半径变化曲线。从图中可以看出,三条曲线差别明显。对于膨胀率为 10% 的方形截面件,由于截面宽度小于管材外径,合模过程中管材会受压变形,变为直边有内凹的形状,可以说是一种预制坯。在 800℃ 下合模结束后,分模面处形成半径为 7.2mm 的小圆角,因此在后续热态气压成形过程中,圆角半径从 7.2mm 开始逐渐减小。在 3MPa/s/30MPa 的加载路径下,圆角半径随着时间近似呈线性变化,但圆角变形速率很低,近似为 0.024mm/s,在 50s 时圆角半径减小为 6mm。

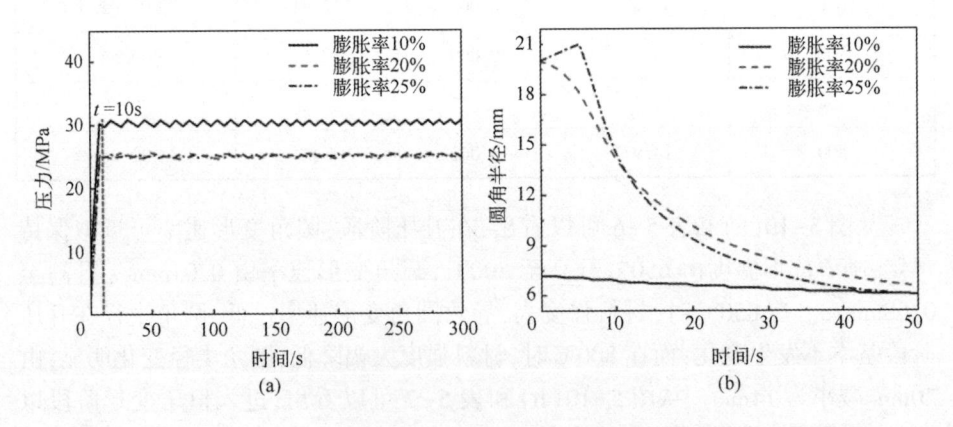

图 5-11 不同膨胀率方形截面件的加载路径及相应圆角半径变化曲线(见彩插)
(a) 加载路径;(b) 圆角半径变化曲线。

表 5-8　不同膨胀率方形截面件最终圆角半径

成形温度/℃	膨胀率/%	时间/s	胀形压力/MPa	圆角半径/mm
800	10	50	30	6
800	20	50	25	6.5
800	25	50	25	6

对于膨胀率为20%的方形截面件,由于截面宽度与管材外径相当,合模过程中管材不会受压变形,合模结束后管材与模具型腔直壁仅轻微接触,因此在后续成形过程中,圆角半径从20mm(即管材半径)开始迅速减小,在2.5MPa/s/25MPa的加载路径下,圆角半径先随时间近似呈线性变化,升压结束之后随时间近似呈一阶指数变化,在50s时圆角半径减小为6.5mm。

对于膨胀率为25%的方形截面件,其截面宽度大于管材外径,合模后管材与模具型腔不发生接触,胀形开始后管材先发生自由胀形,与模具接触后才进行圆角成形,在2.5MPa/s/25MPa的加载路径下,圆角半径先由20mm迅速增大为21mm,即管材与模具直边接触,之后圆角半径开始减小,先随时间近似呈线性变化,升压结束之后又随时间近似呈一阶指数变化,由于自由胀形时管材发生了减薄,因此膨胀率为25%时方形截面件的圆角变形速率较膨胀率为20%方形截面件的圆角变形速率有所加快,在50s时圆角半径减小为6mm。

5.3　钛合金管件热态气压成形壁厚变化规律

5.3.1　补料量对钛合金变径管壁厚的影响

钛合金管件成形过程中影响最终壁厚分布的主要因素之一为膨胀率,相同条件下膨胀率越大,构件减薄越多。为了改善最终壁厚分布,可以通过在成形过程中进行轴向补料,来降低实际膨胀率。为了研究不同的补料量对变径管成形件质量的影响,在800℃条件下,对TA18管材进行胀形实验,分别轴向补料0mm(0%)、25mm(55%)、35mm(77%)和45mm(100%),补料量与时间和压力的关系如图5-12所示[1]。分两阶段进行补料,第一阶段对应气压为5MPa,第二阶段对应气压为7MPa,补料结束后胀形,最终整形压力至30MPa,贴模成形后,得到图5-13所示的成形构件,零件整体表面光滑,成形质量好[3]。

对成形后管件进行壁厚测量,得到轴向减薄率和环向壁厚分布如图5-14所示。如图5-14(a)所示,变径管根据变形特征可以分为三个区:送料区A、过渡区B和胀形区C。送料区A由于轴向补料受压应力作用,管材增厚;过渡区B

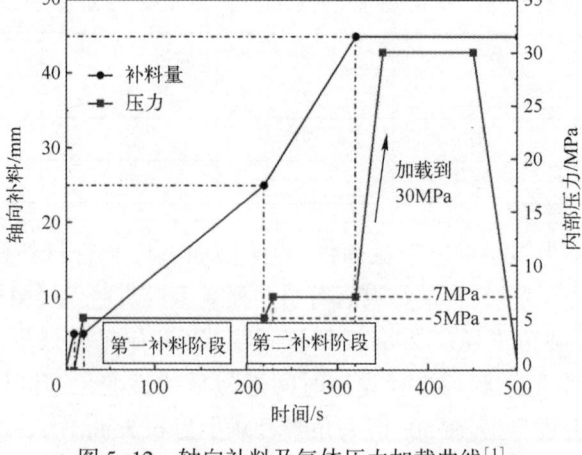

图 5-12 轴向补料及气体压力加载曲线[1]

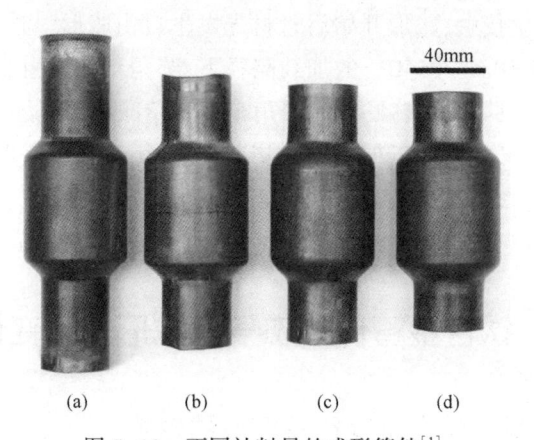

图 5-13 不同补料量的成形管件[1]

(a) 补料 0mm；(b) 补料 25mm；(c) 补料 35mm；(d) 补料 45mm。

由于前期蓄料和后期胀形综合作用,靠近 A 区处增厚,靠近 C 区域减薄；胀形区 C 补料不足时,减薄率较大。随着膨胀率从 0 提高到 100% 时,胀形区减薄率逐渐降低,平均值从 34.75% 降低到 6.29%。当补料量为 0,即纯胀条件时,最大减薄率在过渡区圆角附近；当补料量为 55% 时,最大减薄率在胀形件中间附近；随着轴向补料量的进一步增大,壁厚最大减薄率向两端移动。

不同补料条件胀形后管件环向壁厚分布如图 5-14(b) 所示。可以看出,原始管材壁厚沿环向的分布在 2.0~2.1mm 区间变化,当补料量为 0 时,胀形后环向壁厚分布很不均匀,存在多个局部颈缩点。随着补料量的增加,壁厚均匀性变好,管件环向壁厚变化并不是很大,变化量在 0.15mm 内,可以认为环向变形均匀。当轴向补料 45mm 时,成形后的管件最小壁厚为 1.783mm,假设原始管材是壁厚为 2.05mm 的均匀管材,则最大减薄率为 13.02%。

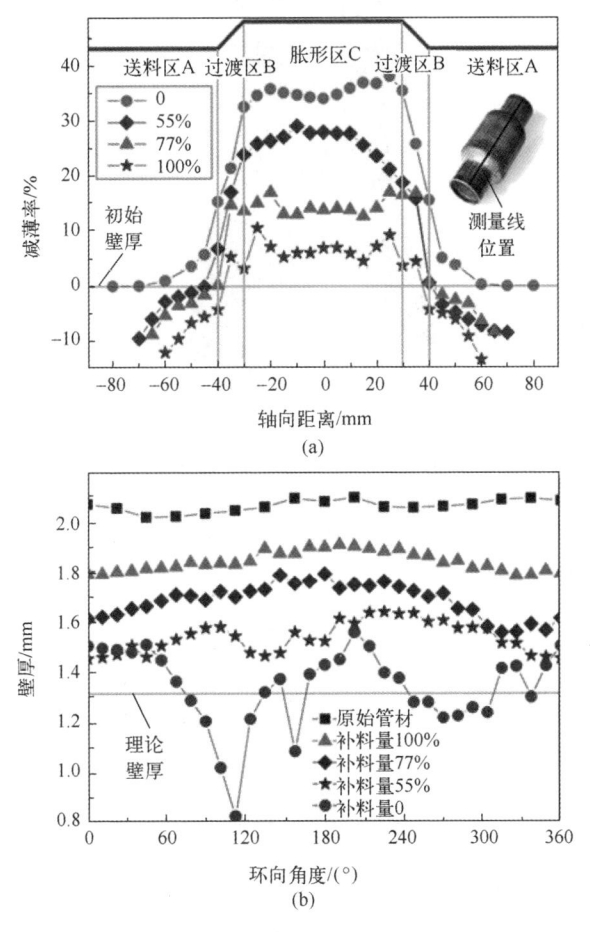

图 5-14 补料量对减薄率的影响

(a) 轴向减薄率分布;(b) 环向壁厚分布。

5.3.2 预制坯对钛合金大截面差筒壳壁厚的影响

为了提高壁厚分布,通过初始预制坯降低膨胀率也是一种重要的途径。图 5-15 所示为 Ti55 高温钛合金大截面差筒壳三维造型,其中圆段构件小端最大直径 d_{max} = 60.6mm,锥段构件大端最大直径 D_{max} = 106.2mm,为圆段直径的 1.7 倍。该构件如果采用直径为 60.6mm 的圆管直接胀形,锥段局部膨胀率太大,成形很困难,可以通过设计锥形预制坯,合理分配左右两端膨胀率,并结合轴向补料,控制构件最终壁厚[2]。

图 5-15 Ti55 高温钛合金大截面差筒壳三维造型(单位:mm)[2]

为得到最佳锥形预制坯尺寸,分别对不同端口膨胀率管件进行数值模拟,大端膨胀率计算式为

$$\delta_{大} = \frac{D_{max}-D}{D_{max}} \times 100\% \quad (5-7)$$

式中:D_{max} 为构件大端最大直径;D 为预制坯大端直径;δ 为膨胀率。

小端膨胀率计算公式为

$$\delta_{小} = \frac{d_{max}-d}{d_{max}} \times 100\% \quad (5-8)$$

式中:d_{max} 为构件小端最大直径;d 为预制坯小端直径。

如图 5-16 所示,调整预制锥形管材锥度 α,当大小两端膨胀率相等时,膨胀率为 26%。由于采用的加载方式为大端进给、小端固定,在进给的过程中,当管

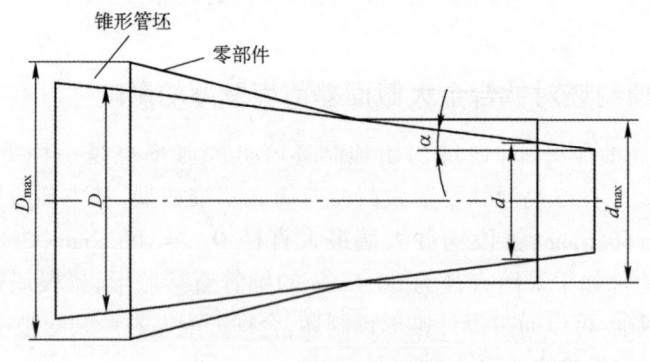

图 5-16 管端膨胀率示意

材屈服时,大端主要受环向拉应力,小端主要受轴向压应力,故小端补料效果比大端补料效果好,大端更易减薄。

图 5-17 为大端膨胀率为 23%,补料量为 0mm、10mm、20mm 和 25mm 的数值模拟壁厚分布云图。壁厚分布如图 5-18 所示,最大壁厚减薄主要集中在小端,且最大壁厚减薄率分别为 33.8%、30.5%、21% 和 19.9%,在中间区域壁厚略有增厚,随大端轴向进给量增加,大端和小端壁厚发生明显增厚。从图 5-17(d) 可以看出,在补料 20mm 后,坯料已经贴模,若此时再继续补料,在大端端部发生明显起皱,且对成形件壁厚并未发生较大改善。

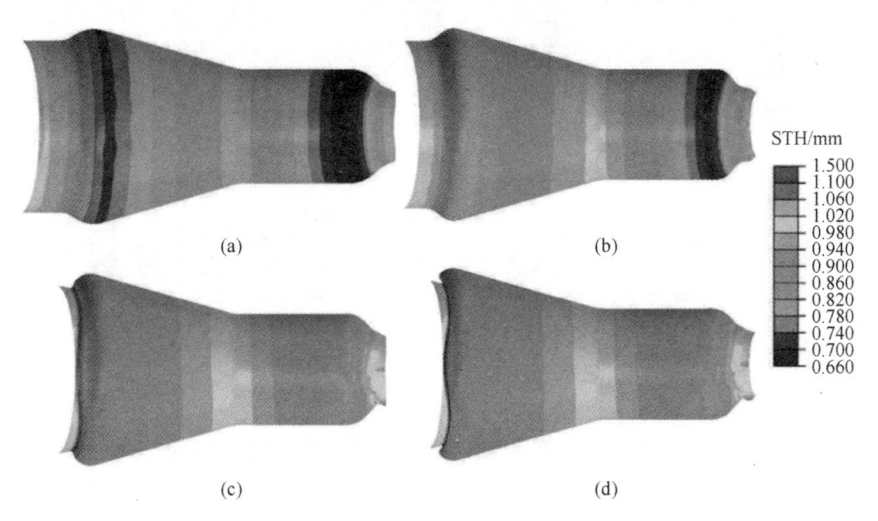

图 5-17 大端膨胀率为 23% 时不同补料量对应的数值模拟壁厚分布云图(见彩插)
(a) 补料量 0mm;(b) 补料量 10mm;(c) 补料量 20mm;(d) 补料量 25mm。

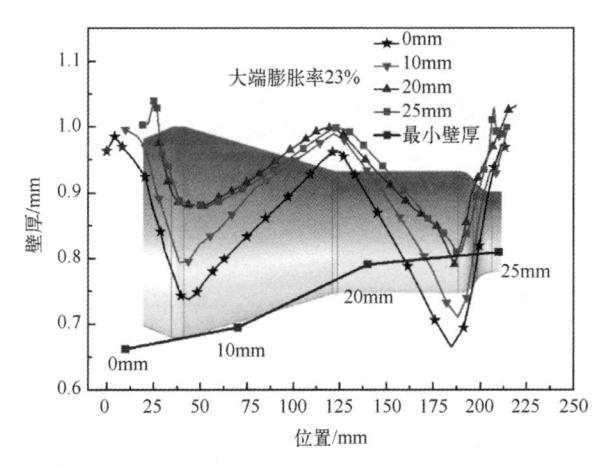

图 5-18 大端膨胀率为 23% 时不同补料量对应的壁厚分布(见彩插)

图 5-19 为大端膨胀率为 24.5%，补料量为 0mm、10mm、20mm 和 25mm 的数值模拟壁厚分布云图。壁厚分布如图 5-20 所示，从图中可以看出，中间区域壁厚略有增厚，在大端和小端壁厚减薄率相近，随着补料量的增加，壁厚减薄率逐渐减小，补料量为 0mm、10mm、20mm 和 25mm 时最大壁厚减薄率分别为 27.7%、18.5%、11.5% 和 11.3%。在补料 20mm 后，管材和模具已经贴合，若此时再进行补料，对壁厚改善较小，且大端发生明显起皱。

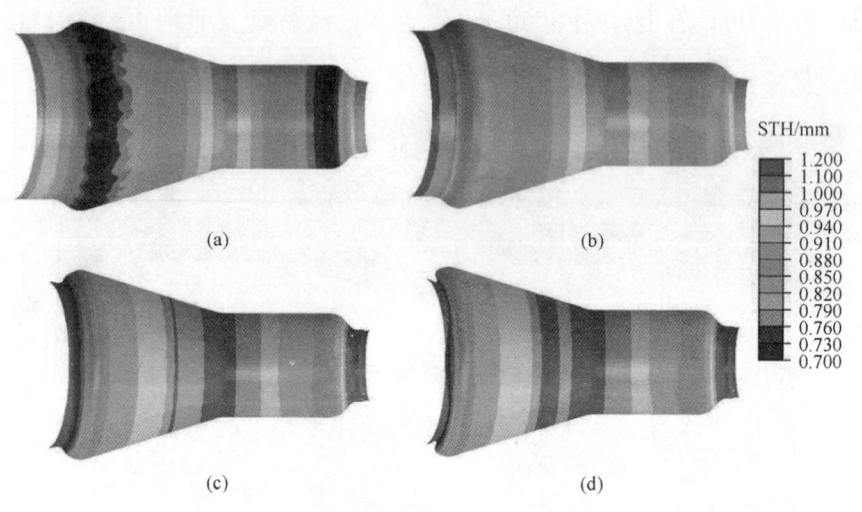

图 5-19　大端膨胀率为 24.5% 时不同补料量对应的数值模拟壁厚分布云图(见彩插)
(a) 补料量 0mm；(b) 补料量 10mm；(c) 补料量 20mm；(d) 补料量 25mm。

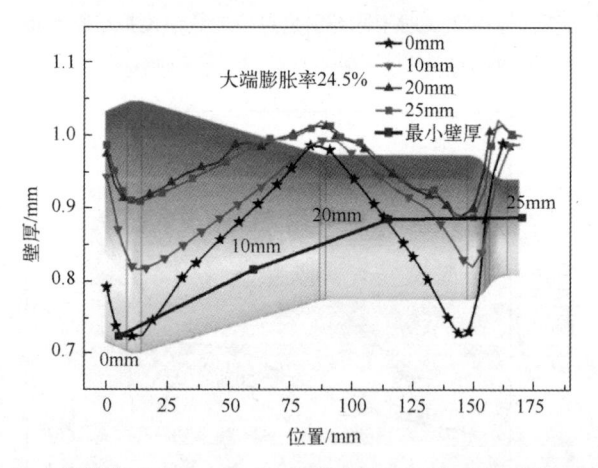

图 5-20　大端膨胀率为 24.5% 时不同补料量对应的壁厚分布(见彩插)

图 5-21 为大端膨胀率为 26%，补料量为 0mm、10mm、20mm 和 25mm 的数值模拟壁厚分布云图。壁厚分布如图 5-22 所示，壁厚最大减薄率集中在大端，

中间区域壁厚略增厚,当补料量分别为 0mm、10mm、20mm 和 25mm 时最大壁厚减薄率分别为 37.4%、28.4%、23.6% 和 19.7%。当补料 20mm 后,管材已贴壁,若大端继续进行补料,大端壁厚减薄率未发生明显改善,且存在起皱现象。

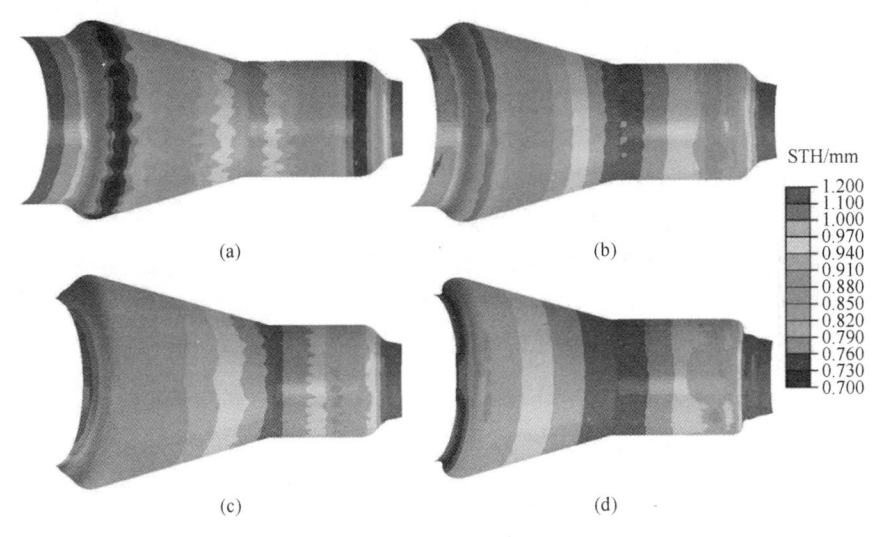

图 5-21 大端膨胀率为 26% 时不同补料量对应的数值模拟壁厚分布云图(见彩插)
(a) 补料量 0mm;(b) 补料量 10mm;(c) 补料量 20mm;(d) 补料量 25mm。

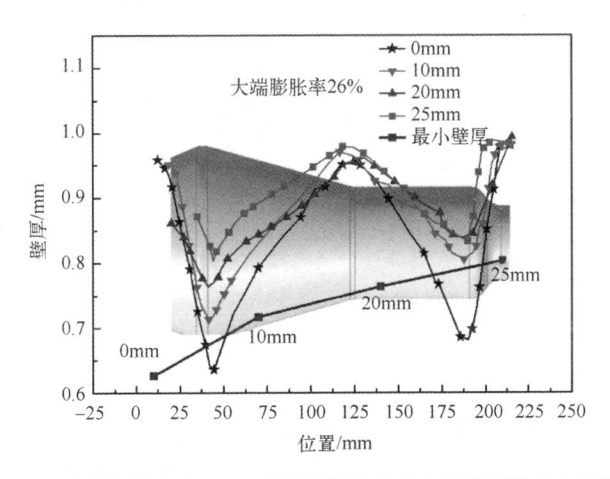

图 5-22 大端膨胀率为 26% 时不同补料量对应的壁厚分布(见彩插)

综上所述,当大端膨胀率为 24.5% 时得到的壁厚数值模拟结果最好,最大减薄位置发生在小端;补料 20mm 后,管材在内压作用下大端受环向拉应力,发生环向伸长变形,与模具内壁型腔贴合;若再进行补料,大端发生起皱,且补料 25mm 时壁厚分布的均匀性与补料 20mm 时的相近。因此,最终成形宜采用大端膨胀率为24.5%、大端补料量为20mm的方案。

　　根据上述数值模拟结果,在850℃下进行了Ti55高温钛合金大截面差筒壳热态气压成形实验,实验分为两个阶段:成形阶段和整形阶段。初始成形阶段内压维持在4MPa左右,整形阶段内压维持在8MPa左右,加载路径如图5-23所示。成形过程中,大端每分钟补料2mm,加载第2min时,管材内压较小,通过大端进给,在小端直壁段略有鼓起,大端并未发生明显的变形;当加载到第7min时,小端产生较为明显的有益皱纹,直壁段有较为明显的胀形,大端也产生胀形且存在有益皱纹,此时零件的锥形已形成;当加载到成形阶段末期,小端圆角部分还未贴模,大端圆角处也存在未贴模区;在整形阶段(内压8MPa),锥形管件完全贴模。最终成形零件如图5-24所示。成形件整体厚度分布趋势与数值模拟结果一致。最大减薄发生在小端圆角区域,减薄率为14.9%,与数值模拟结果吻合较好。

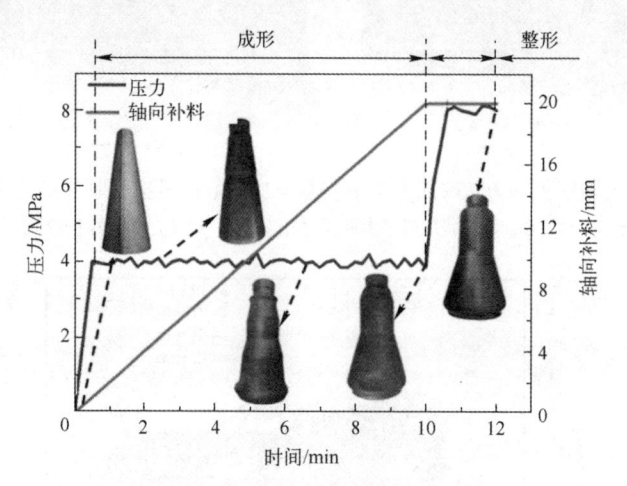

图5-23　Ti55高温钛合金大截面差筒壳热态气压成形轴向补料和气体压力加载曲线

图5-24　Ti55高温钛合金大截面差筒壳

5.3.3 方形截面件壁厚分布规律及影响因素

1. 环向温差对方形截面件壁厚分布的影响

在 TA18 钛合金方形截面件胀形过程中,受模具型腔约束,管材先与模具直壁区接触,后与模具圆角区接触,再加上管材与模具接触面之间摩擦力的作用,使管材不同部位应力状态不同,从而导致其壁厚发生不均匀减薄。对于热态气压成形,气体充入管材过程中导致的环向温差使直壁区更容易发生局部减薄,从而导致成形管件特殊的壁厚分布规律。

在最大环向温差分别为 19℃、9℃ 和 3℃ 时,采用合适的加载路径均可成形出方形截面件,但是会获得不同的壁厚分布。其中,最大环向温差为 3℃ 时,可认为整个成形过程为等温成形。图 5-25 所示为以上三种环向温差条件下,圆角完全成形后管件减薄率分布,其中,理论成形温度为 700℃,管件膨胀率为 20%。从图 5-25 可以看出,环向温差对管件壁厚分布影响明显,随着温差减小,管件直壁区减薄率减小,圆角区减薄率增大[4]。

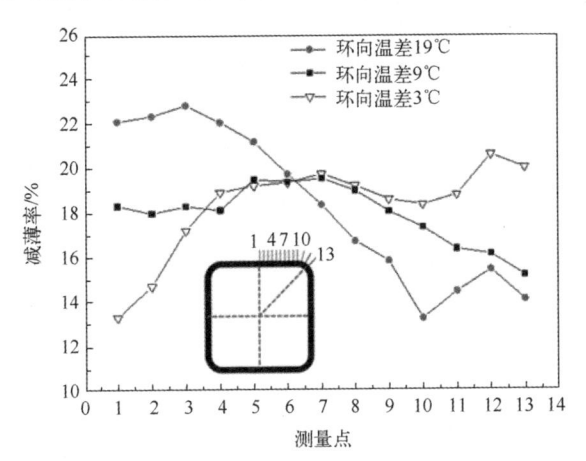

图 5-25 700℃时三种环向温差条件下成形件的减薄率分布[4]

在 3.5MPa/s/35MPa 加载路径下,成形初期最大环向温差为 19℃,成形件直壁中心至圆角中心的壁厚逐渐增大,最大减薄率发生在直壁中心附近(22.79%),最小减薄率发生在圆角中心附近(13.27%)。在同样的加载路径下,采用陶瓷球预热气体后,成形初期最大环向温差可以控制为 3℃,整个成形过程可认为是等温成形,成形件壁厚变化趋势截然相反,其直壁中心至圆角中心的壁厚逐渐减小,最大减薄率发生在圆角区(20.57%),最小减薄率发生在直壁中心(13.33%)。在 0.194MPa/s/35MPa 加载路径下,不采用陶瓷球预热气体,由于增压速率降低,最大环向温差减小为 9℃,成形件直壁区壁厚减薄率仍大于圆角区,最大减薄率为 19.5%,最小减薄率为 15.2%,但壁厚均匀性有所提高,这是由于降低增压速率后,成形初期环向温差减小,应变速率降低,直壁区局部变形量有所减小。

可以看出,在有环向温差的条件下,整个成形过程可分为初期差温成形和后期等温成形两个阶段。差温成形过程中直壁中心温度高于圆角中心,而且此时应变速率也很高,从而导致直壁区先发生局部大量变形。后期等温成形过程中,圆角区应变速率逐渐降低,变形量也较小,最终导致直壁区变形量大于圆角区,而且增压速率和成形压力越高,环向温差越大,直壁区变形量越大,壁厚均匀性越差。在等温成形过程中,在管材与模具之间摩擦力的作用下,直壁区变形量小于圆角区变形量。

2. 加载路径对方形截面件壁厚分布的影响

在方形截面件热态气压成形过程中,加载路径会影响构件温度分布及壁厚减薄。图 5-26 所示为 700℃时不同加载路径下成形件的减薄率分布,膨胀率均为 20%,成形过程中均不采用陶瓷球预热气体。可以看出,由于三种加载路径下均有环向温差,直壁区变形量均大于圆角区变形量,最大减薄率均发生在直壁区,最小减薄率均发生在圆角区。但由于不同加载路径所引起的环向温差不同,成形件的壁厚均匀性有所差别。在 4.5MPa/s/45MPa 加载路径下,壁厚最大减薄率为 21.55%,最小减薄率为 8.52%,差值为 13.03%;在 3.5MPa/s/35MPa 加载路径下,壁厚最大减薄率为 22.79%,最小减薄率为 13.27%,差值为 9.52%;在 25MPa-35MPa-45MPa 阶梯加载路径下,壁厚最大减薄率为 19.15%,最小减薄率为 12.25%,差值为 6.9%。

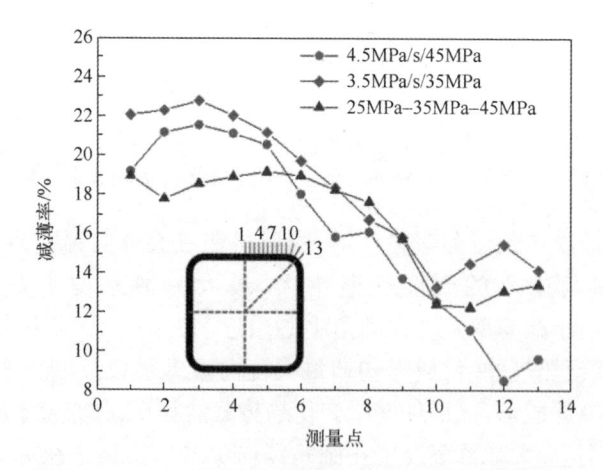

图 5-26 700℃时不同加载路径下成形件的减薄率分布

热态气压成形初期应变速率较高,当有环向温差时,直壁区温度高于圆角区温度,直壁区会在短时间内发生局部大量变形,壁厚最大减薄点也在直壁区产生。针对该特征,采用初始增压速率和成形压力较低的阶梯加载路径后,成形件壁厚均匀性明显提高;因为在成形初始阶段降低压力,减小增压速率可同时减小环向温差和应变速率,使直壁区局部变形量有所减小,圆角区变形量有所增大,从而提高成形管件壁厚均匀性。而且该加载路径通过成形后期持续升压,还可缩短圆角成形时间。因此,在成形初期采用较小的增压速率和成形压力,在成形后期采用短时间升压-保压的阶梯加载路径,是提高壁厚均匀性、缩短成形时间的有效方法。

3. 膨胀率对方形截面件壁厚分布的影响

图 5-27 所示为 800℃时不同膨胀率下成形件的减薄率分布,成形过程中均不采用陶瓷球预热气体。可以看出,当膨胀率为 10%时,直壁区变形量小于圆角区变形量,最大减薄率发生在圆角区附近(15.29%),最小减薄率发生在直壁中心(2.94%);当膨胀率为 20%时,其壁厚变化趋势截然相反,直壁区变形量大于圆角区变形量,最大减薄率发生在直壁中心附近(23.23%),最小减薄率发生在圆角中心附近(10.09%);当膨胀率为 25%时,其壁厚变化趋势与膨胀率为 20%时的相同,但由于膨胀率增大,各部位壁厚减薄率均有所增大,最大减薄率为 29.41%,最小减薄率为 15.17%。

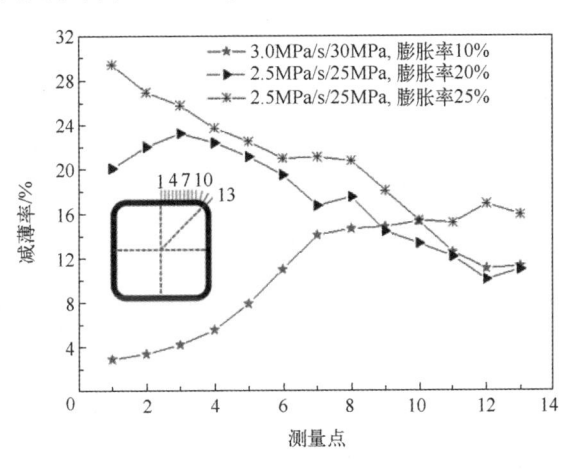

图 5-27 800℃时不同膨胀率下成形件的减薄率分布

对于膨胀率为 10%的方形截面件,在合模过程中管材受压变形,其圆角半径由 20mm 减小为 7.2mm,此时管材各部位已基本贴模。在模具强烈的热传导作用下,当高压气体充入管材时,其冷却作用对管材环向温差影响不大,整个过程可近似为等温成形;在摩擦力作用下,直壁区变形量小于圆角区变形量。对于膨胀率为 20% 和 25% 的方形截面件，合模之后管材与模具之间仅发生轻微接触或者完全不接触，高压气体在成形初始阶段对管材冷却作用明显，导致环向温差，使管材与模具先发生接触的直壁区温度较高，并在较高应变速率下产生局部大量变形。

5.4 钛合金异形截面构件热态气压成形工艺

5.4.1 异形截面构件预制坯设计

TC2 钛合金异形截面管件的几何形状与截面尺寸如图 5-28 所示，可以看出其截面形状近似为平行四边形，轴向长度较长，为了顺利成形，需在模型两端补充工艺段。

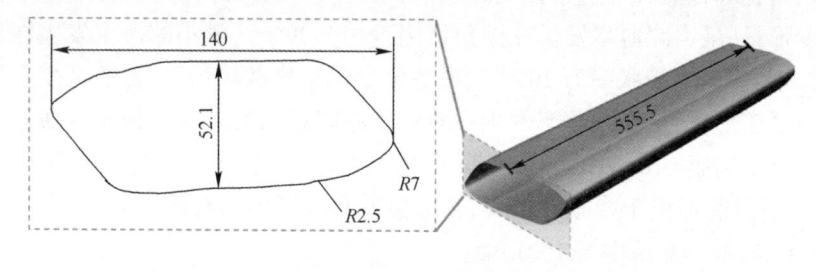

图 5-28 管件的几何形状与截面尺寸（单位：mm）

为了确定合适的成形工艺，需对补面后的构件进行截面形状及尺寸分析。在构件上等距离选取 5 个截面，提取每个截面形状及周长尺寸，从图 5-29 中可以看出，补面后构件截面形状相对均匀，变化梯度不大，截面周长尺寸均在 331.4mm 左右。

采用有限元分析软件 ABAQUS 进行热态气压成形过程数值模拟，成形温度为 800℃。热态气压成形有限元模型如图 5-30 所示，分别建立了二维模型及三维模型，二维模型主要分析变形过程、应力-应变变化规律、成形缺陷等，三维模型主要进行成形构件整体壁厚分析。模型包括上模、下模和管材三个部分，上、下模均设置为刚体，二维模型中管材为实体单元，三维模型中管材为壳单元。材料为 TC2 钛合金，应力应变关系采用高温拉伸获得的应力应变曲线，壁厚为 1.8mm，采用罚函数准则，摩擦系数为 0.1。数值模拟过程中下模固定，上模向下运动，完成与下模的合模后，在管材内部加载气压，直到构件贴模，数值模拟结束。根据后处理结果分析管材形状及尺寸，获得构件的减薄率，确定构件初始预制坯的形状及最佳尺寸。

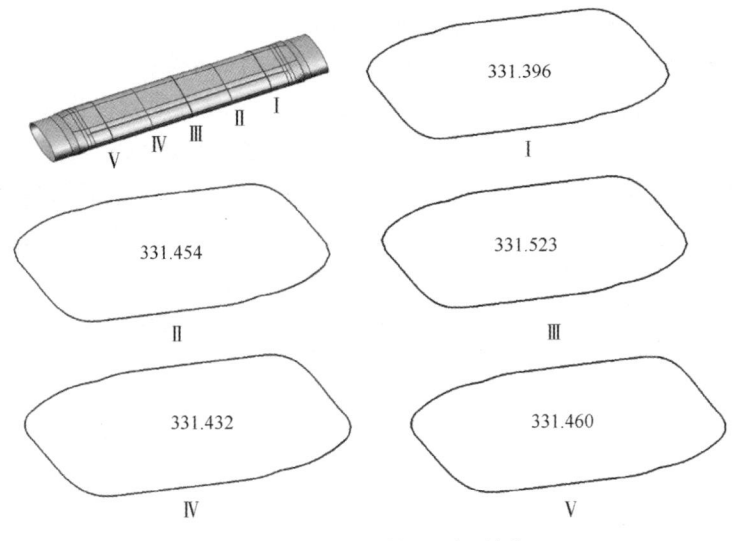

图 5-29　截面形状及周长尺寸（单位：mm）

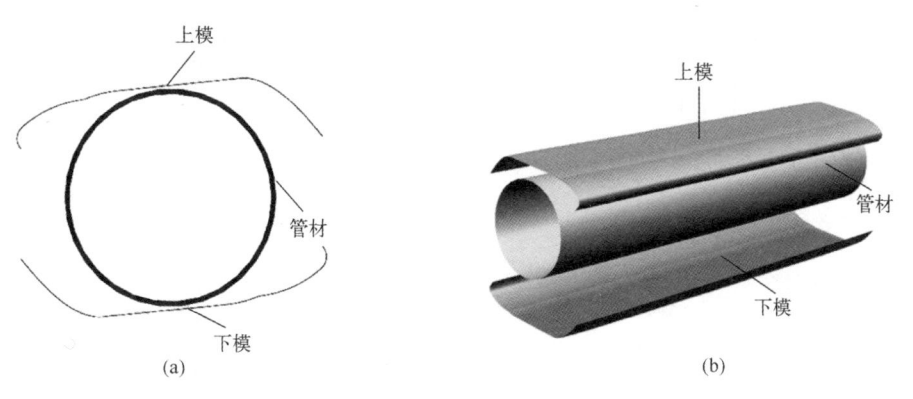

图 5-30　热态气压成形有限元模型
（a）二维模型；(b）三维模型。

通过对截面尺寸分析可知,该构件不同位置的截面周长近乎相等,不存在局部大膨胀率变形。当成形温度选择合适,材料延伸率完全可以满足成形要求,出现破裂的风险较小,因此该构件热态气压成形过程中的主要缺陷可能为合模咬边、起皱及减薄率不达标等。这几方面问题均与初始预制坯截面形状及尺寸相关。

为了简化工艺,优先尝试采用管材通过直接合模获得预制坯形状,所需确定的就是初始管材的直径,不同直径管材获得的预制坯形状不同,且热态气压成形膨胀率不同,对壁厚分布和尺寸精度均有一定影响。因此,首先采用0%、3%、5%和6%的膨胀率获得管材初始直径,然后分别进行预成形和热态气压成形数值模拟分析,不同膨胀率条件下的模拟结果如下。

(1)当无膨胀率时,即预制坯截面与零件截面周长相等时,模拟结果如图 5-31 所示。图中方框部分(图 5-31(a))在合模过程中容易出现咬边,这是因为合模过程中管材被压扁,长轴变长,由于管材截面周长较大,材料流动受限,故在分模面处形成咬边缺陷。当上模具继续下行直至完全合模后,管材中部出现较大内凹(图 5-31(b)),这是因为两侧圆角处材料已经贴模,然而上模具对管材有向下的作用力,材料无法向两侧圆角处转移,故在中间部分形成内凹缺陷。由于内凹较大,气压成形结束后,内凹无法完全展平,在管材中部出现起皱缺陷。因此,该条件预制坯不能满足成形要求,应该减少其截面周长,适当提高膨胀率。

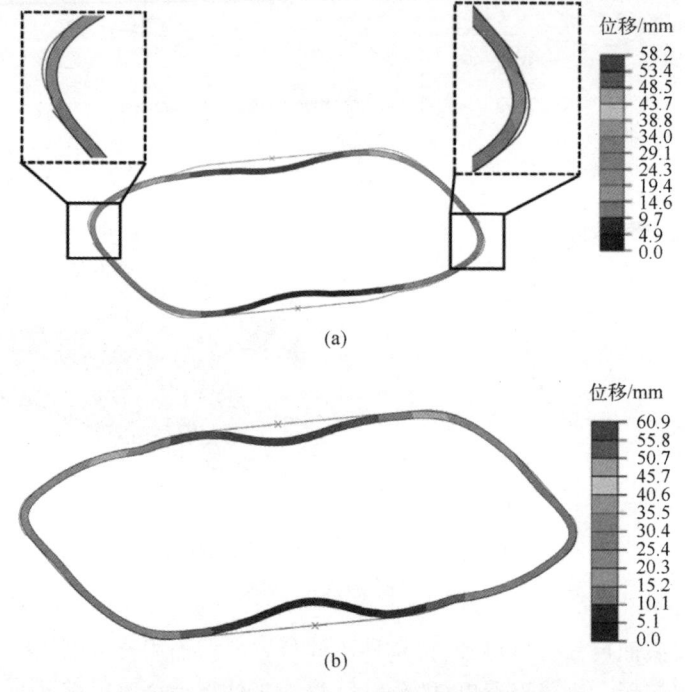

图 5-31 无膨胀率时的成形缺陷(见彩插)
(a) 咬边;(b) 内凹。

(2)当预制坯截面具有 3% 的膨胀率时,合模咬边有所改善,但仍存在咬边的可能性。然而,虽然管材截面周长有所减小,但是中部内凹缺陷并没有完全消失,如图 5-32 所示,因此需要继续减小预制坯的直径尺寸。

(3)当预制坯截面具有 5% 的膨胀率时,可以正常成形出构件,无咬边及起皱缺陷,厚度分布如图 5-33 所示,厚度最小值出现在两侧弯曲部位。

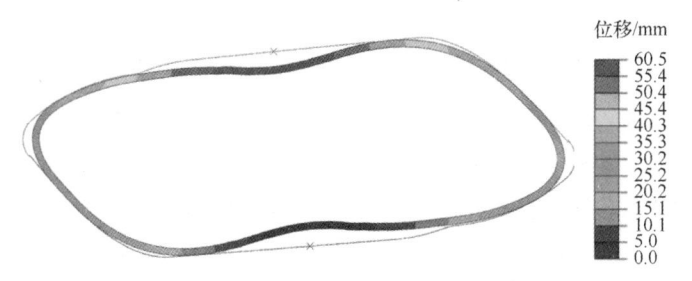

图 5-32　膨胀率为 3%时的过渡内凹缺陷（见彩插）

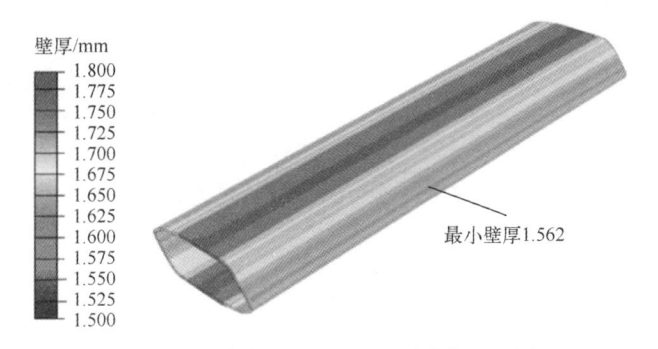

图 5-33　膨胀率为 5%时的壁厚分布（见彩插）

（4）当预制坯截面具有 6%的膨胀率时，壁厚最小值出现在两侧圆角最小处，结果如图 5-34 所示。最大减薄率为 6.6%，小于设计要求的 10%，最大等效应变为 0.26。

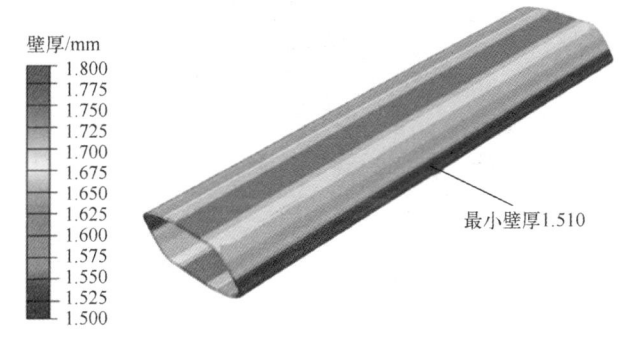

图 5-34　膨胀率为 6%时的壁厚分布（见彩插）

综上所述，若采用圆管成形这类异形截面构件，膨胀率都不宜小于 3%，否则会出现咬边及起皱缺陷；当膨胀率为 5%时，模拟结果表明无咬边缺陷，可以顺利成形。然而，模拟和实验均会存在些许误差，为了保证合模不发生咬边缺陷，建议膨胀率为 6%。

5.4.2 应力-应变分析

对膨胀率为6%的圆管进行热态气压成形,进行应力-应变分析,Mises 等效应力及最大主应变分布如图 5-35 所示。可以看出成形构件 Mises 等效应力最大为 55.22MPa,位于侧边圆角附近,这是因为圆角附近最后贴模,产生应变较大;最小应力为 3.07MPa,位于构件上端的平面,该部位变形量较小。构件的最大主应变由中部向两端逐渐增大,最小圆角处应变最大,最大真实变为 0.26。

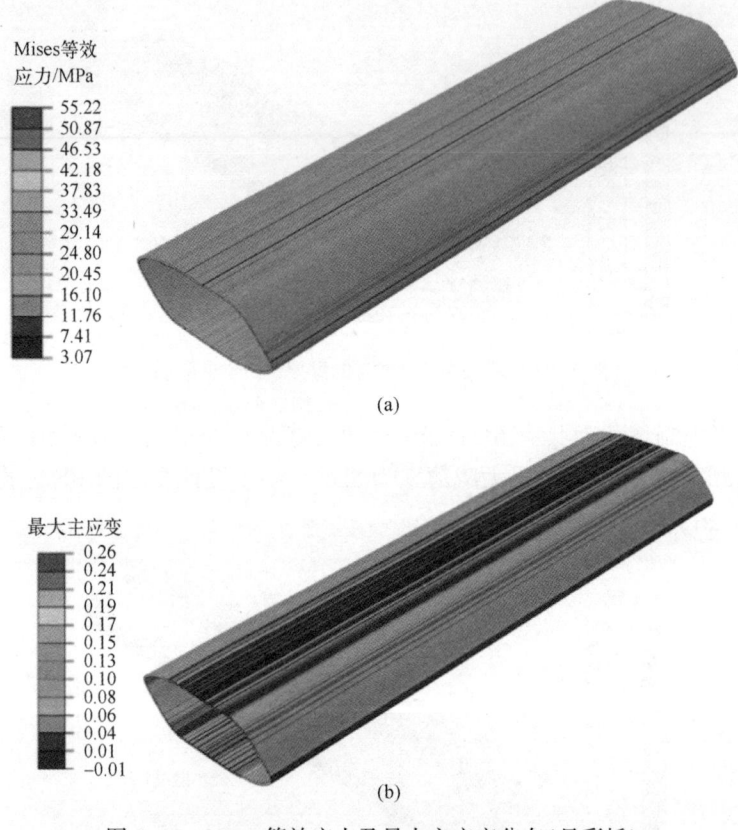

图 5-35 Mises 等效应力及最大主应变分布(见彩插)
(a) Mises 等效应力;(b) 最大主应变。

为了分析成形过程中应力、应变随时间的变化情况,在管材上选取了三个特征点,分别命名为特征点 A(侧面最小圆角处)、特征点 B(棱角处)和特征点 C(上中部)。特征点 Mises 等效应力变化情况如图 5-36 所示,可以看出在下压过程中,特征点 A 处的 Mises 等效应力先增大,随后应力向特征点 B 转移导致特征点 A 应力减小;热态气压成形初期未贴模的地方先变形导致应力瞬间增大,贴模之后应力下降,特征点 B 由于在合模过程中就贴模因此首先出现应力上升和下降。通过应力的变化可以看出,特征点的贴模顺序是 B 最先贴模,随后 A 贴模,最后是 C 贴模,最后在管材完全贴模之后应力均下降直至应力达到稳定值。特征点最大主应变的变化情况如图 5-37 所示,合模过程中,筒坯特征点 C 先与模具接触,上模下行导致中部内凹,因此出现压应变。在气压成形时应变逐渐增加,由于特征点 A 处于最小圆角处,因此在合模和气压成形过程中应变一直在增加;特征点 C 在合模过程中出现贴模—离模—再贴模的变化,因此应变比较多变;管材完全贴模后应变达到稳定值。

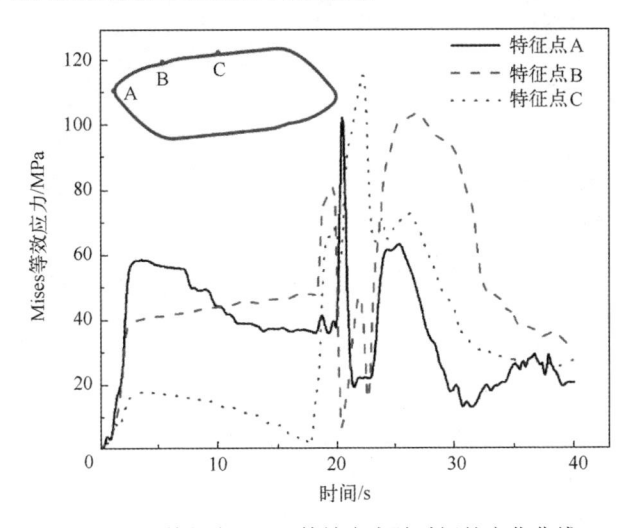

图 5-36　特征点 Mises 等效应力随时间的变化曲线

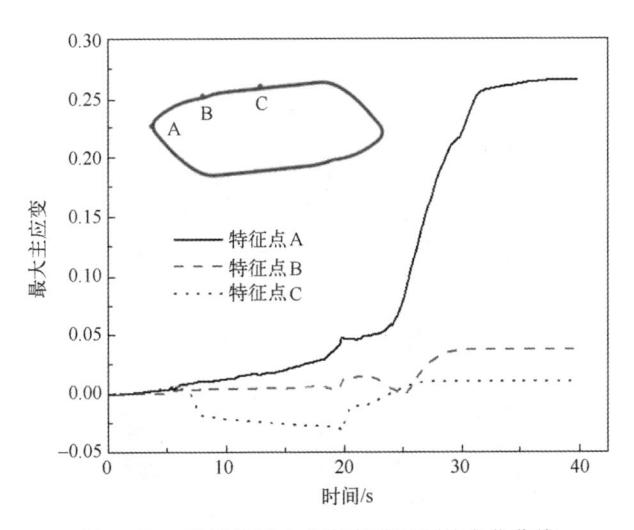

图 5-37　特征点最大主应变随时间的变化曲线

5.4.3 异形截面构件成形及尺寸精度

根据模拟结果,设计加工了成形模具并进行热态气压成形实验,温度约800℃。成形实验装置及模具如图 5-38 所示,包括成形模、左密封冲头、右密封冲头、热电偶、感应线圈进气管和加热设备。

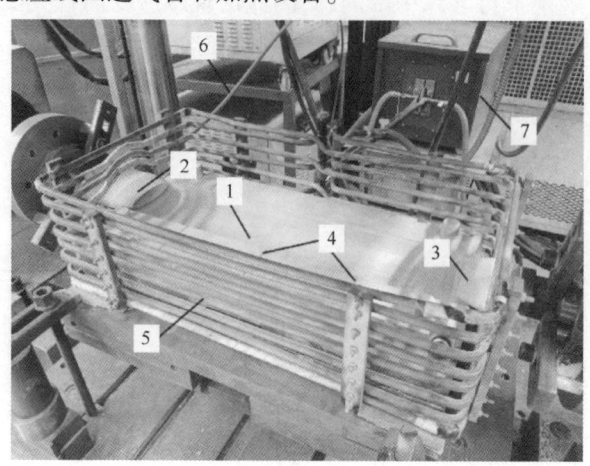

图 5-38 TC2 合金热态气压力成形装置及模具
1—成形模;2—左密封冲头;3—右密封冲头;4—热电偶;5—感应线圈;6—进气口;7—加热设备。

实验采用的管材为模拟优化后获得的预制坯,截面周长为 308.2mm,长度为 695mm,壁厚为 1.8mm,成形前将管坯表面喷涂氮化硼,作为高温润滑剂。当模具加热至设定温度时,将初始管材放入模具型腔,然后闭合模具进行预成形;在达到预设的合模力后,利用冲头对管材进行端部密封,然后进行气压加载成形,最后经卸载冷却获得最终成形件,如图 5-39 所示。

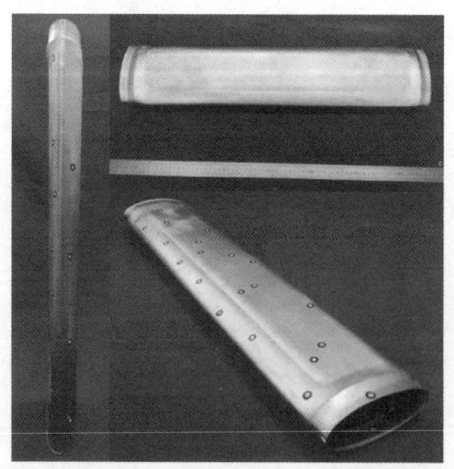

图 5-39 TC2 钛合金热态气压成形异形截面构件

使用激光 3D 扫描对最终成形零件的外表面进行扫描,通过 Geomagic Quality 将成形件扫描数据与理想组件进行比较,不同横截面尺寸精度对比结果如图 5-40 所示。可以看出,热态气压成形工艺的精度很高,图中不同截面最大偏差为-0.1942mm。

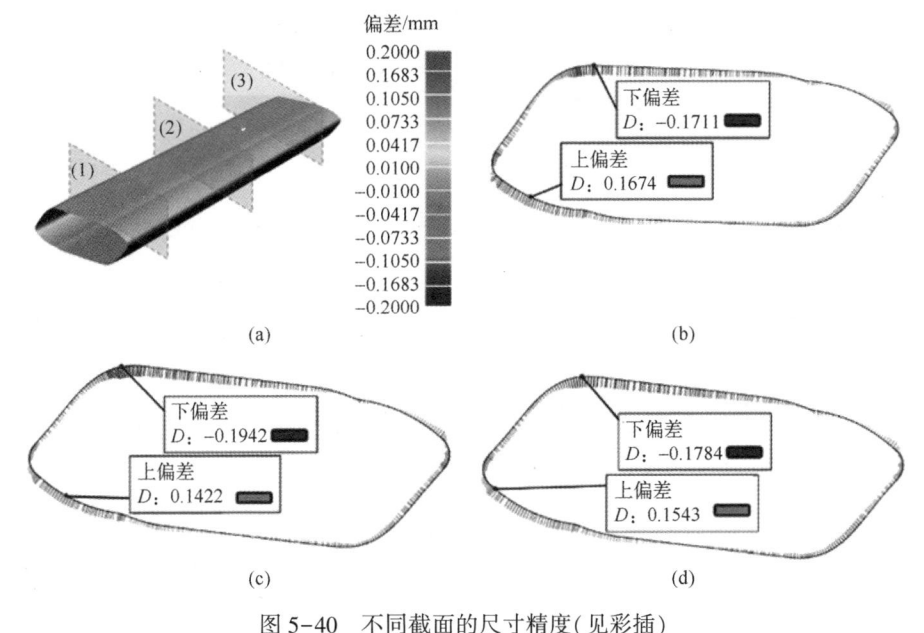

图 5-40 不同截面的尺寸精度(见彩插)
(a)测量截面位置;(b)截面(1);(c)截面(2);(d)截面(3)。

5.5 钛合金构件热态气压成形组织性能控制

热态气压成形过程中,根据材料初始状态、成形温度、成形时间及变形量等,材料可能会发生回复、再结晶及相变等微观组织演变,当在两相区相对较低温度区间时,材料主要发生回复及再结晶。以 5.3.2 节 Ti55 高温钛合金大截面差筒壳为例,分析了在 850℃、大端补料 20mm 条件下,热态气压成形工艺对组织的影响,对该成形管件按照图 5-41 所示位置进行取样,位置 1 取焊缝处,位置 2、3、4 和 5 对应的膨胀率分别为 0、12.2%、24.5%和 32.2%,对应的等效应变值分别为 0、0.10、0.19、0.27,通过分析不同变形位置组织探究不同变形量下的组织演变机理。

按照图 5-41 位置进行取样,不同膨胀率对应的金相组织如图 5-42 所示。组织内部主要为基体 α 相,弥散分布着 β 相,保持着原有的轧制态组织。从图中可以看出，晶粒随着膨胀率的增加，产生了一定的伸长现象，但此温度下并未发生明显的 α 向 β 的相转变。

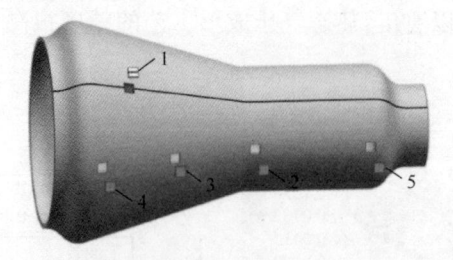

图 5-41 组织取样位置
1—焊缝；2—膨胀率为 0；3—膨胀率为 12.2%；4—膨胀率为 24.5%；5—膨胀率为 32.2%。

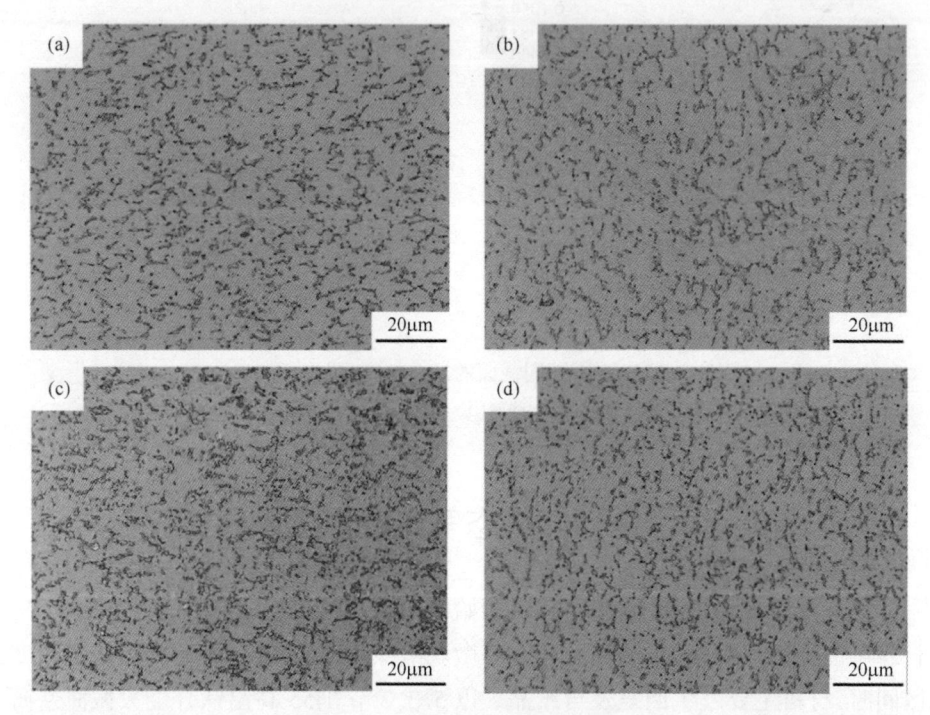

图 5-42 不同膨胀率对应的金相组织
(a) 膨胀率为 0；(b) 膨胀率为 12.2%；(c) 膨胀率为 24.5%；(d) 膨胀率为 32.2%。

为进一步分析成形管件不同膨胀率对应的组织演变规律，通过 EBSD 处理得到组织形貌如图 5-43 所示，不同膨胀率对应的母材晶粒尺寸和取向差分布如图 5-44 所示。膨胀率为 0 时晶粒较为粗大，当膨胀率达到 12.2% 时，明显发现大晶界处再结晶细小晶粒；当膨胀率达到 24.5% 时，小晶粒增多，且大晶粒在环向发生明显拉长并细化；当膨胀率为 32.2% 时，晶粒进一步细化，拉长现象更明显。

图 5-43 不同膨胀率对应的组织形貌(见彩插)
(a) 膨胀率为 0；(b) 膨胀率为 12.2%；(c) 膨胀率为 24.5%；(d) 膨胀率为 32.2%。

从晶粒尺寸分布图可以看出，膨胀率为 0 时存在大尺寸晶粒，随着膨胀率的增加，小尺寸晶粒增加，细小的晶粒有了一定的长大。膨胀率为 0 时平均晶粒尺寸为 2.128mm；膨胀率为 32.2% 时，平均晶粒尺寸下降至 1.25mm。从胀形母材的取向差分布可以看出，随着变形量的增加，材料内部的小角度晶界发生了明显下降，膨胀率为 0、12.2%、24.5% 和 32.2% 时对应的小角度晶界分别为 36.7%、32.3%、28.9% 和 25.4%。

为进一步分析成形后组织特点，将组织内部分为三种典型组织：变形组织、再结晶组织和亚结构组织。其中，变形组织用红色表示，再结晶组织用蓝色表示，亚结构组织用黄色表示。三种典型组织分布图如图 5-45 所示，膨胀率为 0 时组织以亚结构分布为主并伴随少量的再结晶组织和变形组织，亚结构组织占 64.4%，再结晶组织和变形组织分别占 17.9% 和 17.7%。随着膨胀率的增大，再结晶组织增多，且变形组织也逐渐增加；当膨胀率达到 32.2% 时，材料内部主要分布变形组织和再结晶组织分别占 35.9% 和 45.2%，亚结构组织含量较少，占 18.8%。

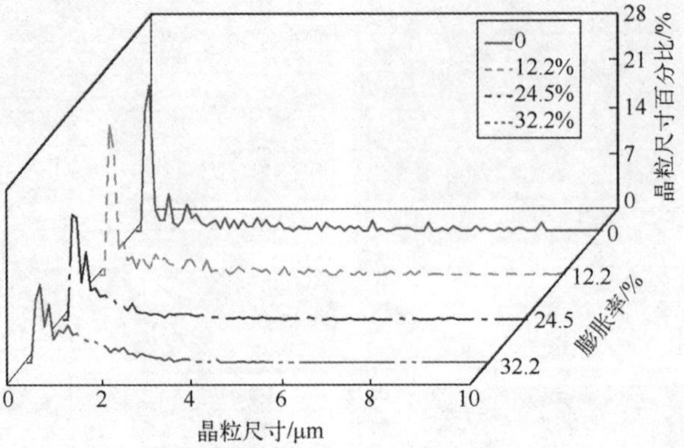

图 5-44 不同膨胀率对应的母材晶粒尺寸和取向差分布(见彩插)
(a) 晶粒尺寸；(b) 取向差分布。

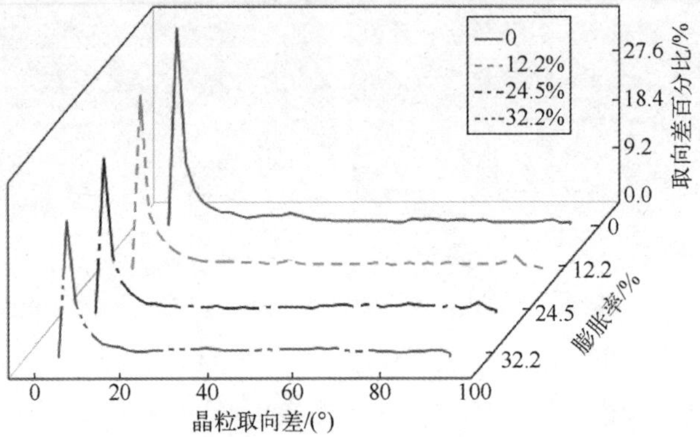

在热和力的双重作用下，原始组织在变形的作用下转变为亚结构组织，随着变形的增加，亚结构组织演变成为变形组织。在高温下，由于变形组织内部存在大量位错，当位错达到一定值时，在大变形晶粒晶界处形成再结晶细小晶粒，在热和力的继续作用下，细小晶粒长大变形，重新开始上述过程。

从以上结果可以看出，在热态气压成形过程中，随着变形量的增加，再结晶会增加，细化晶粒，从而影响构件性能。为分析热态气压成形后力学性能变化，按照图 5-46 取样，测试服役温度下拉伸力学性能，结果如图 5-47 所示。

在温度为 600℃、应变速率为 $0.001s^{-1}$ 条件下进行拉伸，热态气压成形后拉伸平均屈服强度为 564.2MPa，峰值应力为 642.1MPa，而 U-O 成形锥形管材平均屈服强度为 519.1MPa，抗拉强度为 600.8MPa，相比成形前屈服和抗拉分别提高了 8.7% 和 6.9%。由此可以看出，热态气压成形过程中，通过合理控制成形温度、时间及变形量可以调控晶粒尺寸,利用动态再结晶实现成形后晶粒细化,强化构件。

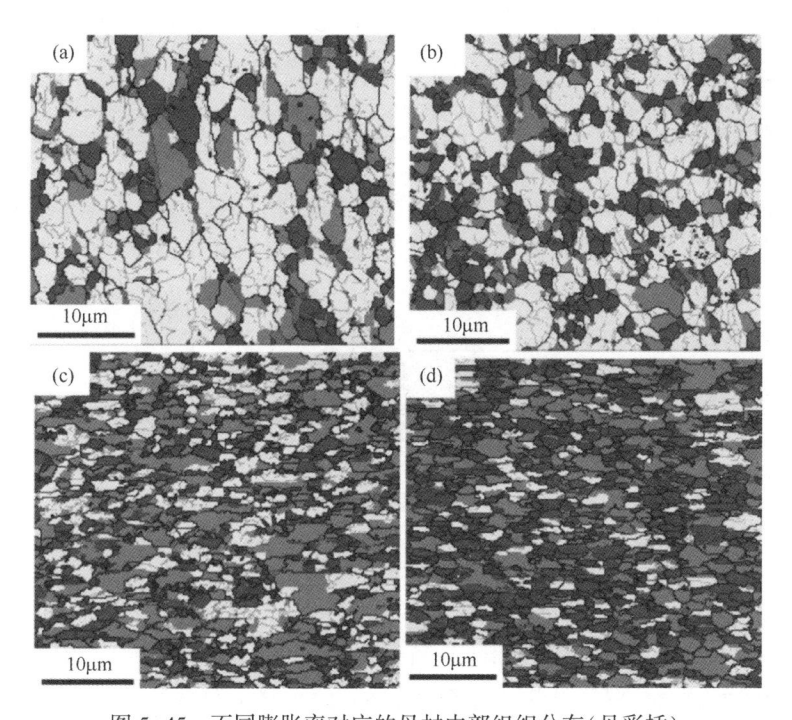

图 5-45 不同膨胀率对应的母材内部组织分布(见彩插)
(a) 膨胀率为 0;(b) 膨胀率为 12.2%;(c) 膨胀率为 24.5%;(d) 膨胀率为 32.2%。

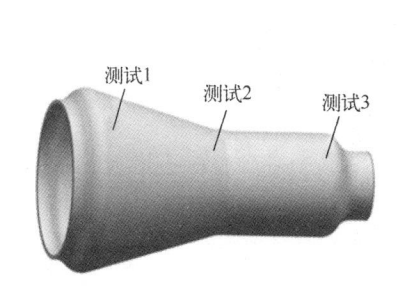

图 5-46 拉伸取样示意图

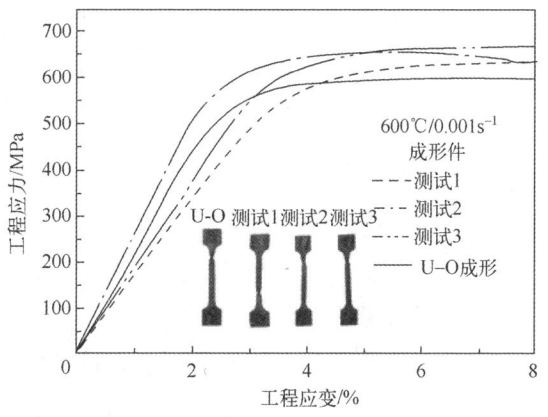

图 5-47 服役温度下拉伸力学性能

5.6 钛合金热态气压成形典型缺陷及其控制

5.6.1 典型缺陷

高温轻质合金薄壁构件热态气压成形主要缺陷为开裂和起皱。对于大膨胀率变径管件热态气压成形,当温度偏低、变形速率过大、变形量过大时,胀形区减薄严重,容易产生开裂缺陷(图 5-48)。由于此时管内储存了大量高温高压气体,开裂时气体通过裂纹瞬间卸载,会与管材及模具剧烈摩擦,产生巨大热量,故可能会灼伤管件。

图 5-48 大膨胀率变径管件热态气压成形时的开裂缺陷

变径管件另一个常见的缺陷就是起皱,如图 5-49 所示,主要原因可以总结为三点:当成形压力过低或者轴向补料速度过大时(图 5-49(a)),补料阶段管材出现皱峰比较窄、皱谷几乎不胀形等缺陷,最后整形时材料两端起皱;当补料量过大时(如补料 50mm),胀形区堆积材料太多,整形时,材料不能完全展平,出现死皱(图 5-49(b));当成形压力过大或者轴向补料速度过小时,胀形区在补料完成前已经完全贴模,后期补进的材料堆积在过渡区,形成死皱(图 5-49(c))。

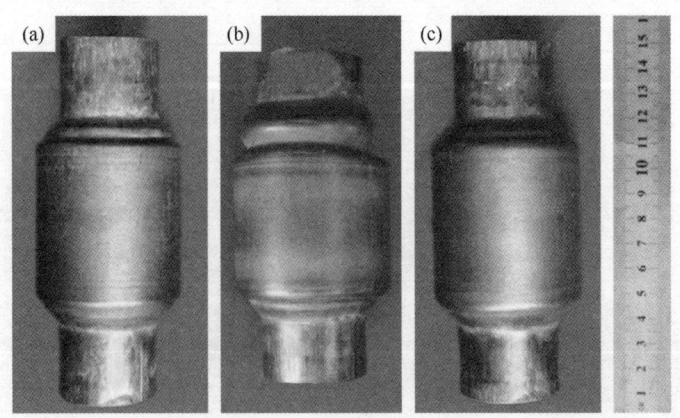

图 5-49 成形件起皱缺陷
(a) 成形压力过低或者轴向补料速度过大;(b) 补料量过大;(c) 胀形压力过大或者轴向补料速度过小。

5.6.2 开裂缺陷及其控制

图 5-50 为 TA18 钛合金矩形截面构件热态气压成形时出现的一种典型开裂缺陷。与室温内高压成形不同的是，热态气压成形时矩形截面构件的开裂位置在直壁区中部。这是因为增压速率过大时，气体对构件有冷却作用，中间部位贴模后局部温度较高，导致变形集中在直壁区中部，在变形超过极限应变时发生开裂缺陷。为了避免该类缺陷，可以通过降低初始增压速率、管材内部添加陶瓷球或者预热气体等方式。

图 5-50 TA18 钛合金矩形截面构件热态气压成形时出现的开裂缺陷[14]

图 5-51 为膨胀率为 50% 时 TA18 钛合金变径管在热态气压成形时出现的开裂缺陷。在成形温度为 800℃时，以 0.3MPa/s 的增压速率进行无轴向补料热

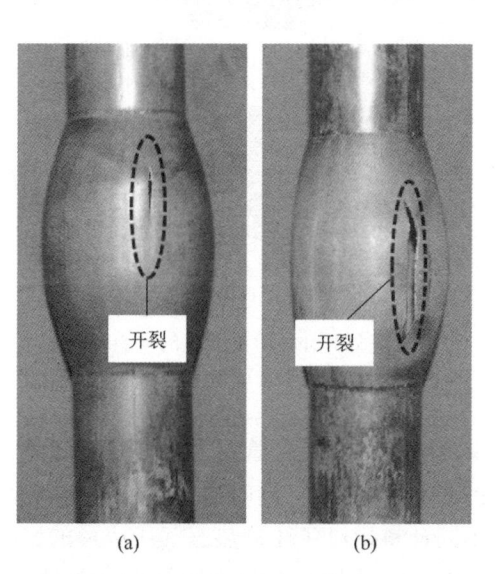

图 5-51 TA18 钛合金变径管热态气压成形时出现的开裂缺陷
(a) 800℃/0.3MPa/s/12MPa；(b) 850℃/0.1MPa/s/10MPa。

态气压成形,由于增压速率与温度匹配不合理,虽然中心部位已经贴模,但是因为变形不均匀,在过渡区仍会发生开裂。在成形温度为850℃时,由于材料流动应力显著下降,即使增压速率仅为0.1MPa/s,管材在中心区尚未贴模时也已发生开裂。由此可见,需要合理选择温度和增压速率才能满足变径管成形要求。相关工艺参数具体控制详见5.3节。

5.6.3 起皱缺陷及其控制

合理的内压加载曲线和轴向补料曲线是成形变径管件的前提,在相同补料量条件下,内压对变径管起皱形状的影响至关重要。图5-52所示为在补料过程中因内压不同而产生的两种起皱缺陷。图5-52(a)中产生死皱的原因是在补料后一阶段内压过大,补料尚未结束管材胀形区已经贴模,此后进入的材料无法送达胀形区中部而堆积在了过渡区,因而产生了死皱无法展开。如图5-52(b)所示,后续成形阶段补料速率相对较大而内压较小导致死皱缺陷,所起皱纹过于尖锐,在后续整形阶段无法展开。

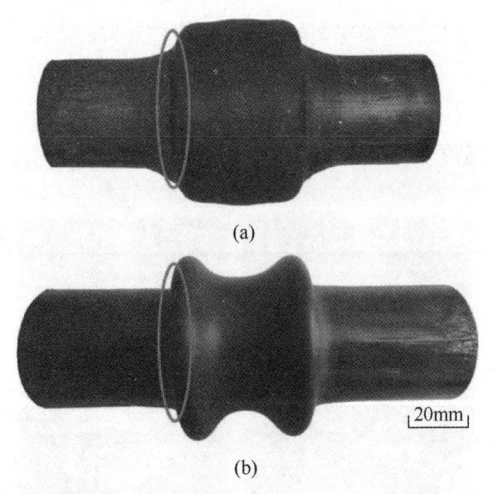

图 5-52 补料阶段产生的死皱缺陷
(a) 内压过大提前贴模;(b) 内压过小而补料量过大。

只有补料量足够才能保证胀形区管材不至于过度减薄,但过大的补料量有可能导致管材送料区局部增厚严重,同时也不能保证材料充分进入胀形区。通过数值模拟探究了不同补料量对变径管热态气压成形的影响,其中轴向补料量分别为28mm、38mm、48mm。图5-53为不同补料量条件下的内压加载曲线与轴向补料曲线。

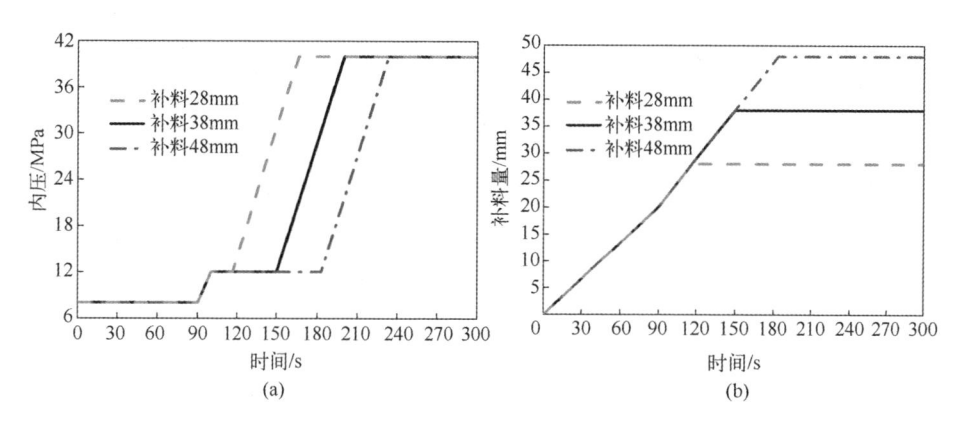

图 5-53　不同补料量条件下的数值模拟工艺曲线

(a) 内压加载曲线；(b) 轴向补料曲线。

图 5-54 所示为不同补料量数值模拟得到的厚度方向真应变分布，可以看出，当补料量为 28mm 时，管材胀形区沿厚度方向应变较大，此时管材最大减薄率超过 35%，说明当补料量过小时，壁厚减薄极其严重，难以成形壁厚分布均匀的大膨胀率变径管件；而当补料量为 48mm 时，轴向补料并不能完全送达胀形区中部，从而导致大量材料堆积在过渡区斜边形成死皱，而胀形区减薄仅有较小程度的改善；当补料量为 38mm 时，能够稳定成形且最大减薄率不超过 22%。由此可见，在实际成形过程中需要根据构件特点合理设计补料量及加载路径，从而避免补料引起的构件起皱。

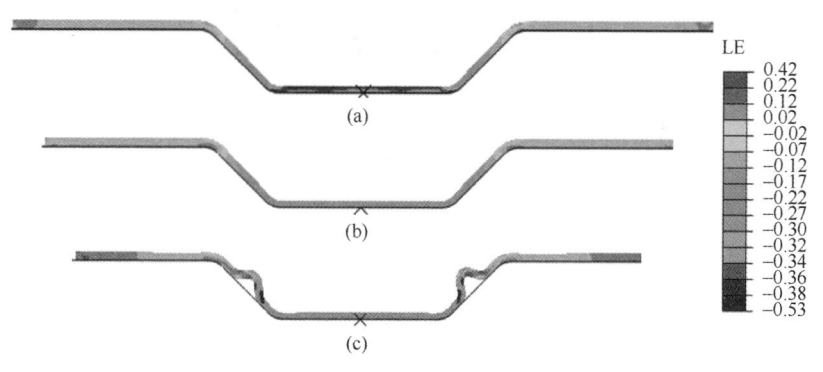

图 5-54　不同补料量数值模拟得到的厚度方向真应变分布(见彩插)

(a) 补料量为 28mm；(b) 补料量为 38mm；(c) 补料量为 48mm。

参考文献

[1] LIU G, WU Y, WANG D, et al. Effect of feeding length on deforming behavior of Ti-3Al-2.5V tubular

components prepared by tube gas forming at elevated temperature[J]. The International Journal of Advanced Manufacturing Technology. 2015;81:1809-1816.

[2] 石辰雨. Ti55钛合金大截面差管件热态气压成形工艺研究[D]. 哈尔滨:哈尔滨工业大学,2019.
[3] 王凯. TA18钛合金变径管差温高压气胀成形工艺研究[D]. 哈尔滨:哈尔滨工业大学,2015.
[4] 王建珑. Ti-3Al-2.5V合金方截面管高压气体胀形规律与成形缺陷控制[D]. 哈尔滨:哈尔滨工业大学,2016.

第 6 章
Ti₂AlNb 合金薄壁构件热态气压成形工艺

随着新一代航空航天装备向高速飞行和长航时发展,要求在提高构件服役温度的同时实现轻量化、高精度和高可靠性。与镍基高温合金和钛合金相比,Ti₂AlNb 合金抗蠕变、抗疲劳和抗氧化性等高温性能优良,还具有低密度、低热膨胀系数和无磁性等优点;与 TiAl 等相比,其室温塑性和断裂韧性较高,因此成为在 600~800℃ 服役温度下替代高温合金的最具潜力材料之一。但是,Ti₂AlNb 合金因其独特的混合键结合方式(金属键与共价键共存),而具有本征脆性,只能在高温下成形。同时,由于空心薄壁构件难以在成形后再机械加工,因此需要一种高精度的高温成形方法,以确保成形过程中直接满足型面尺寸精度要求。然而,为了获得优异的使用性能,Ti₂AlNb 合金构件在成形后通常需从模具中取出进行热处理以改善微观组织,往往由于组织演变和温度变化导致严重的形状畸变,甚至因尺寸精度超差使产品报废。此类构件性能调控与精度控制的矛盾已成为困扰新一代装备研制的技术瓶颈。因此,急需开发 Ti₂AlNb 合金空心薄壁构件成形控性一体化新工艺,以满足航空航天新一代装备研制对高性能、高精度 Ti₂AlNb 合金空心薄壁构件的迫切需求。

6.1　Ti₂AlNb 方形截面构件热态气压成形工艺

6.1.1　方形截面构件成形及尺寸精度控制

由圆变方的成形过程包括直边成形、圆角成形两类,因此由圆管成形方形截面构件经常用于研究变截面件成形工艺。本节通过方形截面构件热态气压成形工艺研究,阐明不同热态气压成形参数下 Ti₂AlNb 合金方形截面构件的形状变化规律、壁厚分布规律,以及方形截面构件热态气压成形尺寸精度控制方法。

所采用的方形截面构件典型结构如图 6-1 所示,构件方形截面的直边尺寸为 40.3mm×40.3mm，圆角半径为 6mm。实验管材为外径为 40mm、壁厚为 2mm 的 Ti$_2$AlNb 合金管材，由圆变方的截面平均膨胀率为 20%。为了掌握 Ti$_2$AlNb 合金方形截面构件的热态气压成形规律及小圆角填充特点，设计了图 6-2 所示的方形截面构件的热态气压成形模具。将方形截面构件的对角面作为模具型腔的分型面，分型面上开设布置热电偶和位移传感器的孔槽。成形实验的温度为 950~990℃，成形压力为 12~21MPa。

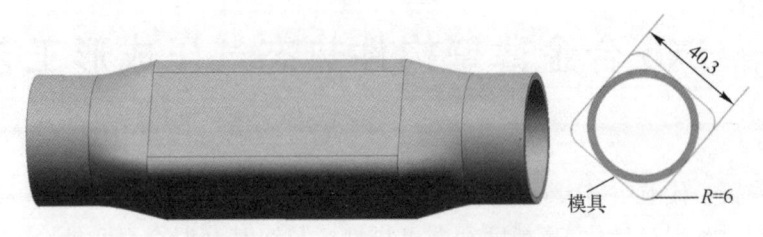

图 6-1 方形截面构件典型结构

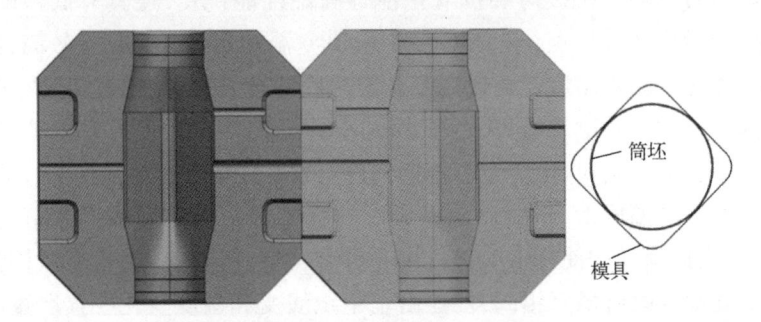

图 6-2 膨胀率为 20% 的方形截面构件成形模具图（单位：mm）

在研究成形温度对方截面构件中圆角成形规律的影响时，选取的成形温度分别为 950℃、970℃、990℃，胀形压力为 15MPa。气压加载路径如图 6-3(a) 所示，采用线性加载，增压速率为 1MPa/s，当气压达到 15MPa 后进行保压直至实验结束。在不同温度下管材的圆角半径变化曲线如图 6-3(b) 所示，在加压初期，由于管材内部成形压力较小，管壁所受应力尚未达到管材的屈服强度，随着压力的增加，圆角半径减小的速率逐渐加快。完成加压后，管材的圆角半径减小速率达到最大值。随着管材圆角半径的进一步减小，维持当前变形速率所需的应力提高，而成形过程提供的恒定成形压力不足以提供相应的变形力，因此圆角半径的成形速率逐渐下降，表现为圆角半径减小的速率逐渐降低，直至圆角成形结束。此外，随着胀形过程中成形温度的提高，圆角成形所需的时间逐渐减少，如表 6-1 所列。当成形温度为 950℃时，所需成形时间为 675s；当成形温度升高至 990℃时，所需成形时间仅为 210s。

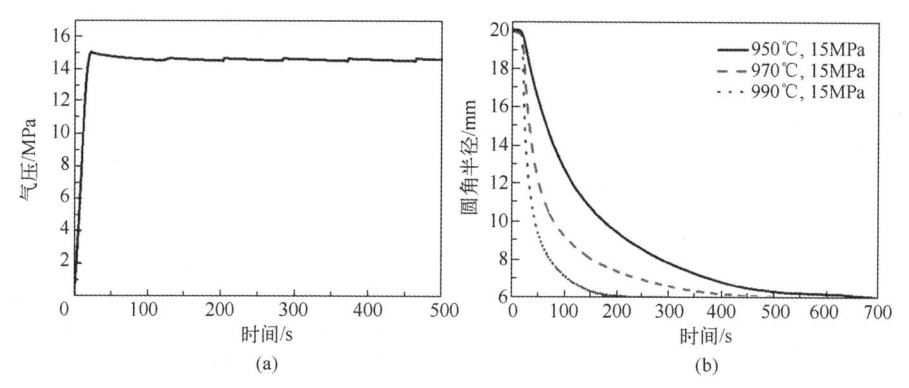

图 6-3 气压加载曲线和不同成形温度下圆角半径变化曲线

表 6-1 不同成形温度下方形截面构件圆角成形所需时间

成形温度/℃	成形气压/MPa	圆角成形时间/s
950	15	670±20
970	15	500±20
990	15	210±10

本节在研究成形气压对方形截面构件中圆角成形规律的影响时,选取的成形气压分别为 12MPa、15MPa、18MPa、21MPa,采用的成形温度为 970℃。压力加载方式为线性加载,增压速率为 1MPa/s,当管材内部压力达到指定成形气压后进行保压直至实验结束。在不同压力的成形过程中,管材的圆角半径变化曲线如图 6-4 所示。增压阶段圆角半径快速减小,随着圆角半径达到一定的数值,其减小的速率逐渐降低。随着成形气压的提高,圆角成形所需的时间逐渐减少,如表 6-2 所列。当成形气压为 12MPa 时,所需成形时间为 1470s;当成形气压升至 18MPa 时,所需成形时间仅为 165s。

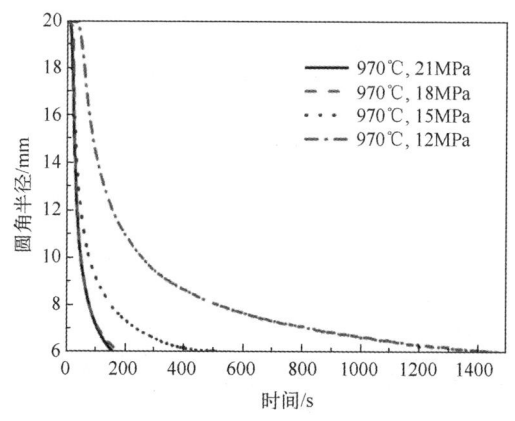

图 6-4 不同成形气压下方形截面构件圆角半径变化曲线(见彩插)

表6-2　不同成形气压下方形截面构件圆角成形所需时间

成形温度/℃	成形气压/MPa	圆角成形时间/s
970	12	1470±30
970	15	500±20
970	18	210±10
970	21	165±5

本节还研究了气压加载路径分别为线性加载和阶梯加载时方形截面构件圆角半径变化规律。成形温度为970℃，最终成形气压为15MPa，气压加载曲线如图6-5(a)所示。其中，线性加载方式采用的增压速率为1MPa/s，当管材内部压力达到指定成形压力后进行保压直至实验结束。为了能够将气体进行预热，从而使管材获得更均匀的温度场，阶梯加载分为三个阶段：①预热阶段，采用1MPa/s的增压速率进行加载，当管材内部的气体压力达到6MPa时保压25s，此时管材内部气体与管材发生热交换，气体温度提高；同时，由于管材内部压力较低，管材不会发生明显塑性变形。②初期成形阶段，继续以1MPa/s的增压速率加载，当管材内部的气体压力达到10MPa时保压100s，保证管材内部气体与管材充分发生热交换，进一步提高气体的温度，此时管材会产生少量塑性变形。③成形阶段，继续以1MPa/s的增压速率加载，当管材内部的气体压力达到15MPa时保压至圆角成形结束。图6-5(b)为不同加载方式下，管材的圆角半径变化曲线。在预热阶段，管材的圆角半径基本保持不变，在初期成形阶段圆角半径开始迅速减小，在成形阶段圆角半径的减小速率逐渐降低，直至圆角成形结束。采用阶梯加载方式，所需成形时间为520s，略长于线性加载方式所需时间。

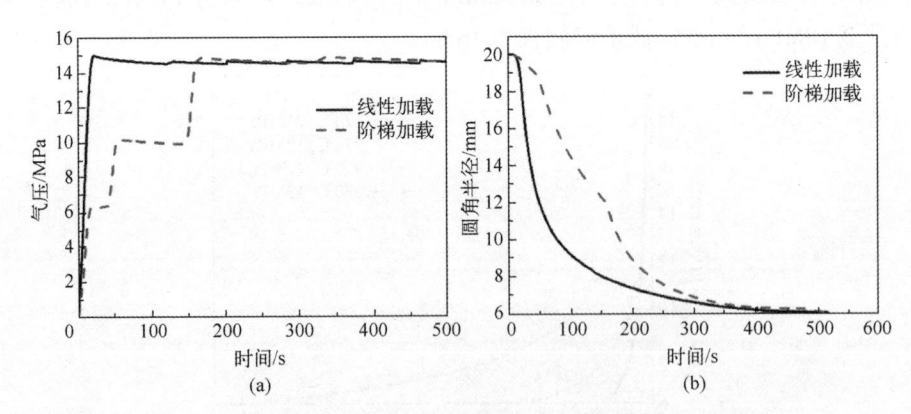

图6-5　不同加载方式下气压加载曲线和圆角半径变化曲线

(a) 气压加载曲线；(b) 圆角半径变化曲线。

将不同工艺参数下制备的 Ti₂AlNb 合金方形截面构件沿图 6-6 所示的截面 A—A 切开,由于方形截面构件具有轴对称性,对其 1/4 周边进行壁厚测量,编号顺序如图 6-6 所示,相邻测量点间的边距相等。

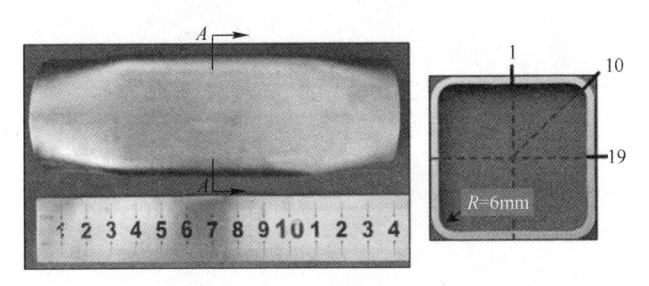

图 6-6　Ti₂AlNb 合金方形截面构件壁厚测量位置

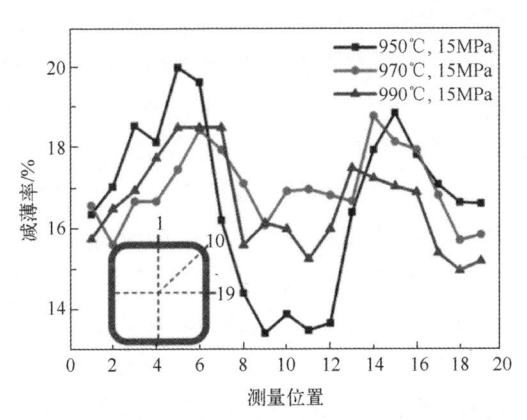

不同成形温度下制备的 Ti₂AlNb 合金方形截面构件壁厚减薄率分布如图 6-7 所示。从图中可以看出,最大减薄区出现在方形截面构件直壁段与圆弧段的过渡段,而最小减薄区位于直壁段或者圆弧段。此外,950℃气压成形制备的方形截面构件壁厚均匀性最差,壁厚减薄率的极差达到 6.6%。Ti₂AlNb 合金在 950℃拉伸过程中由于 O 相球化会发生明显的应变软化现象,因此最先发生塑性变形的部位由于软化效应会更容易发生持续变形,最终造成方形截面构件的壁厚均匀性较差。970℃和 990℃制备的方形截面构件壁厚分布较均匀,壁厚减薄率的极差分别为 3.2%和 3.5%。

图 6-7　不同成形温度下制备的 Ti₂AlNb 合金方形截面构件壁厚减薄率

图 6-8 为不同成形气压下制备的 Ti₂AlNb 合金方形截面构件壁厚减薄率分布,其分布规律依然遵从过渡段壁厚减薄率最大,圆弧段和直壁段壁厚减薄率较小。

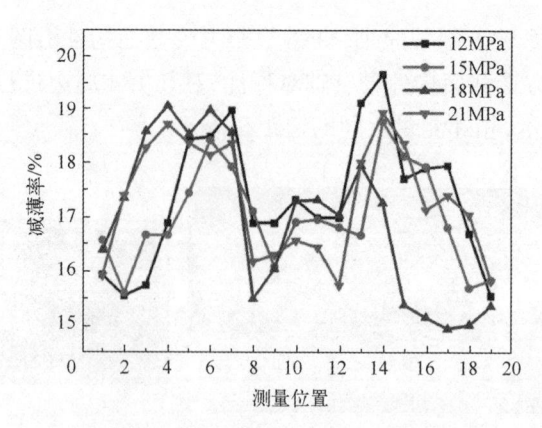

图 6-8　不同成形气压下制备的 Ti_2AlNb 合金方形截面构件
壁厚减薄率(测点位置与图 6-7 相同)

6.1.2　方形截面构件模内原位热处理

为了获得尺寸精度高和力学性能优异的 Ti_2AlNb 合金方形截面构件,在传统热态气压成形工艺的基础上增加气流冷却处理,即管材成形后并不需要立即取件,而是在管材一端通入一定内压的室温气体,另一端排出与管材发生热交换之后的高温气体。同传统热态气压成形工艺相比,改进的新工艺中增加了气体冷却回路,通过气体与管壁的热交换实现管件的冷却,并且可以通过调节冷却气体的压力来实现管材冷却速度的调控。在冷却过程中实现 O 相的析出过程,通过控制冷却气压来调节管材的冷却速度从而实现对 Ti_2AlNb 合金组织性能的调控。这种热态气压成形-气流冷却复合工艺可以省去传统热态气压成形后的热处理工艺,缩短 Ti_2AlNb 合金构件的加工周期,减少后续热处理的能源消耗[1]。此外,由于 Ti_2AlNb 合金构件在冷却过程中始终存在内压支撑,这将有利于提高 Ti_2AlNb 合金薄壁构件的尺寸精度,避免其在后续热处理中损失尺寸精度。图 6-9 为 Ti_2AlNb 合金方形截面构件热态气压成形-气流冷却复合工艺流程,主要分为两个阶段:①热态气压成形阶段,如图 6-9(a)~(b)所示,在高温高压下方形截面构件成形并贴模。②气流冷却阶段,如图 6-9(c)所示,胀形完成后从构件一端不断通入具有一定压力的气流,一方面气流可以带走构件及模具的热量,另一方面在内压的支撑作用下冷却能够保证构件的尺寸精度。

图 6-10 为热态气压成形-气流冷却复合工艺的实验平台示意图,其中模具和管材的加热保温与传统热态气压成形工艺的相同。气压成形过程中,进气阀开启,排气阀关闭,压力调控系统按照预设压力加载路径进行加载;成形完成后,关闭加热,开启排气阀,压力调控系统按照冷却压力加载路径进行加载,从进气

阀不断供入室温气体,气体经热交换后由排气阀进入水箱冷却并排出。

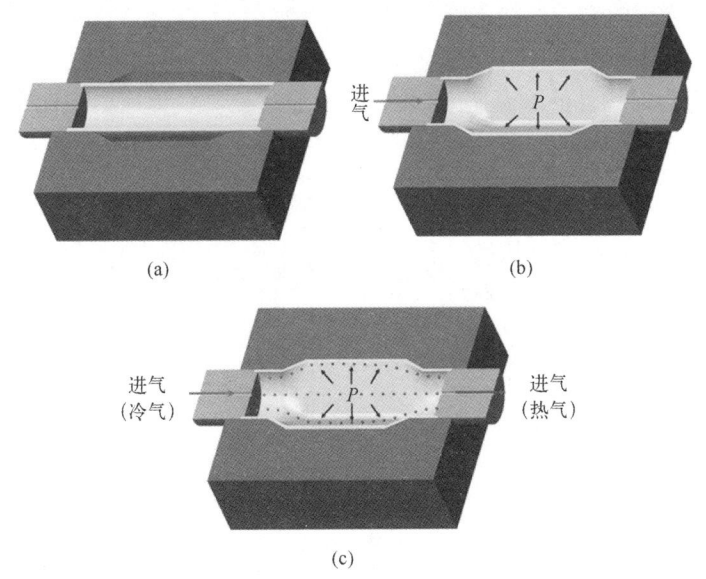

图 6-9 方形截面构件热态气压成形-气流冷却复合工艺流程
(a) 初始阶段;(b) 热态气压成形;(c) 气流冷却。

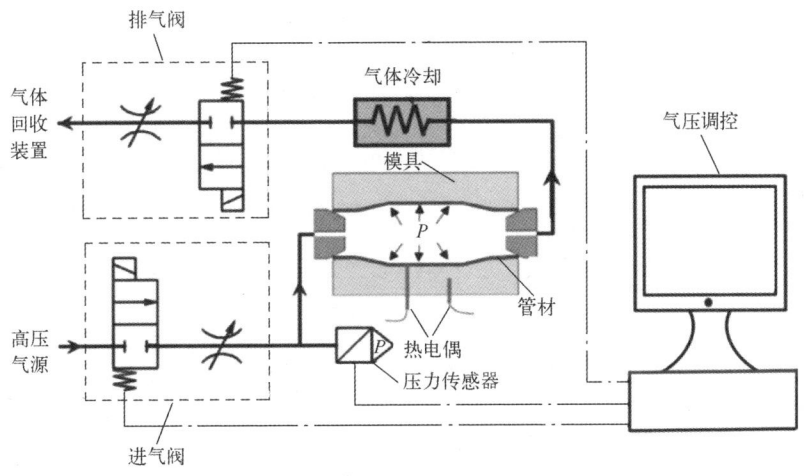

图 6-10 热态气压成形-气流冷却复合工艺的实验平台示意图

图 6-11 为热态气压成形-气流冷却复合工艺的工艺参数控制曲线。在 970℃、15MPa 条件下进行 Ti$_2$AlNb 合金方形截面构件热态气压成形,成形结束后,立即通入室温高压气体对构件进行气流冷却,所采用的压力分别为 2MPa、8MPa 和 15MPa。当构件的温度下降至 800℃时,结束气流冷却,取出构件。在气流冷却过程中记录构件的温度变化,不同气体压力下得到的构件温度变化曲

线如图 6-12 所示。气体压力越大,构件的降温速率越快,当气体压力为 2MPa、8MPa 和 15MPa 时对应的构件降温速率分别为 0.4℃/s、1.3℃/s 和 3.2℃/s,降至 800℃时所需的冷却时间分别为 472s、135s 和 65s。由此可见,在气流冷却过程中气体压力对构件的降温速率影响显著,通过控制气体压力来调节构件的降温速率是可行的。

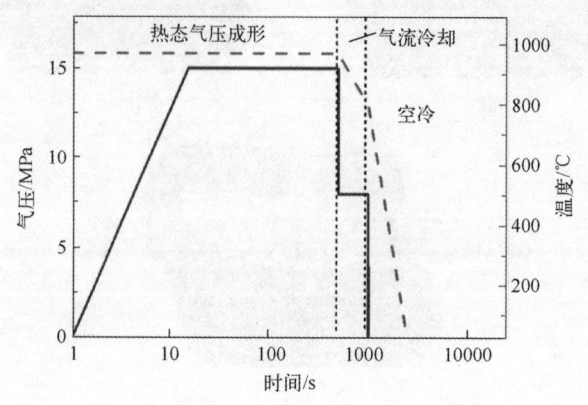

图 6-11 热态气压成形-气流冷却复合工艺的工艺参数控制曲线(见彩插)

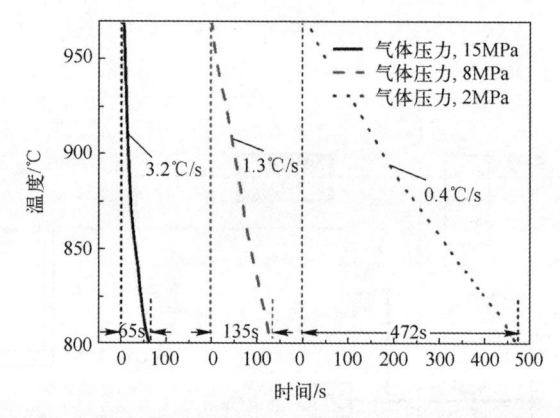

图 6-12 不同冷却气流压力下构件的温度变化曲线

图 6-13 为冷却过程中不同气体压力下模具中心部位的温度变化曲线。从图中可以看出,冷却过程中模具的降温速率要低于构件的降温速率,并且气体压力越大,模具与构件之间的温差越大。当气体压力为 2MPa 时,模具与构件之间的最大温差为 20℃;当气流压力为 15MPa 时,模具与构件之间的最大温差达到 145℃。这是因为构件与冷却气体直接接触并发生热交换,冷却的气流能够有效降低构件的温度,而模具体积较大,蓄热量较高,与构件接触的内表面型腔首先发生降温,模具外表面依然处于较高温度,因此在模具厚度方向形成温度梯度。当气体压力较大时,构件降温速率加快,降至 800℃所需时间缩短,构件与模具

之间没有足够的时间进行热交换,导致二者之间温差较大。

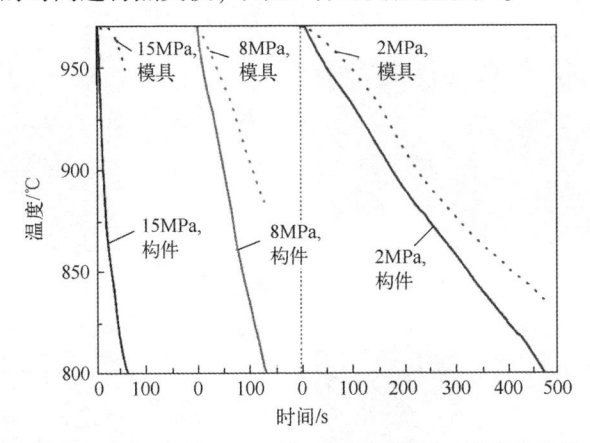

图 6-13 不同气体压力下模具中心部位的温度变化曲线

6.2 方形截面构件热态气压成形组织性能预测

6.2.1 方形截面构件热态气压成形微观组织演变及损伤预测

对于薄壁空心变截面等复杂构件,热态气压成形难度较高,尤其是需要在加工过程中进行控形控性。开展加工工艺的全过程数值模拟有利于降低工艺设计难度、提高工艺优化水平。仍以 6.1 节典型方形截面构件为例,阐述热态气压成形组织性能预测技术,构件的截面宽度、圆角半径及所采用的管材外径和壁厚等均与前述实验件相同。数值模拟的成形温度分别为 950℃、970℃ 和 990℃,成形气压为 15MPa,气压加载速度为 1MPa/s,当气压加载到目标值后保持压力恒定,直到成形结束,成形时间 600s。最大塑性应变为 0.32,出现在过渡区圆角处。970℃ 成形条件下等效塑性应变、相对位错密度、相对损伤和相对晶粒尺寸的模拟结果如图 6-14 所示。可以看出,在圆角处变形最大,大变形导致相对位错密度和相对损伤增大,而相对晶粒尺寸由于发生再结晶而细化。

根据模拟结果分析了圆角(区域 A)、圆角附近区域(区域 B)和直壁区中心点(区域 C)在成形过程中应变和相对晶粒尺寸的演化,如图 6-15 所示。在初始胀形阶段,三个区域同步变形,该阶段管材的变形接近自由胀形;当直壁区贴模后,由于摩擦力的作用,其应变不再增加;在圆角填充阶段,圆角和圆角附近区域继续变形,由于圆角附近区域更加容易满足变形的力学条件,该位置应变相对于圆角区域增加得更快。而在变形过程中,大变形区域会积累更大的畸变能,促进了晶粒再结晶的发生,因此,三个区域相对晶粒尺寸与应变量呈相反的趋势。

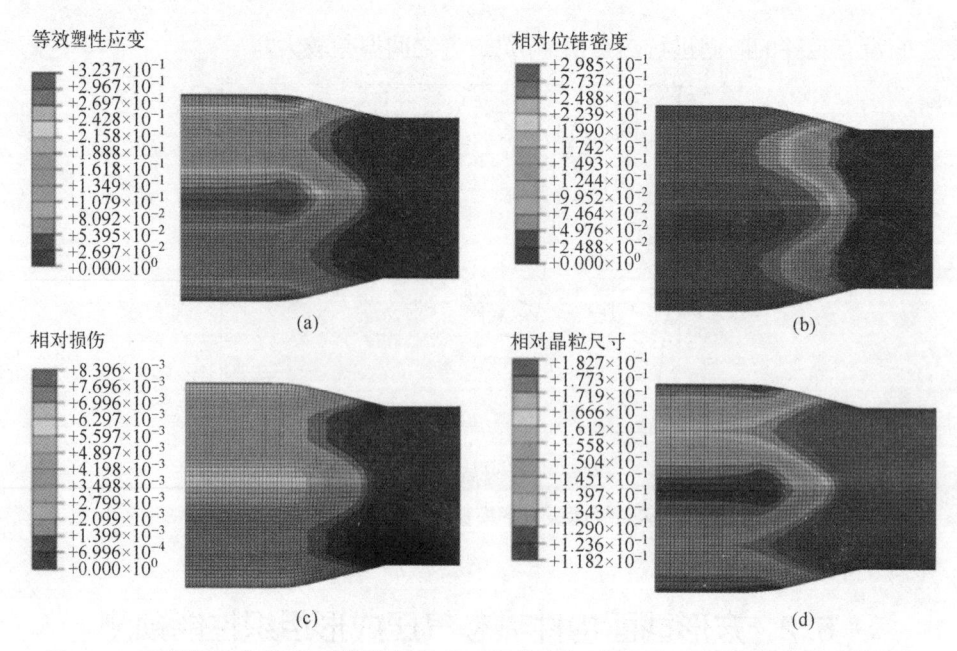

图 6-14 等效塑性应变、相对位错密度、相对损伤和相对晶粒尺寸的模拟结果(见彩插)
(a) 等效塑性应变;(b) 相对位错密度;(c) 相对损伤;(d) 相对晶粒尺寸。

在成形初期,由于变形速度较快,合金发生再结晶,晶粒尺寸下降,而到了圆角填充阶段,随着圆角的减小,圆角的填充难度加大,应变速率降低,变形量不足以使再结晶持续发生,晶粒在高温的作用下长大。

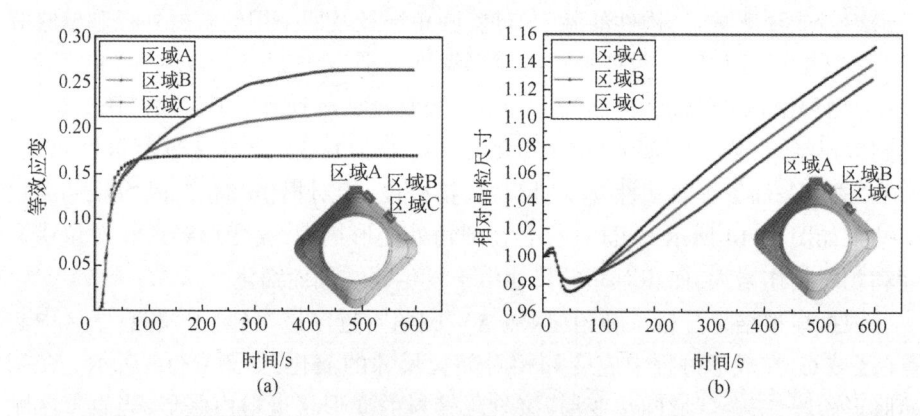

图 6-15 方形截面构件成形过程中典型位置的等效应变和相对晶粒尺寸演变
(a) 等效应变;(b) 相对晶粒尺寸。

950~990℃ 成形温度下 B2 相含量的变化如图 6-16 所示。随着变形温度的提高,合金中的 B2 相含量逐渐增加,而同一个构件的不同位置,其相含量有微小的不同,这是由于材料在变形过程中,大变形位置的温升导致了相含量的略微增加。表 6-3 比较了 950℃、970℃和 990℃成形温度下 B2 相含量的实验值和模拟值(实验数据来自参考文献[2],取样位置为构件直壁区)。

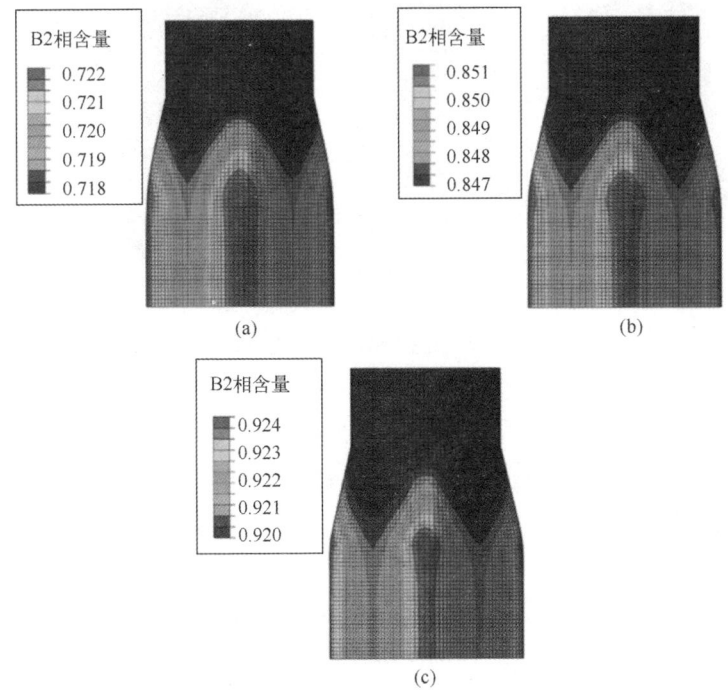

图 6-16 不同温度下成形结束时刻 B2 相的相含量(见彩插)
(a) 950℃;(b) 970℃;(c) 990℃。

表 6-3 不同成形温度下 B2 相含量的实验值和模拟值对比

成形温度/℃	B2 相含量(实验值)/%	B2 相含量(模拟值)/%
950	72.6	72.1
970	88.4	84.9
990	90.7	92.2

6.2.2 方形截面构件力学性能预测

采用 Ti_2AlNb 合金组织-性能预测工具箱对构件的力学性能进行模拟,时效温度分别为 800℃和 850℃,计算得到的强度为 750℃、$0.001s^{-1}$ 条件下的屈服强度。

图 6-17 为成形构件在 800℃不同时效时间下屈服强度模拟结果。变形区屈服强度高于非变形区的屈服强度,在变形区域,不同的区域强度均匀性较好,圆角处屈服强度略高于直壁段的屈服强度。在相同的成形条件下,随着时效时

间的延长,材料的屈服强度逐渐降低。当时效时间达到 10h 时,材料的屈服强度降低到 696MPa。

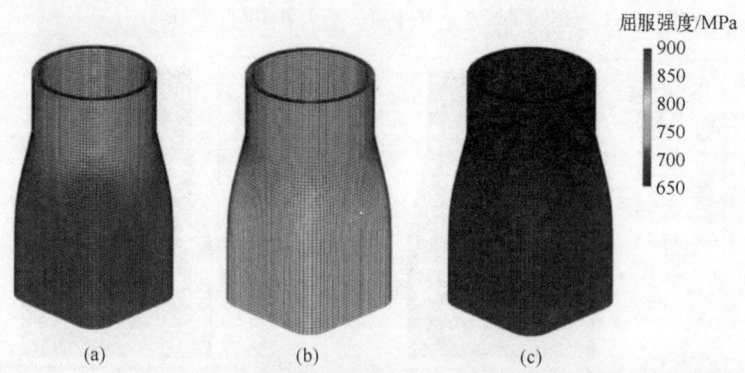

图 6-17 800℃时效不同时效时间下的屈服强度(见彩插)
(a) 2h;(b) 5h;(c) 10h。

分别对成形构件在 800℃和 850℃时进行时效处理,图 6-18 为两种时效温度下时效 10h 后的屈服强度分布。随着时效温度的提高,材料的屈服强度逐渐降低,当时效温度从 800℃提高到 850℃时,材料直壁段的屈服强度从 696MPa 降低到 633MPa。成形构件在 800℃和 850℃时效 10h 的 O 相片层厚度分布如图 6-19 所示。随着时效温度的提高,O 相片层逐渐增厚。在相同时效条件下,变形区的片层厚度大于非变形区的片层厚度,这是由于变形区在变形过程中积累的大量位错促进了片层的析出。在变形区,片层厚度分布相对均匀,变形量略大的圆角及附近区域的 O 相片层厚度略大。

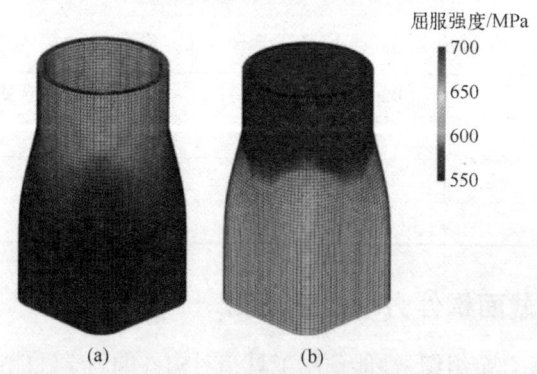

图 6-18 成形构件在 800℃和 850℃时效 10h 的屈服强度分布(见彩插)
(a) 800℃;(b) 850℃。

图 6-20 为成形构件在 800℃和 850℃进行时效处理时,成形构件直壁中心区屈服强度和 O 相片层的演变规律。随着时效时间的延长,构件的 O 相片层厚

度逐渐增大,而屈服强度逐渐降低。

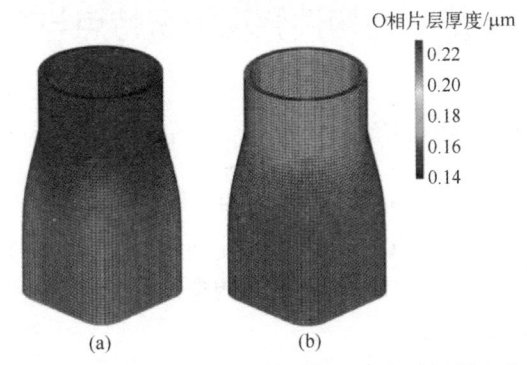

图 6-19 成形构件在 800℃和 850℃时效 10h 的 O 相片层厚度分布(见彩插)
(a) 800℃;(b) 850℃。

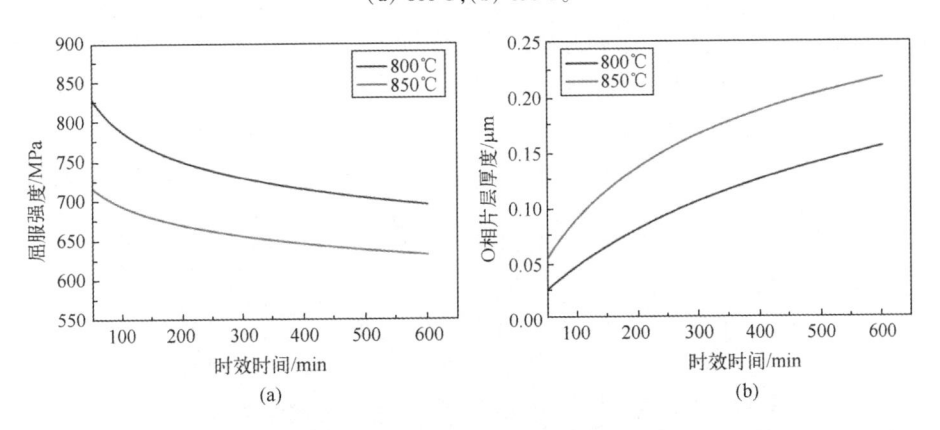

图 6-20 在 800℃和 850℃时效过程中成形构件直壁中心区屈服强度和 O 相片层厚度演变

表 6-4 对比了成形构件在 800℃和 850℃时效 10h 后的 O 相片层厚度和在 750℃、0.001s^{-1} 测试条件下屈服强度的模拟和实验结果,模拟结果与实验结果具有良好的一致性,其中组织参量的最大偏差为 8.5%,屈服强度的最大偏差为 4.7%。

表 6-4 成形构件在 800℃和 850℃时效 10h 后的 O 相片层厚度和屈服强度(750℃、0.001s^{-1})的模拟和实验结果

时效温度		800℃	850℃	最大偏差/%
O 相片层厚度/μm	模拟结果	0.156	0.217	8.5
	实验结果	0.15	0.20	
屈服强度/MPa	模拟结果	695.8	632.5	4.7
	实验结果	699	664	

6.3 方形截面构件微观组织特点与力学性能

6.3.1 方形截面构件微观组织

对于 Ti_2AlNb 合金来说,950℃时位于 α_2+O+B2/β 三相区,970℃和990℃时位于 α_2+B2/β 两相区。因此,在成形温度为950℃、970℃和990℃时,方形截面构件的微观组织会存在较大差别,而不同的微观组织特征会对 Ti_2AlNb 合金构件的性能产生重要的影响[3-7]。

图 6-21 为不同成形温度下获得的 Ti_2AlNb 合金方形截面构件直壁段的显微组织。同 Ti_2AlNb 合金原始组织相比,950℃气压成形后,Ti_2AlNb 合金组织中 O 相发生明显粗化,少量 α_2 相开始向 O 相转变,但是组织中全部 O 相的相含量下降至 19.3%;970℃气压成形后,Ti_2AlNb 合金组织中 O 相全部溶解,只剩等轴 α_2 相分布在基体 B2/β 相中,α_2 相的含量未发生明显变化;990℃气压成形后,合金组织中不仅 O 相全部溶解,部分等轴 α_2 相也开始溶解,经测量 α_2 相的相含量

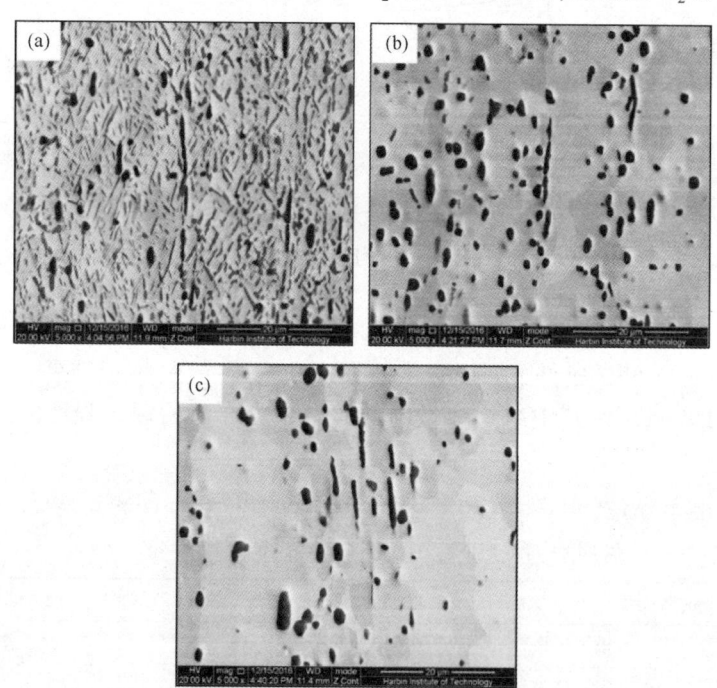

图 6-21 不同成形温度下 Ti_2AlNb 合金方形截面构件直壁段的显微组织
(a) 950℃;(b) 970℃;(c) 990℃。

下降至9.3%。此外,基体B2/β相的晶粒略有长大。不同成形温度下制备的Ti₂AlNb合金方形截面构件组织中各相含量的体积分数如表6-5所列。随着成形温度的提高,组织中O相含量下降直至全部溶解,α₂相的含量呈先升高后降低的趋势,基体B2/β相的含量逐渐升高。

表6-5　不同成形温度下Ti₂AlNb合金方形截面构件显微组织中各相含量体积分数

显微组织	温度/℃		
	950	970	990
O相含量/%	19.3	0	0
α₂相含量/%	8.1	12.6	9.3
B2/β相含量/%	71.6	87.4	90.7

Ti₂AlNb合金方形截面构件不同部位对应的变形量不同,以970℃、15MPa条件气压成形制备的方形截面构件为例,研究了不同等效应变对Ti₂AlNb合金微观组织的影响。分别从方形截面构件的直壁段(SS)、过渡段(TS)和圆弧段(RS)取样进行显微组织分析。如图6-22(a)所示,过渡段变形量最大,直壁段变形量最小;图6-22(b)~(d)分别为Ti₂AlNb合金方形截面构件直壁段、过

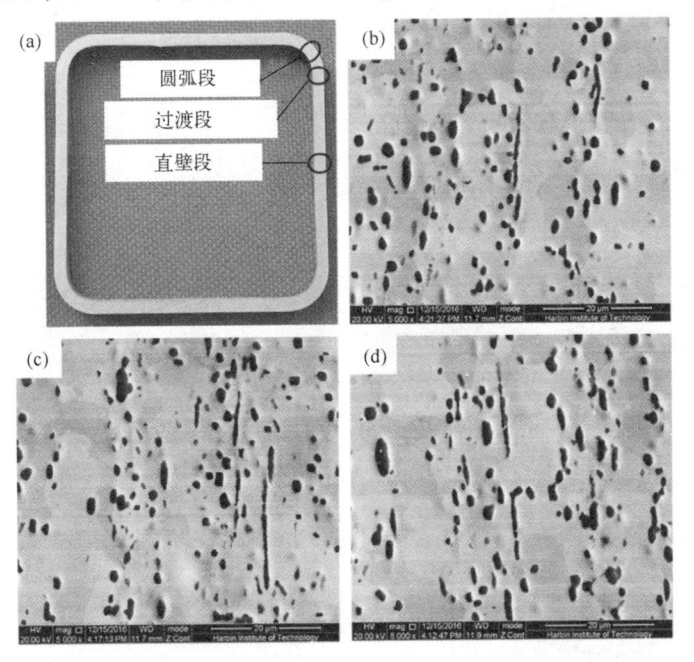

图6-22　Ti₂AlNb合金方形截面构件不同部位的显微组织
(a)试样位置;(b)直壁段微观组织;(c)过渡段微观组织;(d)圆弧段微观组织。

渡段和圆弧段的显微组织,各部位的 SEM 显微组织差别不大,均为等轴的 α_2 相分布在基体 B2/β 中,属于典型的等轴组织。

为了进一步分析等效应变对 Ti_2AlNb 合金微观组织的影响,对 Ti_2AlNb 合金方形截面构件不同部位的显微组织进行了 EBSD 测试和分析。图 6-23 为 Ti_2AlNb 合金方形截面构件不同部位组织的 KAM 和 GOS 分布图。KAM 图中蓝色区域表示 KAM≤0.8,过渡段组织中蓝色区域面积最大,说明产生较大变形量的过渡段组织中位错密度相对较低。GOS 分布图中,过渡段组织中蓝色区域面积较大,说明再结晶比例较高,此外红色区域面积也较大,说明尚未达到再结晶条件的晶粒畸变能增加。Ti_2AlNb 合金在高温变形过程中动态回复及再结晶等软化行为占据主导地位,随着变形量的增大,变形组织中位错密度进一步降低,再结晶晶粒的含量提高,组织中畸变能降低。

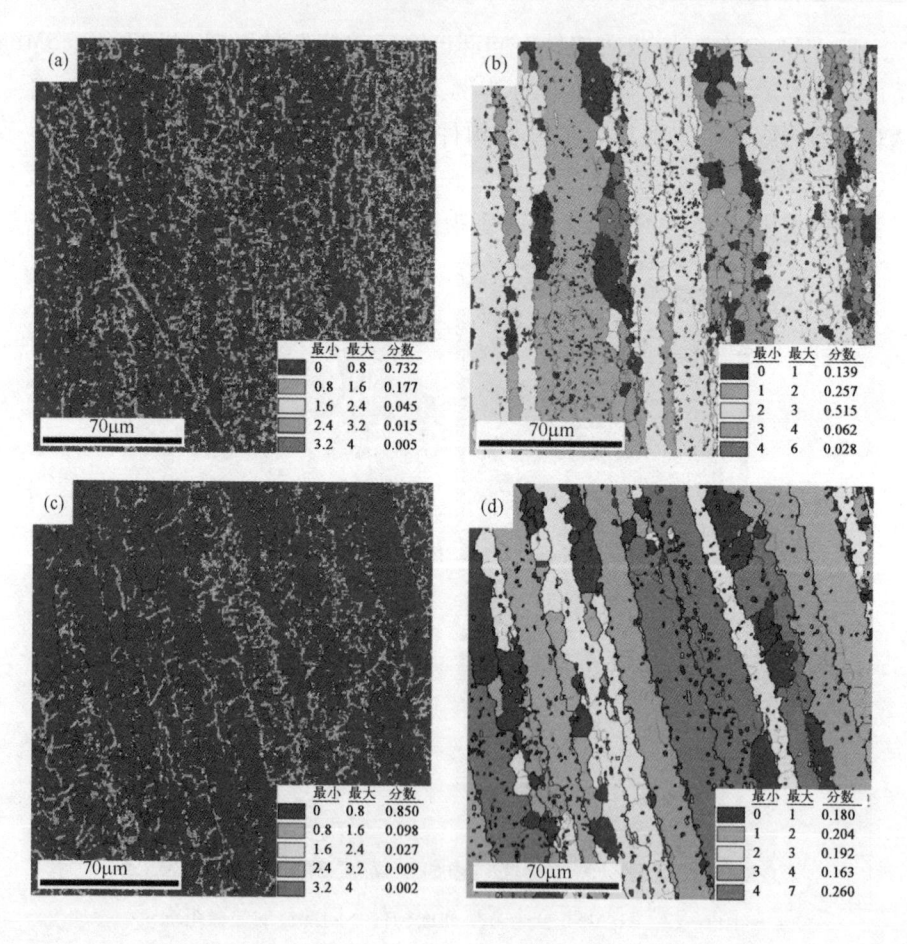

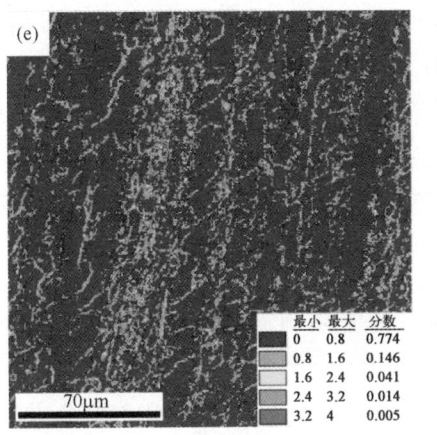

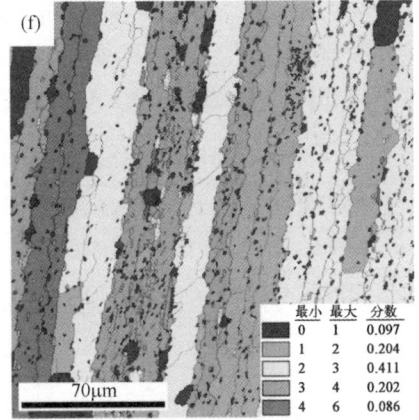

图 6-23　Ti₂AlNb 合金方形截面构件不同部位组织的 EBSD 数据(见彩插)
(a) 直壁段的 KAM;(b) 直壁段的 GOS;(c) 过渡段的 KAM;
(d) 过渡段的 GOS;(e) 圆弧段的 KAM;(f) 圆弧段的 GOS。

图 6-24 为 Ti₂AlNb 合金方形截面构件不同部位组织的平均 KAM 值、GOS 值和晶界角度分布图,具体数值见表 6-6。图 6-24(a)可以直观地反映出变形量较大的过渡段具有较低的 KAM 值和 GOS 值,其平均 KAM 值和 GOS 值分别为 0.575 和 0.826;直壁段组织的平均 KAM 值和 GOS 值分别为 0.777 和 0.832。由此说明随着高温变形量的增加,Ti₂AlNb 合金组织中位错密度逐渐下降,晶粒内畸变能逐渐降低,符合该合金在高温变形中组织演变规律。图 6-24(b)为 Ti₂AlNb 合金方形截面构件不同部位的晶界角度分布,可以看出过渡段组织中小角晶界(LAGB≤15°)的含量较低,其值为 25.8%。直壁段和圆弧段的小角晶

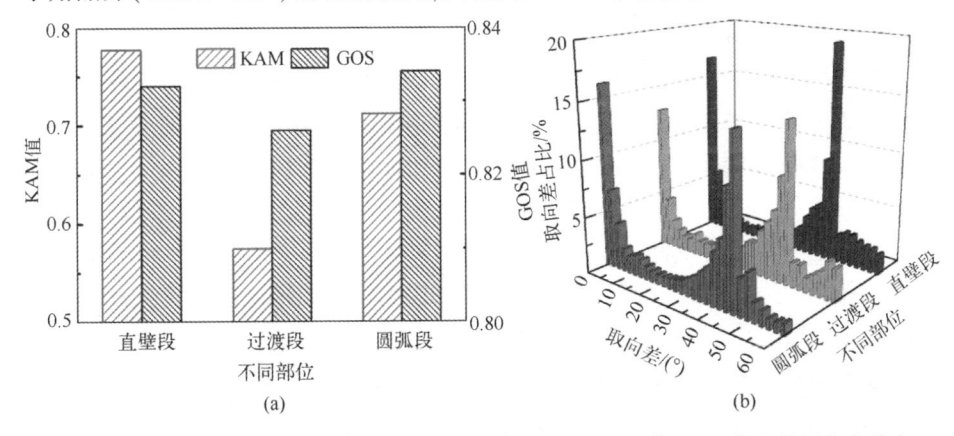

图 6-24　Ti₂AlNb 合金方形截面构件不同部位组织的 KAM 值、GOS 值和晶界角度分布
(a) KAM 值、GOS 值;(b) 晶界角度分布。

界含量为31%~32.5%,进一步说明了较大的变形量能够降低组织中小角晶界含量,同时降低合金组织的畸变能。同原始态 Ti_2AlNb 合金组织相比,方形截面构件不同部位的显微组织中 KAM、GOS 数值均发生显著降低。

表6-6　Ti_2AlNb 合金方形截面构件不同部位组织的 EBSD 数据

试样位置	直壁段	过渡段	圆弧段
KAM 值	0.777	0.575	0.712
GOS 值	0.832	0.826	0.834
LAGB 含量/%	32.5	25.8	31.0

综上所述,采用热态气压成形-气流冷却复合工艺成形 Ti_2AlNb 合金方形截面构件可以通过调节冷却过程中气体压力来控制 Ti_2AlNb 合金方形截面构件的冷却速度,从而实现对 Ti_2AlNb 合金组织的调控。气体压力为2MPa、8MPa 和15MPa 时,对应方形截面构件的平均冷却速率(从970℃冷却至800℃)分别为3.2℃/s、1.3℃/s 和 0.4℃/s。对不同气流冷却条件下制备的 Ti_2AlNb 合金方形截面构件进行组织性能分析,比较热态气压成形-气流冷却复合工艺与气压成形+时效处理分步工艺的优缺点,并研究了冷速控制对 Ti_2AlNb 合金方形截面构件组织性能的影响机制。由于 Ti_2AlNb 合金组织中 α_2 相在较低温度下非常稳定,从970℃快速冷却至800℃所需时间较短,α_2 相的形貌变化不大。而合金组织中片层 O 相的含量、宽度以及长宽比等会影响该合金的力学性能,因此重点分析了 Ti_2AlNb 合金方形截面构件组织中 O 相的组织形貌变化。

图6-25 为不同冷却气体压力下获得的 Ti_2AlNb 合金方形截面构件的 SEM 组织,其中图6-25(b)、(c)、(d)分别对应15MPa、8MPa 和 2MPa 的冷却气体压力。为了便于对比,图6-25(a)为水淬 Ti_2AlNb 合金方形截面构件的 SEM 组织。不同状态的组织中,α_2 相均呈等轴状分布在基体 B2/β 相中,且 α_2 相含量稳定在9.3%~10.9%。水淬和15MPa 冷却的组织中无肉眼可见的 O 相析出,8MPa 冷却的组织中析出少量细长的 O 相,2MPa 冷却的组织中析出了大量的 O 相片层。

为了进一步分析不同冷却气流对 Ti_2AlNb 合金组织中 O 相形貌的影响规律,对不同状态下合金进行 TEM 分析,得到的 TEM 明场像和衍射斑点标定结果如图6-26 所示。可以看出,水淬 Ti_2AlNb 合金方形截面构件的组织中只有等轴 α_2 相分布在基体 B2/β 相中,无 O 相析出。虽然15MPa 冷却的 SEM 组织中未发现肉眼可见的 O 相,但是从放大倍数更高的 TEM 明场像中可以看到细小的纳米级 O 相。8MPa 和2MPa 冷却组织的 TEM 明场像清楚地反映出 O 相的形貌,随着冷却气体压力的降低,组织中析出的 O 相逐渐粗化。根据 SEM 和 TEM 图像

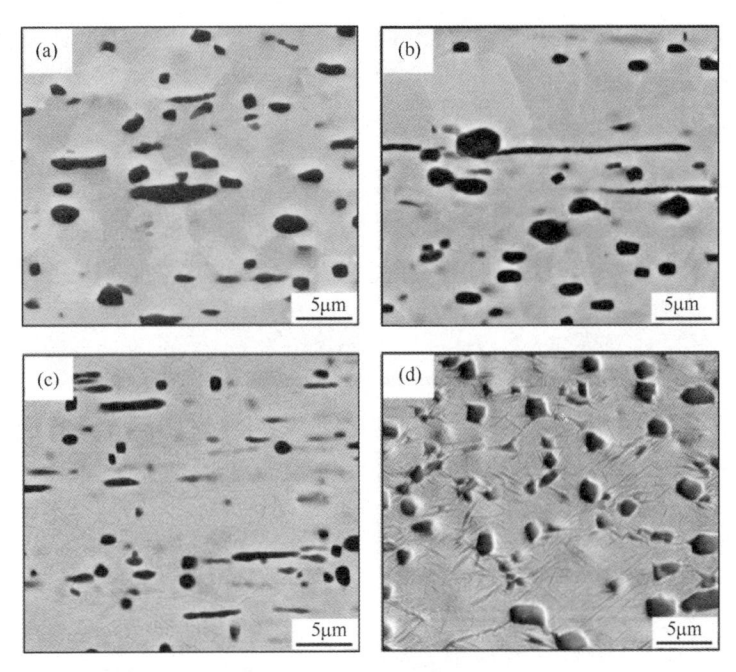

图 6-25 不同冷却气体压力下获得的 Ti₂AlNb 合金方形截面构件的 SEM 组织
（a）水淬；(b) 15MPa；(c) 8MPa；(d) 2MPa。

对各相的含量及 O 相宽度、长宽比进行统计分析,得到的数据如表 6-7 所列。随着冷却气体压力的降低,Ti₂AlNb 合金组织中析出的 O 相含量提高,O 相的平均宽度增大,15MPa、8MPa 和 2MPa 冷却组织中 O 相含量分别为 3.9%、8.2% 和 47.5%,平均宽度分别为 50nm、85nm 和 105nm。此外,随着冷却气体压力的降低,片层 O 相的长宽比逐渐下降,15MPa 冷却组织的 O 相长宽比为 9.8,而 2MPa 冷却组织的长宽比下降至 5.6。

表 6-7 不同冷却气体压力获得的 Ti₂AlNb 合金方形截面构件的组织统计分析数据

组织特征	α₂ 相含量/%	B2/β 相含量/%	O 相含量/%	O 相平均宽度/nm	O 相长宽比
水淬	9.9	90.1	—	—	—
气流冷却（15MPa）	9.3	86.8	3.9	40	9.8
气流冷却（8MPa）	10.2	81.6	8.2	85	8.9
气流冷却（2MPa）	10.9	41.6	47.5	105	5.6

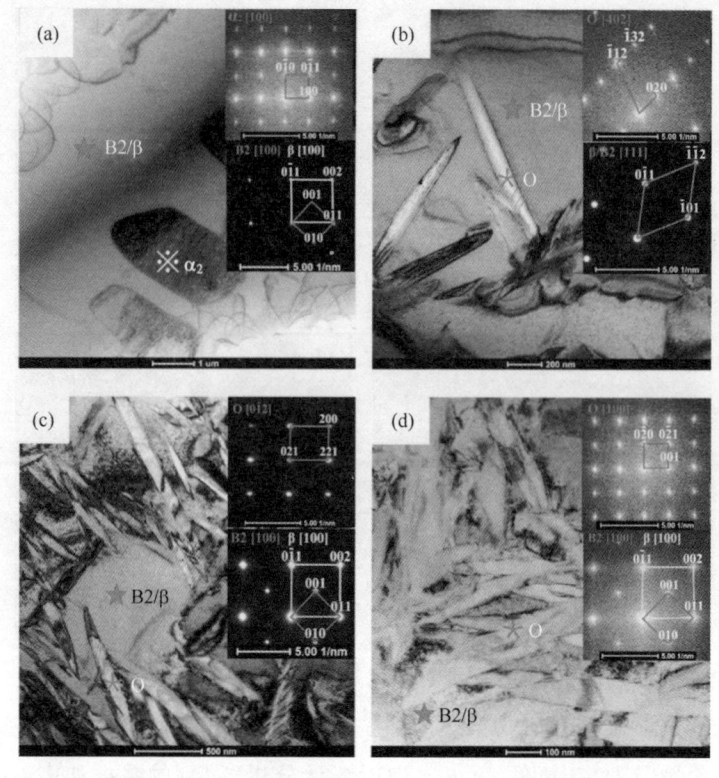

图 6-26　不同冷却气体压力下获得的 Ti$_2$AlNb 合金方形截面构件的 TEM 组织

(a) 水淬；(b) 15MPa；(c) 8MPa；(d) 2MPa。

6.3.2　方形截面构件力学性能

本节研究了成形温度为 950℃、970℃ 和 990℃ 时方形截面构件的力学性能。由分析可知，Ti$_2$AlNb 合金的组织类型及 O 相的组织形貌对其力学性能有显著影响[8-14]。因此，不同成形条件下制备的 Ti$_2$AlNb 合金方形截面构件会表现出不同的力学性能。图 6-27 为不同成形温度下制备方形截面构件直壁段的显微维氏硬度。与原始态组织的硬度值相比，成形后方形截面构件的显微硬度值大幅度下降，这主要归因于三个方面：①室温下 O 相较基体 B2/β 相强度更高，高温成形后 O 相含量急剧下降；②相界可以起到类似晶界的室温强化作用，O 相含量下降的同时导致相界含量大幅度降低；③成形组织中的位错密度较原始组织有所降低。此外，随着成形温度的提高，成形组织的显微维氏硬度下降，例如 950℃ 成形组织硬度为 312.5HV，990℃ 成形组织硬度为 305.6HV，这主要是因为基体 B2/β 相含量的不断提高以及晶界/相界强化效应的减弱。图 6-28 为不同成形温度下制备 Ti₂AlNb 合金方形截面构件在 750℃时的拉伸曲线。需要指出的是,在 750℃时拉伸过程中会发生无序 β 相向有序 B2 相的转变,而有序 B2 相被认为比其他两相具有更高的强度,并且全 B2 相组织塑性非常差。随着成形温度的提高,Ti₂AlNb 合金组织中 B2/β 相的含量不断提高,在 750℃时拉伸过程中,B2 相的转变量也越大。因此,在 750℃时的拉伸性能测试中,随着成形温度的提高,成形组织的抗拉强度逐渐提高,断裂延伸率不断下降。此外,950℃时成形组织中存在 19.3%(体积分数)的 O 相,组织中相界含量相对较高,而相界面在 750℃时的拉伸过程中属于弱区。因此,950℃成形组织的抗拉强度最低,仅有 793MPa,而断裂延伸率达到 14.9%;970℃成形组织的抗拉强度为 906MPa,断裂延伸率下降至 4.3%;990℃成形组织的抗拉强度达到 921MPa,断裂延伸率下降至 2.8%。

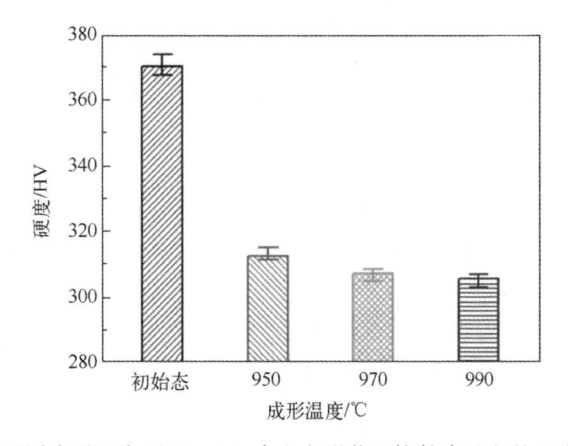

图 6-27　不同成形温度下 Ti₂AlNb 合金方形截面构件直壁段的显微维氏硬度

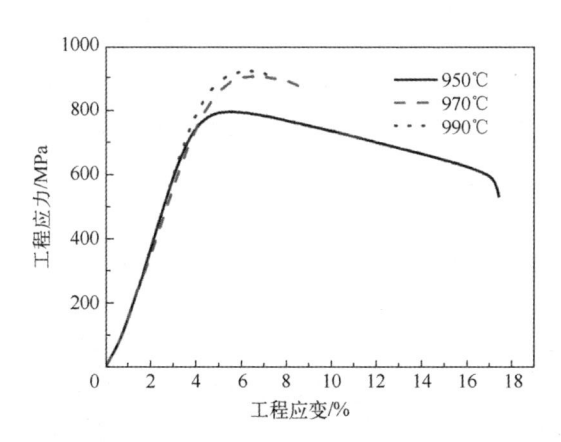

图 6-28　不同成形温度下制备的 Ti₂AlNb 合金方形截面构件在 750℃时的拉伸曲线

下面研究了970℃温度下成形的 Ti$_2$AlNb 合金方形截面构件不同部位(不同等效应变处)的显微维氏硬度,从图 6-29 可以看出,具有较小变形量的直壁段组织的显微硬度值最高,其值为 307.2HV,具有较大变形量的过渡段组织的显微硬度值最低,其值为 299.7HV。结合 Ti$_2$AlNb 合金方形截面构件不同部位的显微组织可以看出:由于原始组织具有较高的位错密度,在高温变形过程中,随着变形量的增大,变形组织中位错密度逐渐降低,组织中畸变能也逐渐减小,室温下该合金的硬度值也逐渐降低。

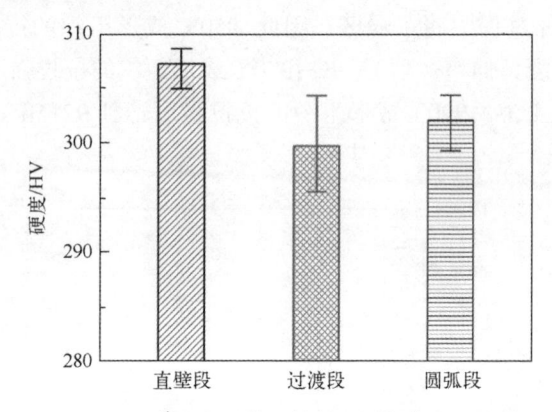

图 6-29　Ti$_2$AlNb 合金方形截面构件不同部位的显微维氏硬度

下面进一步研究了冷却速率对 Ti$_2$AlNb 合金方形截面构件性能的影响规律。图 6-30 为不同冷却气体压力下获得的 Ti$_2$AlNb 合金方形截面构件的显微维氏硬度。15MPa 冷却成形件的硬度值仅为 315.3HV,同水淬构件硬度值 307.2HV 较接近。随着冷却气体压力的降低,成形构件的室温硬度逐渐增加,2MPa 冷却构件的硬度值达到 371HV。这是因为随着冷却气体压力的减小,方形截面构件的冷却速度降低,析出的 O 相含量增加,从而使得合金的室温硬度得到大幅度提升。此外,2MPa 冷却构件与 800℃时效构件相比,二者组织中 O 相含量较接近,但是 2MPa 冷却构件表现出更高的室温硬度,这是因为 2MPa 冷却构件具有更细小的 O 相,显著增加了组织中相界的含量。

图 6-31 为不同冷却气体压力下获得的 Ti$_2$AlNb 合金方形截面构件的室温拉伸曲线,随着冷却气体压力为压力的降低,成形构件的室温强度逐渐增加,这与室温硬度的分布规律一致。15MPa、8MPa 和 2MPa 的冷却构件的室温屈服强度分别为 1166MPa、1164MPa 和 1215MPa,抗拉强度分别为 1196MPa、1286MPa 和 1378MPa。特别值得注意的是,水淬以及 15MPa 冷却试样在室温拉伸过程中存在不连续屈服现象,即在变形初期应力迅速增加至峰值,随后应力突然大幅度下降,形成明显的上、下屈服点。变形初期,在位错塞积和应变硬化的作用下,合

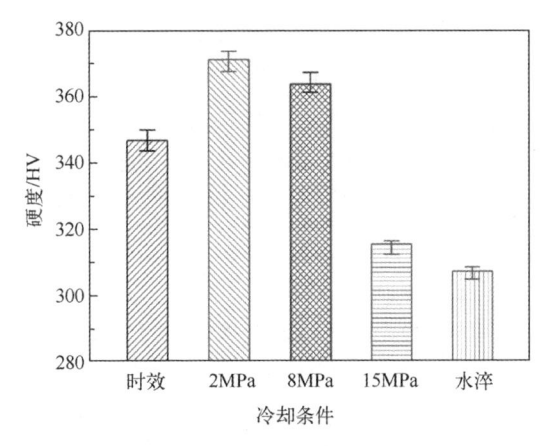

图 6-30 不同冷却气体压力下 Ti$_2$AlNb 合金方形截面件的显微维氏硬度

金的流动应力急剧增加,此时组织中可动位错密度较低,当流动应力达到峰值时,组织中可动位错快速增殖并相互作用促进了位错运动,从而流动应力呈下降趋势,随后合金的流动应力曲线进入平稳阶段。随着冷却气体压力的降低,合金中基体 B2/β 相含量不断降低,不连续屈服现象逐渐消失,如 2MPa 冷却试样的拉伸曲线未发现不连续屈服现象。此外,热态气压成形-气流冷却复合工艺制备的成形构件在室温下不仅强度高而且表现出较高的塑性。冷却气体的压力越大,成形构件组织中无序 β 相的含量越高,并且片层 O 相的长宽比越大,越有利于提高成形构件的室温塑性。2MPa、8MPa 和 15MPa 冷却构件的室温断裂延伸率分别达到 15.0%、18.2% 和 18.4%。同 800℃时效构件相比,2MPa 冷却构件不仅表现出较高的强度,而且具有很好的塑性,其断裂延伸率达到 800℃时效态的五倍以上。

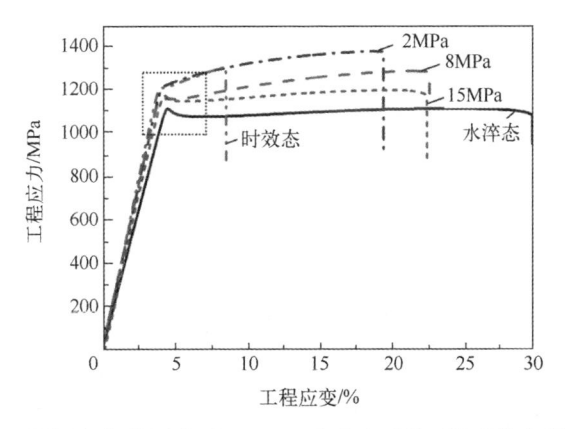

图 6-31 不同冷却气体压力下 Ti$_2$AlNb 合金方形截面构件的室温拉伸曲线

图 6-32 为不同冷却气体压力下获得的 Ti_2AlNb 合金方形截面构件在 750℃ 时的拉伸曲线。随着冷却气体压力的降低，成形构件在 750℃ 时的强度逐渐下降，断裂延伸率逐渐提高。这是因为在气流冷却过程中，成形构件的冷却速率随着气体压力的降低而下降，在较慢的冷却速率下会析出更多的 O 相，而基体 B2/β 相含量则会相应减少。O 相与基体 B2/β 相的相界在高温拉伸过程中可以起到类似晶界的作用，相界含量越高，合金的强度越低，塑性越好，即随着细小 O 相含量的增加，合金的强度降低，塑性提高。此外，在 750℃ 拉伸时无序 β 相会向有序 B2 相转变，而有序 B2 相为硬脆相，有序化 B2 相含量越高，合金的强度越高，塑性越差。综合以上分析，随着 O 相含量的增多，合金中相界含量提高，相应的基体 B2/β 相含量减少，高温下 β 有序化程度降低，因此合金在 750℃ 时的抗拉强度随着气体压力的降低而降低，同时断裂延伸率升高。15MPa、8MPa 和 2MPa 冷却构件在 750℃ 时的抗拉强度分别为 880MPa、852MPa 和 801MPa，断裂延伸率分别为 14.0%、17.1% 和 25.0%。2MPa 冷却构件的断裂延伸率是 800℃ 时效构件的两倍以上。

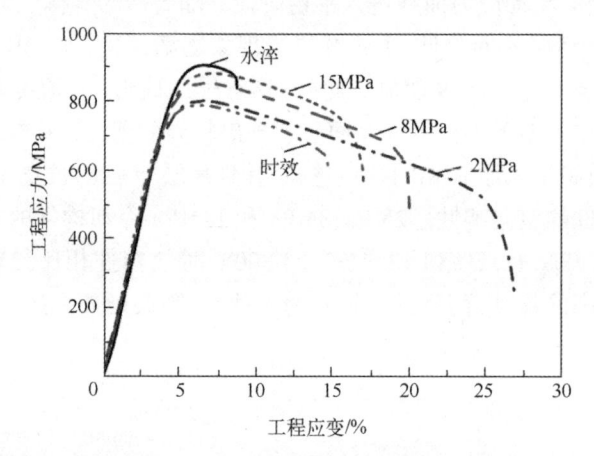

图 6-32 不同冷却气体压力下 Ti_2AlNb 合金方形截面构件在 750℃ 时的拉伸曲线（见彩插）

6.4 矩形截面构件热态气压成形工艺

6.4.1 矩形截面构件胀-压复合热态气压成形工艺

对于截面长宽比大于 3、棱边相对圆角半径小于 2 的矩形截面构件，成形过程存在变形不均匀、圆角难成形等困难。图 6-33 所示为一个典型矩形截面构件，既要求外圆角的相对圆角半径（半径/厚度）为 1.7，又要求壁厚减薄不超过 10%，已经突破了一般热态气压成形工艺的极限值[15];同时,还要求构件组织中 O 相含量不低于 55%,650℃时强度不低于 800MPa,需要成形精度与组织性能一体化控制。

图 6-33　典型矩形截面构件示意图

该构件的成形采用了胀-压复合热态气压成形工艺[16],在保证小圆角成形的基础上,改善了传统工艺中小圆角填充带来的壁厚减薄问题。图 6-34 为成形过程管材截面变化示意图,先成形出高度为 H、圆角半径为 R 的截面,再在内压支撑下继续压下,使截面高度降低为 h,同时圆角半径减小为 r,这样避免了圆角半径的成形仅发生变形减薄,在获得小圆角的同时保证壁厚均匀性。

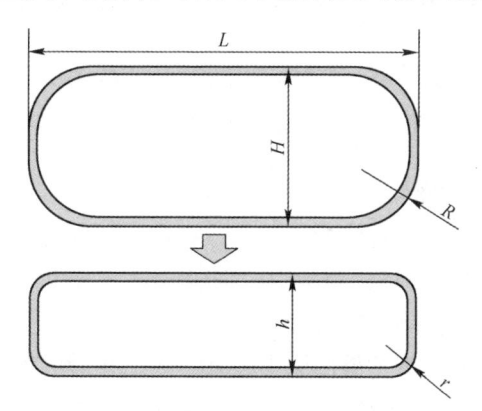

图 6-34　成形过程管材截面变化示意图

6.4.2　矩形截面构件尺寸精度与力学性能一体化控制

为了对构件进行形性一体化控制,采用 4.2 节和 4.3 节开发的统一黏塑性本构模型及组织液变预测模型对矩形截面构件胀-压复合热态气压成形进行了全过程数值模拟分析。图 6-35 所示为在成形温度为 970℃、胀形压力为 15MPa、压下量为 4mm 的条件下,Ti_2AlNb 矩形截面构件的成形模拟结果构件在该工艺参数下成形良好,没有起皱等缺陷。

对直壁段圆角和壁厚进行分析,如图 6-36 所示为矩形截面构件直壁段截面轮廓,构件直壁段整体壁厚分布比较均匀,最大壁厚减薄率为 7.5%,发生在圆角附近区域,圆角处壁厚略微增加,最大壁厚增加量为 0.06mm。另外对构件的外圆角进行测量,满足构件对圆角尺寸的要求,其最小圆角半径达到 3.23mm,相对圆角半径达到了 1.57。

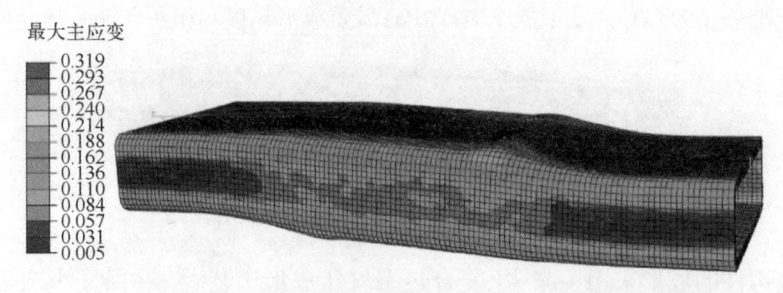

图 6-35　Ti$_2$AlNb 小圆角矩形截面构件胀-压复合热态气压成形模拟结果(见彩插)

图 6-36　矩形截面构件直壁段截面轮廓

在 Ti$_2$AlNb 矩形截面构件胀-压复合热态气压成形工艺中,在预制坯成形阶段,管材各处材料的变形以弯曲变形为主。在热态气压成形阶段,管材四个侧壁基本不发生变形,圆角及附近区域材料以胀形为主要变形方式进行圆角填充,圆角及附近区域会发生壁厚减薄,最大减薄发生在圆角附近位置。由于在此过程中不必成形太小的圆角,圆角处的胀形量并不大。在最后的保压压制阶段,主要发生的变形为圆角区域的弯曲变形和一定量的镦粗变形。在整个变形过程中,最大塑性应变虽然达到了 0.4,但其变形主要集中在圆角及附近区域,四个侧壁变形量较小。对矩形截面构件成形过程中的相对位错密度和相对晶粒尺寸进行分析,图 6-37(a)所示为矩形截面构件成形结束时的相对位错密度分布,其圆角处位错密度相对较高,侧壁处位错密度相对较低,这是由于在胀-压复合热态气压成形工艺中,变形集中于圆角处。另外,侧壁区在预制坯成形阶段由于弯曲变形产生的位错,在热态气压胀形和保压压制阶段得到了一定的回复。相对晶粒尺寸的分布与位错密度的分布规律相反(图 6-37(b)),在变形较大的圆角附近,晶粒尺寸相对细小,而四个侧壁区域由于变形量较小,且长时间处于较高的温度下,其晶粒尺寸长大的趋势较为明显。

为了满足构件组织和性能的要求,实现对构件组织性能的调控,对成形构件时效过程的组织和性能演变进行模拟。目标构件要求 650℃时屈服强度不低于 800MPa,O 相含量高于 55%。首先对时效处理后构件的屈服强度演变规律进行

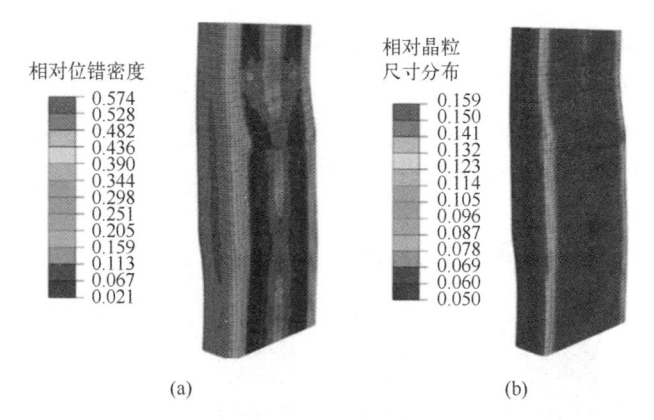

图 6-37 矩形截面构件相对位错密度和相对晶粒尺寸分布(见彩插)

(a) 相对位错密度;(b) 相对晶粒尺寸分布。

分析,矩形截面构件在 800℃、825℃ 和 850℃ 时效处理 2h 后的屈服强度模拟结果如图 6-38 所示,随着时效温度的提高,构件的屈服强度逐渐降低,这是由于随着时效温度的提高,材料中析出的片层 O 相逐渐粗化,晶界强化效果减弱,材料强度降低。在相同的热处理条件下,圆角处材料的屈服强度较高,而侧壁处的屈服强度较低,这是由于热处理时间相对较短,在变形过程中产生的位错不能完全消失,残余的位错起到了位错强化的效果。屈服强度随着时效时间的延长也呈现降低的趋势。

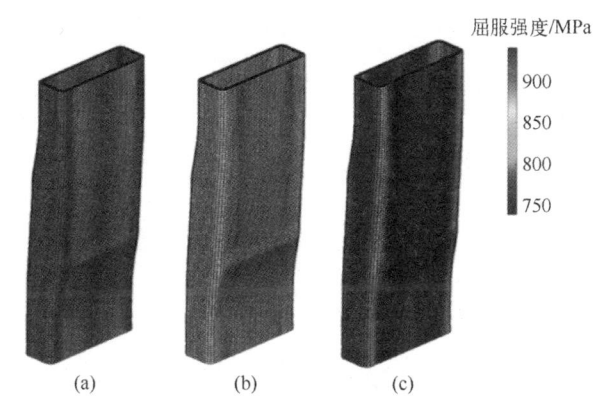

图 6-38 矩形截面构件在 800℃、825℃、850℃ 时效处理 2h 后的屈服强度模拟结果(见彩插)

(a) 800℃;(b) 825℃;(c) 850℃。

矩形截面构件在 850℃ 时效 1h、2h 和 4h 后 O 相片层厚度如图 6-39 所示,随着时效时间的延长,O 相片层逐渐粗化。而在相同的热处理条件下,由于圆角处在变形过程中积累了较多的位错,较高密度的位错促进了 O 相的析出和长大。另外，随着时效温度的提高，O 相片层厚度增加。矩形截面构件在 810～850℃时效处理过程中 O 相含量随着时效时间的变化如图 6-40 所示，随着时效时间的延长，O 相逐渐析出，O 相含量逐渐增加，并逐渐趋于该温度下的平衡相含量。随着时效温度的提高，O 相含量逐渐降低。

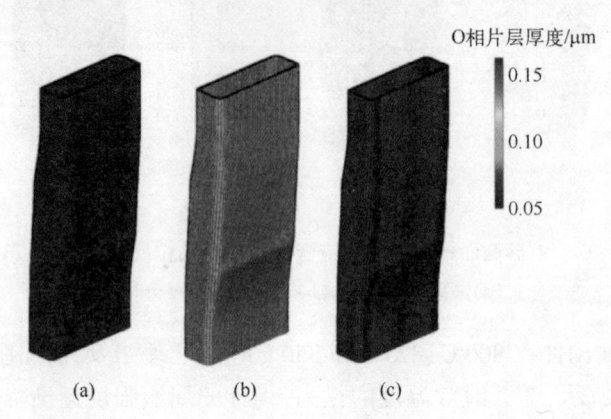

图 6-39　矩形截面构件在 850℃时效 1h、2h、4h 后的 O 相片层厚度预测结果（见彩插）
(a) 1h；(b) 2h；(c) 4h。

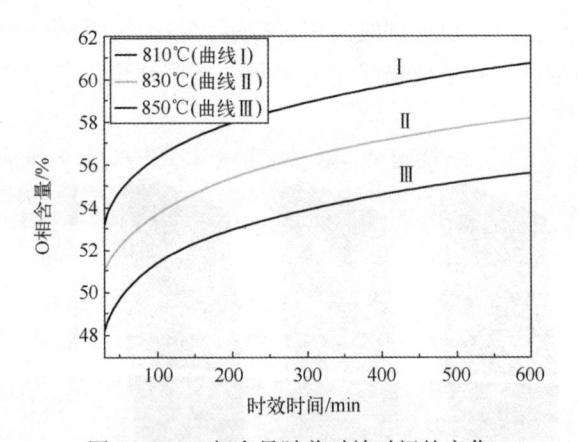

图 6-40　O 相含量随着时效时间的变化

目标构件组织和性能要求：O 相含量不低于 55%，650℃时屈服强度不低于 800MPa。通过对矩形截面构件在不同的时效条件下屈服强度和 O 相含量演化的模拟，建立了图 6-41 所示的时效处理工艺窗口（其中，屈服强度数据采用了矩形截面构件各处的最低值）。根据时效工艺窗口，选择的时效条件为 810℃、2h。

根据确定的工艺参数，成形温度为 970℃，预制坯阶段压下量为 20mm，压制过程压下量为 4mm。热态气压成形阶段气压加载路径为：通过线性加载方式加载到 15MPa,并保压 150s,气压加载速率为 0.1MPa/s。成形结束后,对构件进行淬火+时效处理。在成形阶段,管材与模具表面喷涂氮化硼进行润滑。

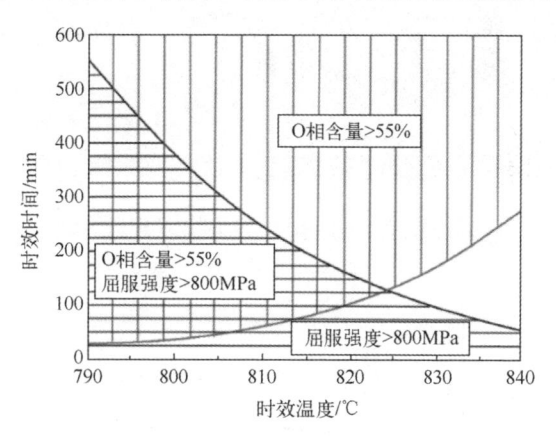

图 6-41 矩形截面构件时效处理工艺窗口

通过胀-压复合热态气压成形工艺获得的成形构件如图 6-42 所示,构件整体成形良好,直壁段最小圆角半径达到 3.5mm,圆角壁厚略微增厚,达到 2.08mm,相对圆角半径达到了 1.7。矩形截面构件直壁段壁厚分布如图 6-42(b)所示,直壁段最小壁厚为 1.83mm,最大减薄率为 8.5%,出现在距离圆角 4mm 处,这是由于在热态气压胀形阶段,圆角附近区域最容易满足变形条件而有相对较大的减薄。

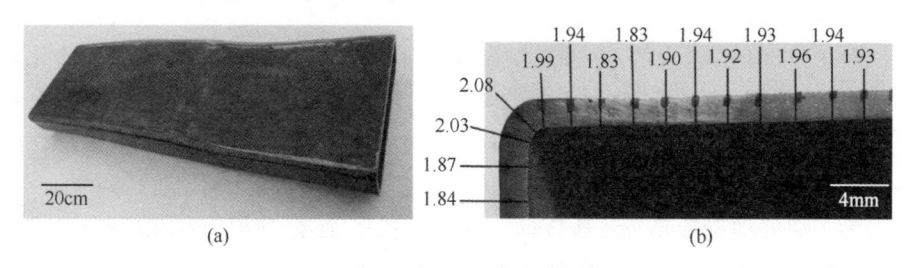

图 6-42 成形构件实物图及壁厚分布
(a)实物图;(b)壁厚分布(单位:mm)。

将成形构件进行工艺参数为 810℃、2h 的时效处理,时效处理后获得的微观组织如图 6-43 所示,取样位置为直壁段宽度方向中心区域。对该热处理工艺下的 O 相含量进行统计,构件的 O 相含量为 60.3%。对成形构件力学性能进行分析,拉伸试样标距段尺寸为 2mm×2mm×15mm,取样位置为构件直壁段中心位置,测试温度为 650℃,应变速率为 $0.001s^{-1}$。图 6-44 为 810℃、2h 时效处理条件下获得的构件的应力-应变曲线,平均屈服强度为 885MPa。

图 6-43 矩形截面构件经过 810℃、2h 时效处理后的微观组织形貌
(a) 1000 倍；(b) 5000 倍。

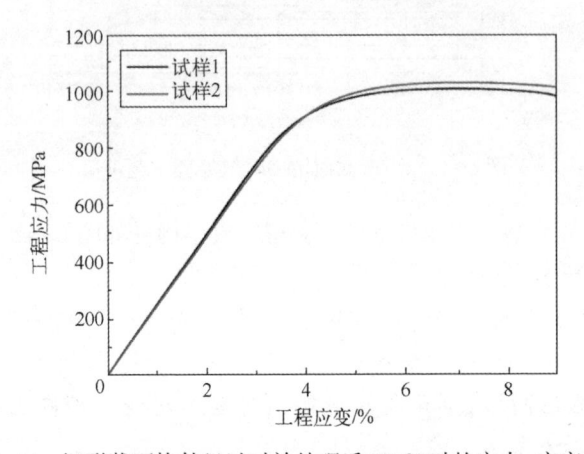

图 6-44 矩形截面构件经过时效处理后 650℃时的应力-应变曲线

对于 Ti$_2$AlNb 合金等难变形材料封闭截面薄壁整体构件成形控性一体化技术而言，在传统热态气压成形工艺的基础上，可以采用热态气压成形-气流冷却复合工艺，通过控制成形后冷却气体压力调节构件的冷却速度，在气压维形保证精度的基础上，实现微观组织及性能优化控制。

为了更好地指导热态气压成形构件的形状尺寸、微观组织和性能调控，采用基于物理内变量的 Ti$_2$AlNb 合金热变形及热处理全过程组织演变和性能预测模型，进行薄壁变截面构件热态气压成形及热处理全过程数值模拟和工艺参数设计，实现了 Ti$_2$AlNb 复杂薄壁整体构件的成形和性能控制。

Ti$_2$AlNb 合金方形截面构件成形研究表明，在成形后的气流冷却过程中析出高长宽比的 O 相，并且 O 相形态与冷却速度密切相关；随着冷却气体压力的降低，析出的 O 相片层宽度以及相含量增加，O 相的长宽比下降，相应地，合金室温强度升高，且保持较高的断面延伸率。

Ti$_2$AlNb 合金等难变形材料薄壁变截面构件热态气压成形-气流冷却复合工艺（热态气压成形-原位热处理工艺）还可应用于高精度、高性能要求的 Ni 基

高温合金、NiAl 合金等耐高温薄壁整体构件的研制与生产。

6.5 NiAl 合金薄壁构件成形-反应制备新方法

6.5.1 NiAl 合金板材反应制备

NiAl 合金是近年来研究开发的一类具有重要应用前景的耐高温材料。NiAl 合金的密度为 5.9g/cm³,是 Ni 基高温合金的 2/3;热导率是 Ni 基高温合金的 4~8 倍。将 NiAl 合金应用于新一代装备关键构件研制,除可以减重外,还可以增强主动冷却性能,进一步提高服役温度(使用温度可比 Ni 基高温合金提高 50~150℃)[17]。因此,NiAl 合金作为最有发展前景的轻质耐高温材料,可满足新一代装备对于高性能薄壁复杂截面构件的重大需求。

由于 NiAl 合金的室温延展性较差,导致其加工过程极其困难[18]。此外,NiAl 合金生产成本高、周期长,制约了其广泛应用。近年来,轻质、耐热、难变形 NiAl 合金制备成形技术得到了广泛的研究。然而,在国防装备等领域中 NiAl 合金复杂薄壁构件的成形难度尤为突出,且成形精度与组织性能难以控制。因此,急需开发难变形 NiAl 合金复杂薄壁整体构件精密成形新技术。

近年来,开发出了一种 NiAl 合金板材的反应制备方法,如图 6-45 所示。主要技术途径是:将交替堆叠的 Ni 箔和 Al 箔置于模具中(石墨模具为主),完成两步反应制备过程:①660℃(纯 Al 的熔点)以下时,叠层原料发生固溶扩散反应;②1000~1300℃时,叠层原料完全反应,获得 NiAl 合金[19]。

(a)   (b)   (c)

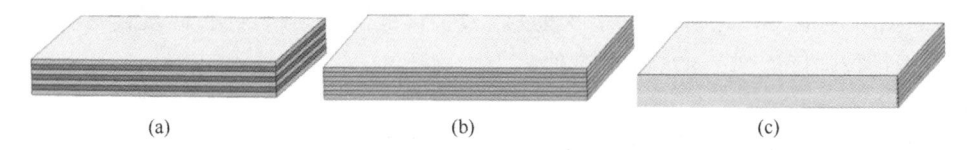

图 6-45 NiAl 合金板材反应制备过程

(a) 交替堆叠 Ni 箔和 Al 箔;(b) 低温固溶扩散反应;(c) 叠层原料完全反应。

在上述方法的基础上,还可采用固-液反应制备方法,制备具有双峰晶粒度分布的 NiAl 合金薄板,反应过程如图 6-46 所示。第一阶段(图(a)):液态 Al 与固态 Ni 相互扩散,形成 Al(Ni)液态层与 Ni(Al)固态层。第二阶段(图(b)):大量的 NiAl 晶核由于浓度波动从过饱和的 Al(Ni)液态层中析出。第三阶段(图(c)):随着保温时间的延长,由于液态 Al(Ni)层中 NiAl 的高形核率和固态 Ni(Al)层中保留了粗晶 Ni 的特征,形成了细晶 NiAl 层和粗晶 NiAl 层交替的 NiAl 合金组织特征。这种双峰的复合组织,使得 NiAl 合金薄板具有优化的室温断裂韧性($9.3\text{MPa}\cdot\text{m}^{1/2}$)[20]。

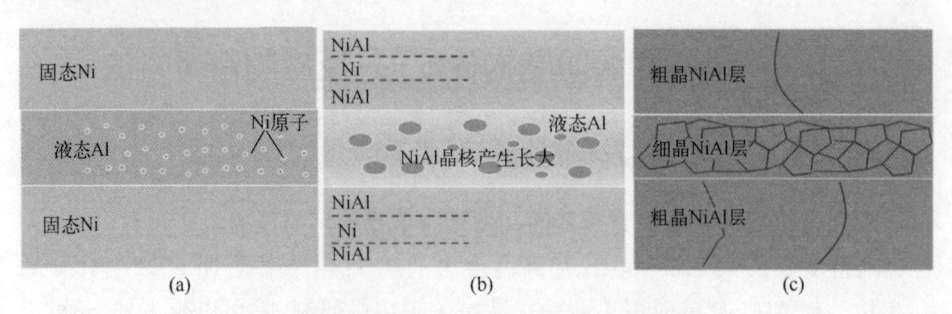

图 6-46　固-液反应制备 NiAl 合金的反应机理
(a) 第一阶段；(b) 第二阶段；(c) 第三阶段。

为了提高 NiAl 合金薄板的塑性，还可通过反应合成法制备具有良好拉伸性能的 Ni/Ni$_3$Al 叠层复合材料薄板[21]。测试结果表明，该薄板室温下的屈服强度为 341MPa，抗拉强度达 1050MPa，延伸率达 18.2%；随着拉伸温度的升高，在 Ni$_3$Al 的强化作用下，板材屈服强度逐渐升高，而抗拉强度和延伸率逐渐降低[22]。

通过上述方法制备的叠层复合材料薄板尽管具有良好的室温塑性和高温性能，但却直接导致了材料密度的增大。为了优化 NiAl 合金薄板在应用过程中性能和密度的协调关系，通过控制 Ni 箔所占的比例，制备出了富 Ni 的 NiAl 复合材料 Ni-(Ni$_3$Al+NiAl)。观察发现，Ni$_3$Al/NiAl 界面产生的 Al$_2$O$_3$ 为非连续球状夹杂物，使得 Ni$_3$Al/NiAl 与 Al$_2$O$_3$ 界面发生微剥离，Ni$_3$Al 层在一定程度上表现为 Ni$_3$Al 单晶，增强了 Ni$_3$Al 层的塑性。力学性能测试结果表明，此复合材料的室温抗拉强度达到了 875MPa，延伸率为 24%[23]。

6.5.2　NiAl 合金曲面薄壁构件反应制备

通常情况下，NiAl 合金构件需采用如下工艺步骤制造：先制备合金坯料（棒材或板材），然后对坯料进行成形/加工，获得所需形状、尺寸的构件。由于 NiAl 合金难变形、难加工、塑性成形温度高、对设备要求苛刻，因此 NiAl 合金复杂曲面薄壁构件成形技术还鲜有报道。

针对 NiAl 合金薄壁构件的制备成形难题，苑世剑等[24]提出了一种 NiAl 合金曲面薄壁构件合成制备与成形一体化的方法。与传统方法相比，该方法"反其道而行之"，先成形构件，再反应制备合金材料，即利用 Ni 箔和 Al 箔良好的延展性，通过叠层原料热态气压成形先获得复杂薄壁构件，而后在温度、压力等的耦合作用下，使 Ni 箔与 Al 箔发生反应生成 NiAl 合金。

NiAl合金反应制备成形技术路线主要是通过交替堆叠Ni箔与Al箔,先通过热压过程使其形成类似三明治结构的叠层板材,再在模具中通过高压固体或气体介质加压使叠层板材贴模成形,最后保温保压促使Ni和Al原子相互扩散,实现元素箔的冶金反应过程,使构件成分转变为NiAl,即获得NiAl合金曲面薄壁构件。该方法采用NiAl合金"先成形构件、后制备材料"的新工艺思路,解决了NiAl合金本征脆性大、薄壁构件难成形的问题,在复杂薄壁构件成形方面具有独特优势。

通过反应制备成形方法获得了NiAl合金单曲率薄壁构件,在微观结构表征的基础上,还详细研究了不同温度下Ni/Al箔的微观结构演变、反应特性及相变途径。在900℃时,合金的屈服强度和抗拉强度分别达到了106.1MPa和113.6MPa,随着拉伸温度升高到1000℃,屈服强度和抗拉强度随之降低。同时,板材的断裂伸长率也显著提高,说明材料的延性脆性转变温度在900℃以下。然后对NiAl合金单曲率薄壁构件的不同位置进行显微组织观察和成分分布分析,结果表明,在薄壁构件的不同部位出现了单元分布不均匀和单元成分偏离的现象,这是由材料在不同载荷条件下的流动造成的。但是,NiAl二元相区较宽,通过XRD进一步验证,构件不同位置的成分仍为NiAl相[25]。

6.5.3 NiAl合金封闭截面薄壁构件反应制备

在上述反应制备成形思路的基础上,针对封闭截面薄壁构件的需求,苑世剑等[25]提出了NiAl合金薄壁构件成形与控性一体化的方法。其基本原理是:首先将交错堆叠的Ni/Al叠层箔卷管在高温高压的作用下形成具有一定中间层的筒坯,然后在热态气体介质的作用下对筒坯进行成形,再通过温度/压力加载完成反应合成和致密化处理过程,致密化结束后即获得NiAl合金封闭截面薄壁构件。

此封闭截面薄壁构件成形与控性一体化方法,可以有效解决NiAl室温塑性差、难以成形复杂结构等问题,在制备封闭曲面薄壁构件方面具有一定的优势,为NiAl合金复杂封闭截面薄壁构件的成形与实际应用提供了一种简易可行、科学高效的新方法。然而,封闭截面薄壁构件相比板壳件气压成形而言,在密封控制、壁厚均匀性、气压加载路径、原始管材制备方面均存在较大挑战。下面针对航空航天发动机等对于轻质耐热构件的需求,重点研究了Ni/Al叠层管材制备工艺、NiAl合金变截面构件热态气压成形-反应制备复合工艺,旨在验证工艺可行性,为NiAl合金变截面构件制造提供新的技术途径。

为了研究Ni/Al叠层管材热态气压成形能力,覆盖一定范围变截面薄壁构件,设计了由圆截面过渡到方截面的变截面构件(图6-47),管材初始外径为

ϕ40mm，方截面尺寸为 40.3mm×40.3mm，棱边外圆角半径为 6mm，最大膨胀率为 19.1%，构件总长度为 160mm。

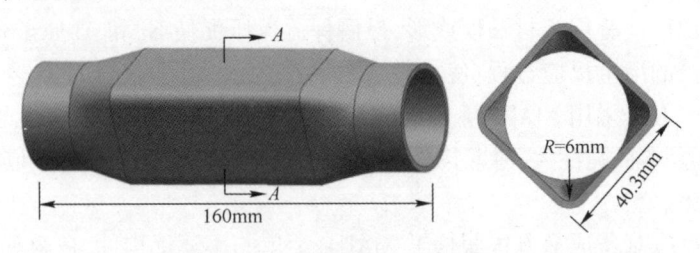

图 6-47 变截面构件示意图

Ni/Al 叠层管材的卷制根据 NiAl 构件反应制备要求，选择的 Ni 箔厚度为 60μm、Al 箔厚度为 100μm。考虑 Ni/Al 叠层管材的壁厚还会受到扩散反应过程中热压温度、压力和时间的影响，如图 6-48(a)所示，使用矩形箔材连续缠绕成 Ni/Al 叠层箔，然后经低温反应制备得到 Ni/Al 叠层管材，矩形箔材长度由缠绕管材截面外圆和内圆的平均长度、反应减薄率和构件目标壁厚计算获得。Ni/Al 叠层管材的制备过程需要实现 Ni 箔与 Al 箔之间的层间结合，除去金属箔材之间的气体，以防后续热态气压成形造成 Ni/Al 叠层材料的氧化或者产生内部孔洞。图 6-48(b)为真空热态模压下在 600℃时施加 10MPa 载荷保压 1h 后(600℃/10MPa/1h)制备的 Ni/Al 叠层管材，管材长 160mm，管材半径为 20mm。此步骤主要除去箔材之间气体并实现初步的层间结合，但是由于锥形刚性模具无法在叠层箔材表面施加足够均匀的载荷，此时的 Ni/Al 叠层管材在成形过程容易出现分层剥离[26]。

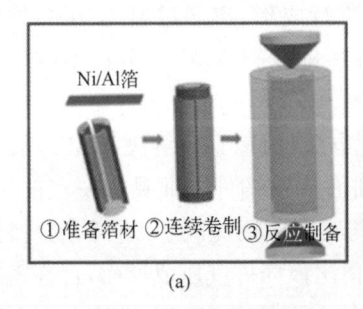

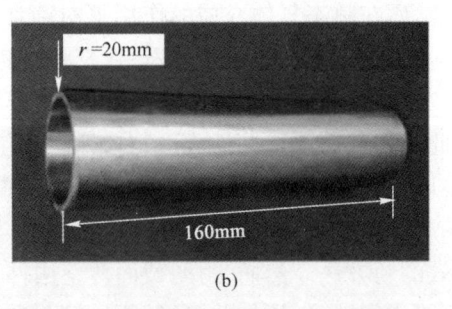

图 6-48 600℃/10MP/1h 条件下制备 Ni/Al 叠层管材的过程和实物照片
(a) 制备过程；(b) 实物照片。

为了保证 Ni/Al 叠层管材在后续热态气压成形中不发生分层剥离，并提高材料的协调变形能力，提出了进一步采用热态气压加载的方式调控 Ni/Al 叠层管材的中间层厚度。采用热态气压成形设备将 Ni/Al 叠层管材放置于模腔中，施加合模力至 100kN,利用冲头将管材圆端部密封后,在 600℃ 施加 10MPa 气压并保压 40min,实现 Ni/Al 叠层箔材之间较好的界面结合。图 6-49 为 Ni/Al 叠层管材经中间层均匀化处理后,在取样点 1、2、3 处的微观组织,可见 Ni/Al 叠层管材微观组织分布较为均匀,中间层($NiAl_3$ 和 Ni_2Al_3)厚度约为 $12\mu m$。

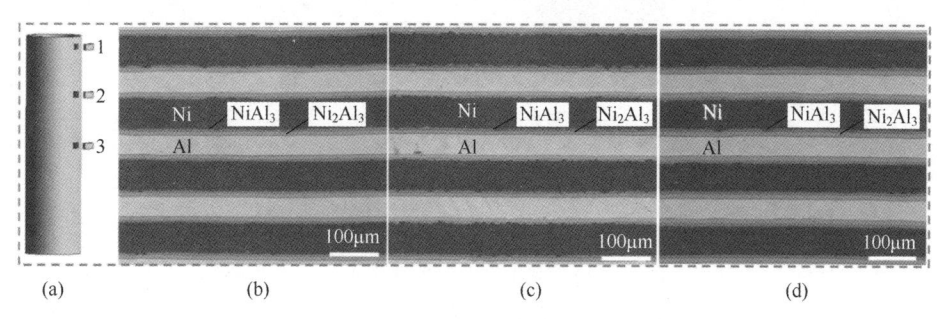

图 6-49 Ni/Al 叠层管材不同位置的微观组织
(a)管材取样位置;(b) 位置 1 处的微观组织;(c) 位置 2 处的微观组织;(d) 位置 3 处的微观组织。

气压加载方式会影响管材的温度场分布、变形速率,决定着成形构件的微观组织性能及壁厚均匀性。因此,研究了不同的气压加载方式对 Ni/Al 叠层管材热态气压成形的影响。图 6-50 为快速加载(以 1.2MPa/s 的速率升压至 12MPa(1.2MPa/s/12MPa))、慢速加载(以 0.04MPa/s 的速率升压至 12MPa(0.04MPa/s/12MPa))和台阶式加载(全部以 0.04MPa/s 的速率首先升压至 5MPa 并保压 30s,然后升压至 8MPa 保压 150s,最后升压至 12MPa(0.04MPa/s/5MPa-8MPa-12MPa))方式下变截面构件的圆角半径和壁厚分布变化曲线。从图 6-50(a)可以看出,成形的变截面构件圆角半径变化呈"慢—快—慢"的变化趋势,逐渐接近 6mm,即在刚达到屈服点时管材才开始缓慢变形,气压升高至 12MPa 时变形速率达到最大;而在保压阶段为了维持管材继续变形,变形速率开始逐渐降低。为了获得更准确的温度场分布,台阶式加载以 0.04MPa/s 的加载速率达到 5MPa 时保持 30s,然后升压至 8MPa 时保温 150s,保证管材与冷气发生充分热交换,达到了管材各位置温度场更加均匀的目的。图 6-50(a)中插图为变截面构件的横截面,根据受力方式将 1~7 和 13~19 位置称为直壁段,7~13 位置称为圆角段,7 和 13 位置称为过渡段。图 6-50(b)为三种气压加载方式成形后的构件壁厚分布曲线,壁厚分布趋势基本一致,表现为过渡段壁厚最薄,直壁段和圆角段壁厚稍大。三种气压加载方式成形的构件壁厚均较均匀,壁厚差值在 0.05~0.07mm 之间。

图 6-51 为 625℃ 时三种气压加载方式下变截面构件不同位置的层状微观组织照片。从图 6-51(a)~(c)可以看出,快速气压加载时变截面构件不同位置

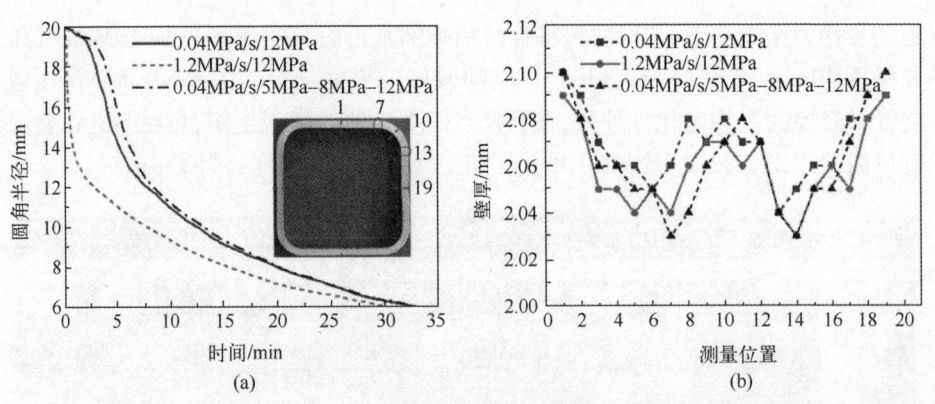

图 6-50　625℃时不同气压加载方式下成形的圆角半径和壁厚分布变化曲线
(a) 圆角半径;(b) 壁厚分布。

中间层出现了微裂纹,这是因为中间层($NiAl_3$和Ni_2Al_3)化学键的复杂性和共价键的强烈方向性导致中间层存在低温脆性,在低温或者高应变速率下变形时仅有 3 个独立滑移系开动,裂纹易在晶界形核扩展造成沿晶断裂。经高温拉伸验证,Ni/Al 叠层筒坯在温度高于 575℃、应变速率低于 $1×10^{-2}s^{-1}$ 时,中间层发生韧脆性转变,具有较好的塑性变形能力,否则呈脆性断裂特征。而快速气压加载时,圆角半径最大应变速率达 $4.25×10^{-2}s^{-1}$,因此,导致叠层管材的中间层($NiAl_3$和Ni_2Al_3)发生脆性断裂。为了避免成形出现微裂纹,需要降低成形初期的气压加载速率,最终保证整个热态气压成形过程的应变速率均低于 $1×10^{-2}s^{-1}$。通过调整气压加载速率,实现了 Ni/Al 叠层管材完全贴模,且变截面构件内部无微裂纹等损伤,如图 6-51(d)~(g)所示。

在热态气压成形基础上,构件在 1200℃反应 1h 使 Ni/Al 叠层变截面构件发生均质化反应,转变为 NiAl 合金构件。图 6-52(a)为均质化后 NiAl 合金变截面构件,经检测,其尺寸精度偏差小于 0.1mm。图 6-52(b)~(d)为横截面直壁段、过渡段和圆角段外侧附近的微观组织,图 6-52(e)~(g)为横截面直壁段、过渡段和圆角段内侧附近的微观组织。构件内外侧的微观组织经 XRD 和能谱分析确定最终产物均为单相 NiAl,说明此时已经获得了均质化的 NiAl 合金构件。

图 6-53 为在 NiAl 合金变截面构件的直壁段切取拉伸试样测得的高温拉伸曲线。当温度在 850℃以上时,构件具有较好的高温强度和塑性。850℃时,抗拉强度为 135MPa,应变达到 57.1%;900℃时,抗拉强度为 110MPa,应变为 63.5%;1000℃时,抗拉强度为 74MPa,应变为 77.1%。

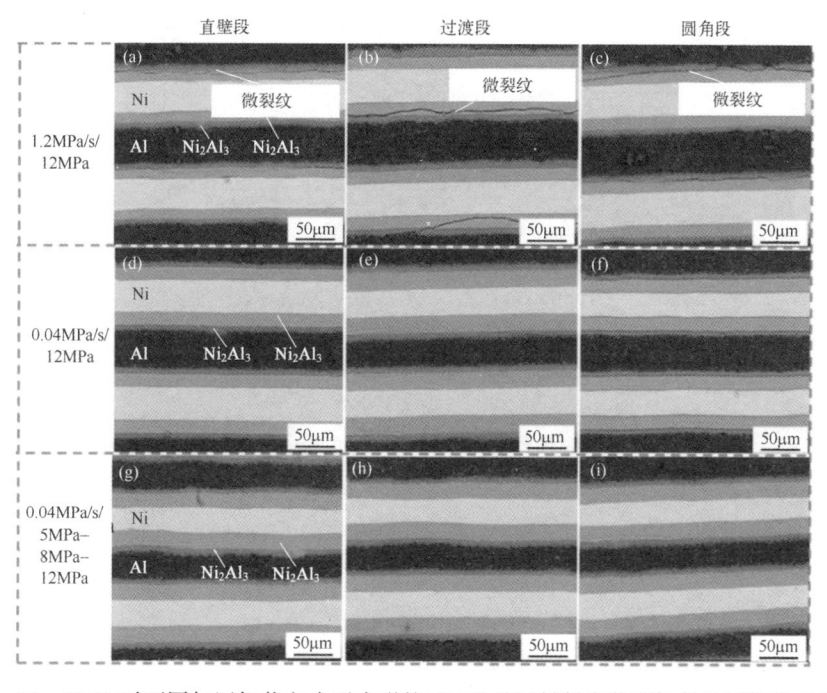

图 6-51　625℃时不同气压加载方式下成形的 Ni/Al 叠层材料变截面构件的层状微观组织
(a) 1.2MPa/s/12MPa,直壁段;(b) 1.2MPa/s/12MPa,过渡段;(c) 1.2MPa/s/12MPa,圆角段;
(d) 0.04MPa/s/12MPa,直壁段;(e) 0.04MPa/s/12MPa,过渡段;(f) 0.04MPa/s/12MPa,圆角段;
(g) 0.04MPa/s/5MPa-8MPa-12MPa,直壁段;(h) 0.04MPa/s/5MPa-8MPa-12MPa,过渡段;
(i) 0.04MPa/s-5MPa-8MPa-12MPa,圆角段。

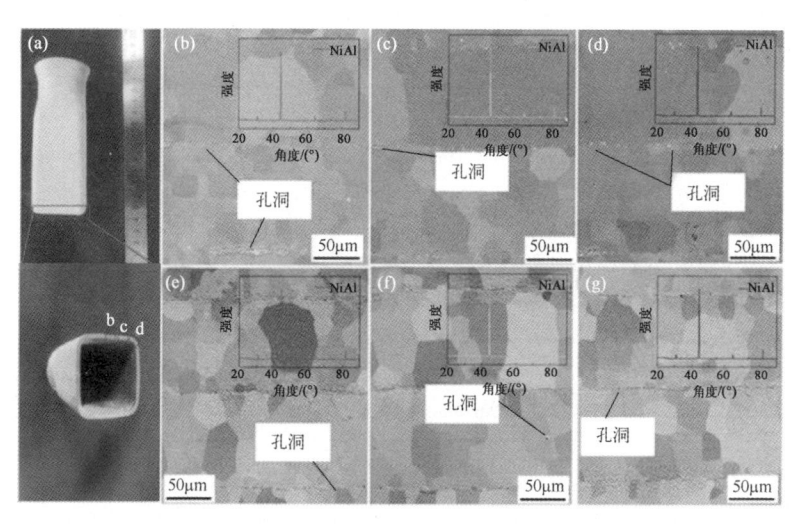

图 6-52　NiAl 合金变截面构件及不同位置微观组织
(a) 均质化后 NiAl 合金变截面构件;(b) 直壁段外侧;(c) 过渡段外侧;(d) 圆角段外侧;
(e) 直壁段内侧;(f) 过渡段内侧;(g) 圆角段内侧。
b—直壁段;c—过渡段;d—圆角段。

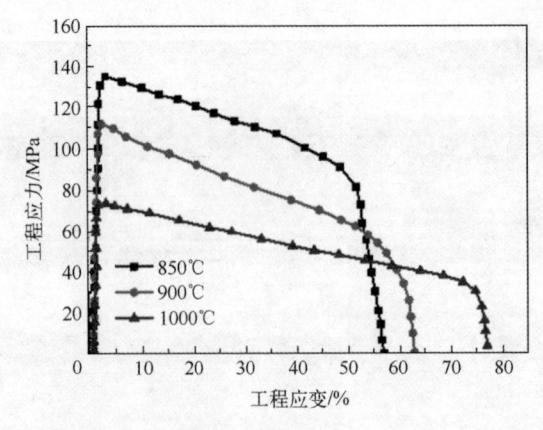

图6-53 NiAl合金变截面构件试样的高温拉伸工程应力-工程应变曲线(见彩插)

参考文献

[1] 焦雪艳. Ti₂AlNb合金方截面管件热态气压成形及组织性能控制[D]. 哈尔滨:哈尔滨工业大学. 2018.

[2] CAI Q, LI M, ZHANG Y, et al. Precipitation behavior of Widmanstätten O phase associated with interface in aged Ti₂AlNb-based alloys[J]. Materials Characterization, 2018, 145:413-422.

[3] HUANG S, SHAO B, XU W, et al. Deformation behavior and dynamic recrystallization of Ti-22Al-25Nb Alloy at 750-990℃[J]. Advanced Engineering Materials, 2020, 22(4):1648-1642.

[4] ZHANG H, YAN N, LIANG H, et al. Phase transformation and microstructure control of Ti₂AlNb-based alloys: A review[J]. Journal of Materials Science & Technology, 2021, 80:203-216.

[5] GOYAL K, SARDANA N. Phase stability and microstructural evolution of Ti₂AlNb alloys-a review[J]. Materials Today: Proceedings, 2020, 41(4):951-968.

[6] DU Z H, MA S B, HAN G Q, et al. The parameter optimization and mechanical property of the honeycomb structure for Ti₂AlNb based alloy[J]. Journal of Manufacturing Processes, 2021, 65(1):206-213.

[7] ZHANG K Z, LEI Z L, CHEN Y B, et al. Microstructural evolution and numerical simulation of laser-welded Ti₂AlNb joints under different heat inputs[J]. Rare Metals, 2021, 40(8):2143-2153.

[8] ZHANG H, ZHANG Y, LIANG H, et al. Effect of the primary O phase on thermal deformation behavior of a Ti₂AlNb-based alloy[J]. Journal of Alloys and Compounds, 2020, 846:156458.

[9] CHEN X, ZENG W D, WEI W, et al. Coarsening behavior of lamellar orthorhombic phase and its effect on tensile properties for the Ti-22Al-25Nb alloy[J]. Materials Science and Engineering A, 2014, 611:320-325.

[10] JIA J, LIU W, XU Y, et al. Microstructure evolution, B2 grain growth kinetics and fracture behaviour of a powder metallurgy Ti-22Al-25Nb alloy fabricated by spark plasma sintering[J]. Materials Science and Engineering A, 2018, 730:106-118.

[11] RAVINDRANADH B, VEMURI M. Physically-based constitutive model for flow behavior of a Ti-22Al-25Nb alloy at high strain rates[J]. Journal of Alloys & Compounds, 2018, 762:844-848.

[12] DEY S R,SUWAS S,FUNDENBERGER J J,et al. Evolution of crystallographic texture and microstructure in the orthorhombic phase of a two-phase alloy Ti-22Al-25Nb. Intermetallics,2009,17(8):622-633.

[13] FU Y,LV M,ZHAO Q,et al. Investigation on the size and distribution effects of O phase on fracture properties of Ti$_2$AlNb superalloy by using image-based crystal plasticity modeling[J]. Materials Science and Engineering A,2021,805(4):140787.

[14] FENG T,NAKAZAWA S,HAGIWARA M. Creep behavior of tungsten-modified orthorhombic Ti-22Al-20Nb-2W alloy[J]. Scripta Materialia,2000,43(12):1065-1070.

[15] LIU G,WANG J,DANG K,et al. High pressure pneumatic forming of Ti-3Al-2.5V Titanium tubes in a square cross-sectional die[J]. Materials,2014,7(8):5992-6009.

[16] 刘志强. Ti$_2$AlNb合金薄壁件热态气压成形及热处理全过程建模与仿真[D]. 哈尔滨:哈尔滨工业大学,2022.

[17] 王宝. Ni/Al叠层材料组织性能调控及合金构件制备[D]. 哈尔滨:哈尔滨工业大学,2022.

[18] GUO J T,CUI C Y,CHEN Y X,et al. Microstructure,interface and mechanical property of the DS NiAl/Cr(Mo,Hf) composite[J]. Intermetallics,2001,9(4):287-297.

[19] DU Y,FAN G H,WANG Q W,et al. Synthesis Mechanism and strengthening effects of laminated NiAl by reaction annealing[J]. Metallurgical and Materials Transactions A,2017,48(1):168-177.

[20] FAN G H,WANG Q W,DU Y,et al. Producing laminated NiAl with bimodal distribution of grain size by solid-liquid reaction treatment[J]. Materials Science and Engineering A,2014,590:318-322.

[21] WANG H B,HAN J C,DU S Y,et al. Reaction synthesis of Ni/Ni$_3$Al multilayer composites using Ni and Al foils: High-temperature tensile properties and deformation behavior[J]. Journal of Materials Processing Technology,2008,200(1-3):433-440.

[22] KONIECZNY M. Mechanical properties and deformation behavior of laminated Ni-(Ni$_2$Al$_3$+NiAl$_3$) and Ni-(Ni$_3$Al+NiAl) composites[J]. Materials Science and Engineering A,2013,586:11-18.

[23] 王宝,王东君,刘钢. 轻质耐高温NiAl基合金制备与复杂构件成形技术进展浅析[J]. 自然杂志,2020,42(3):269-276.

[24] 苑世剑,孙营. 一种NiAl合金曲面板材构件合成制备与成形一体化方法:201710448620.5[P]. 2017-06-14[2017-08-22].

[25] SUN Y,LIN P,YUAN S J. A novel method for fabricating NiAl alloy sheet components using laminated Ni/Al foils[J]. Materials Science and Engineering A,2019,754:428-436.

[26] 刘钢,王宝,王东君,等. NiAl合金变截面管件热态气压成形-反应制备复合工艺[J]. 锻压技术,2023,48(5):1-6.

第 7 章
热态气压成形模具与设备

装备作为工艺的载体,对于热态气压成形的实现尤为关键,包括模具和设备两部分。热态气压成形中材料因热胀冷缩而变形,且模具与构件材料的热膨胀系数通常存在较大差异。因此,模具型面尺寸设计必须考虑材料的热膨胀性能,否则可能导致构件尺寸出现偏差,且构件尺寸越大,受热膨胀影响也越加明显。同时,模具不仅要承受设备施加的合模力,还需承受构件内部高压气体的压力。因此,模具型面与结构的设计需针对复杂应力场进行刚度优化与变形补偿。模具需装在热态气压成形设备上,以实现构件的成形加工,并需配置加热、高压气源及水冷等系统,以精确控制工艺参数。根据构件的尺寸、形状特征以及材料特性,热态气压成形设备主要采用感应加热、电流加热及加热炉加热等加热方式。美国、德国、日本等国家已研制出热态气压成形设备,并成功应用于高强钢、铝合金、钛合金构件的生产中[1-3]。在国内,哈尔滨工业大学率先研制出具有自主知识产权的热态气压成形设备,并广泛用于铝合金、钛合金、金属间化合物、镁合金等构件研制和生产[4-5],为热态气压成形技术的开发和应用起到关键的引领作用。

7.1 热态气压成形模具

7.1.1 热态气压成形模具材料

热态气压成形模具需要长期工作在 700~1000℃,成形时需要承受 20~100MPa 的接触压力,要求模具材料在高温和高载荷条件下仍具有较高强度、硬度和抗疲劳性能。按照使用温度,一般需要采用高耐热模具钢与特殊用途模具钢加工热态气压成形模具。

当工作温度为600~700℃时,常见的高耐热热作模具钢有3Cr2W8V(H21)、4Cr3Mo3W4VNb(GR)、4Cr3Mo2MnVNbB(Y4)、5Cr4Mo2W2VSi等钢种,由于合金元素含量高(8%~10%),此类钢接近共析或过共析成分[6],回火时具有强烈的二次硬化,因此具有比普通热作模具钢更好的回火稳定性和抗疲劳性能[7]。

当工作温度为700~900℃时,特殊用途模具钢可以满足要求,包括马氏体时效耐热钢、高速工具钢、冷热兼用基体钢和奥氏体型热作模具钢。其中,奥氏体型热作模具钢一般含有较高的镍、锰等奥氏体形成元素,同时含有一定的碳、铬等使奥氏体更加稳定,可以在任意状态下保持奥氏体状态。奥氏体型热作模具钢主要分为高锰系奥氏体钢和铬镍系奥氏体钢,高锰系奥氏体钢包括5Mn15Cr8Ni5Mo3V2、7Mn10Cr8Ni10Mo3V2和7Mn15Cr2Al3V2WMo,这类钢易产生加工硬化时效,适于制造使用温度在700~800℃、工作应力较高、形状简单的模具[8];铬镍系奥氏体钢包括45Cr14Ni14W2Mo、Cr14Ni25Co2V,这类钢在600~800℃时易因强烈的时效而强化,在800℃以下耐热不起皮,900℃以下耐蚀性高[6-7]。

当工作温度高于900℃时,成形模具材料一般选择3Cr24Ni7SiNRE模具钢,该材料在3Cr24Ni7SiN模具钢的基础上添加了0.2%~0.3%(质量分数)铈或镧稀土元素。加入稀土后其抗氧化性能得到了明显改善。

3Cr24Ni7SiNRE材料的密度为7.8g/cm³,基本热物理性能随温度的变化如图7-1所示。线膨胀系数及导热系数随着温度的升高逐渐增大,并趋近于线性增加。比热容随着温度的升高先趋于线性增加,当温度达到800℃以上时趋于稳定。弹性模量随着温度的升高逐渐下降。

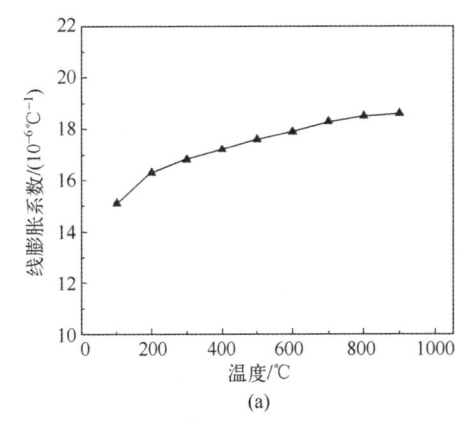

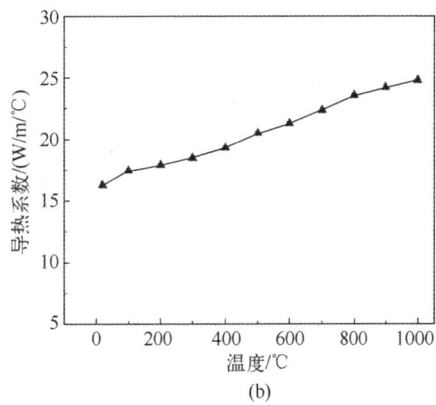

(a)

(b)

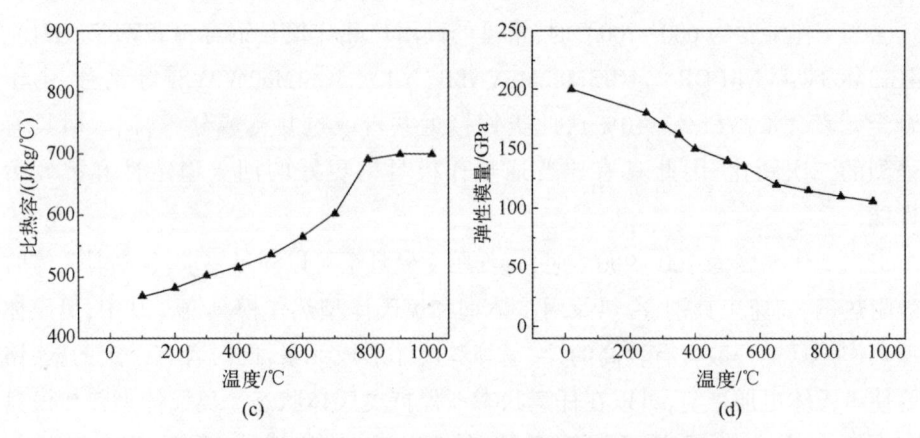

图 7-1 3Cr24Ni7SiNRE 基本热物理性能随温度的变化
(a) 线膨胀系数；(b) 导热系数；(c) 比热容；(d) 弹性模量。

7.1.2 热态气压成形模具典型结构

设计热态气压成形模具时首先需要考虑分模面设计，还要考虑测温孔与排气孔、加热系统的布置。图 7-2 所示为某异形截面构件热态气压成形模具，包括上下模、上下隔热板、左右冲头、感应加热线圈。模具分模面处一般加工测温孔，放入热电偶测量管材不同位置温度，在成形过程中也可起到排气孔作用。当模具尺寸或重量相对较小时，采用感应加热效率比较高，温度均匀性也可以保证。当模具尺寸或重量较大时，对感应加热器要求升高、温度均匀性控制难度增大，这种情况推荐采用加热炉进行加热。热态气压成形模具的冲头一般采用带有斜度的台阶结构，方便冲头进入管材内部，冲头在进给时逐渐与管材内壁接触并实现密封。模具的垫板上需要布置冷却水管，避免将高温传递到压机。高温热态气压成形模具受热时会发生热弹性变形，模具型面也会发生变化，需要对模具型面进行优化补偿设计。

7.1.3 热态气压成形模具型面优化补偿设计

热态气压成形构件的精度主要由模具型面尺寸及成形过程中构件贴模情况决定。目前，钛合金热态气压成形模具型面设计主要是将工艺数值模拟与实验修正相结合，在模具型腔设计中预留修模量，对于异形截面复杂构件，往往修模次数较多。近年来，随着制造过程中数字化、网络化和智能化的不断发展，基于全过程仿真及优化算法的模具型面优化补偿设计方法正在得到应用，具体步骤为：首先通过薄壁构件热态气压成形全过程仿真，分析热膨胀、模具变形、成形工艺参数及回弹等对尺寸精度的影响规律，然后将仿真预测的构件型面与设计要

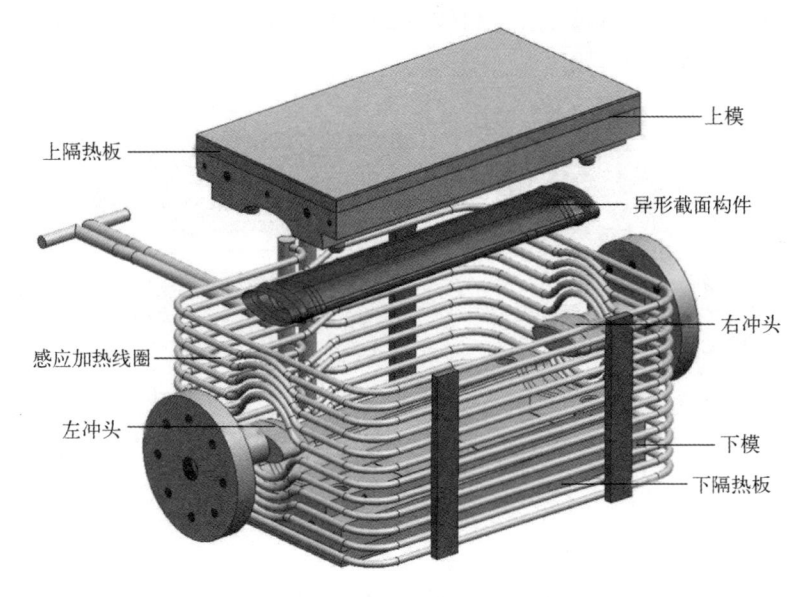

图 7-2 异形截面构件热态气压成形模具及感应加热线圈

求的理想构件型面进行对比分析,根据分析结果进行薄壁构件热态气压成形模具型面优化设计,优化补偿模具型面,输出可以满足构件尺寸精度要求的模具加工型面数据。下面所列实例为采用该方法对图 7-2 所示模具型面进行优化补偿的步骤,采用 ABAQUS 软件分析模具变形补偿,利用 ABAQUS 与 Python 相结合进行二次开发,基于三维建模和数值模拟,通过对仿真构件与理想构件进行型面对比与偏差分析,并不断迭代将偏差用于模具型面的补偿优化,使得最终成形管件与理想构件的最大偏差符合预设偏差目标值[9]。

管材材料为 TC2 钛合金,壁厚 1.8mm。部件包括上下模与 TC2 管材,模具与管材的热物理性能参数均由实验测试获得(图 7-1),所有参数均可用于有限元建模中材料性能参数设置。

为了更快速地完成多次模具型面的迭代优化,同时考虑模具由热膨胀引起的型面变化,可将升温经热膨胀之后的模具型面作为模具初始态导入三维模型,然后将其设置为刚体再与管材组成装配体。为了便于后续成形件与理想构件外型面对比得到偏差值,需建立理想构件三维模型。其中,理想构件不参与热态气压成形过程的计算,只是在成形结束之后利用 ABAQUS 与 Python 相结合实现仿真构件与理想构件尺寸偏差的求解,并将尺寸偏差的结果以云图的形式进行可视化。图 7-3 即为包括上模、下模、管材以及理想构件的三维装配体有限元模型。虽然装配过程中初始管材与理想构件出现视觉上的交叉,但由于理想构件并不参与计算,因此对计算结果没有影响,这种装配是为了方便后续仿真构件与理想构件尺寸偏差的对比。

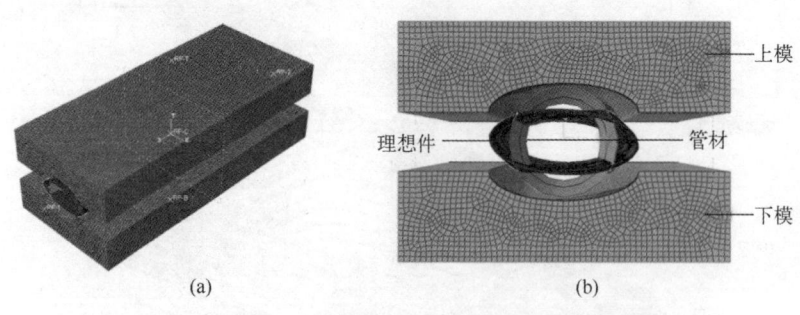

图 7-3 三维装配体有限元模型
(a) 等轴视图;(b) 前视图。

1. 计算内容

成形过程中加载路径如图 7-4 所示,其中温度均匀施加到所有单元上,成形气压施加到管材内表面,具体包括如下步骤:

(1) 合模过程,上模下行,开始坯料的初步成形。

(2) 管材内表面第一次加压过程,管材与模腔内壁开始初步贴合。

(3) 保压成形过程,促使坯料发生塑性流动,进一步贴模,贴模间隙减小。

(4) 管材内表面第二次加压过程,增大坯料与模腔内壁贴合程度,进一步贴模。

(5) 二次保压成形过程,贴模情况进一步增加,贴模间隙达到最小。

根据有限元模型中主要过程的求解器不同,可以把分析模型分为显式与隐式两类,对于成形时间较长的工艺过程,全部使用显式方式求解时间过长,尤其冷却回弹过程,属于典型的准静态过程,因此采用通用隐式求解器。

图 7-4 为全隐式分析类的分析步设置,为了保证非线性分析的进行,相对载荷加载曲线增加了初始重力施加步骤,模拟坯料放入模具合模并形成稳定的初始接触过程,增加了工件取出过程,解决了工件表面接触应力释放引起的问题,提升了计算的稳定性。

2. 程序组成及核心简介

模具型面优化程序逻辑框架如图 7-5 所示,程序需要基于 ABAQUS 计算文件(包含求解结果文件),在 ABAQUS 脚本环境求解计算,通过偏差分析、补偿、迭代求解等循环调用来实现大尺寸钛合金薄壁构件尺寸精度控制。程序的核心模块主要包括成形构件精度分析、模具型面补偿。

分析步骤	分析步类型	非线性
√ 初始	初始	—
√ 加热	通用隐式	开
√ 合模	通用隐式	开
√ 成形1	通用隐式	开
√ 保压	通用隐式	开
√ 成形2	通用隐式	开
√ 整形	通用隐式	开
√ 卸载	通用隐式	开
√ 开模	通用隐式	开
√ 冷却	通用隐式	开

图 7-4 分析步设置

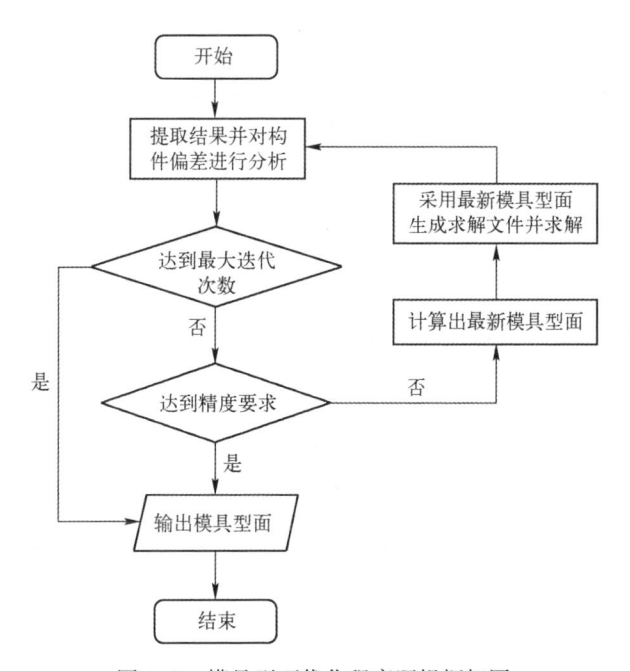

图 7-5 模具型面优化程序逻辑框架图

3. 成形构件精度分析

为对模具型面进行补偿优化，可利用 Python 编程软件进行脚本编写，该功能主要通过 Mould 类实现，实现原理如图 7-6 所示。提取计算得到的构件网格并重构为计算三维模型，然后将其与构件理论数模进行型面对比及偏差分析。

根据偏差情况结合构件尺寸精度要求,对模具型腔进行补偿优化,补偿后再次进行数值模拟与对比分析,多次迭代直到偏差精度满足要求或者精度不再明显提高,最后输出优化补偿后的型面,经冷却模拟后作为模具型面。

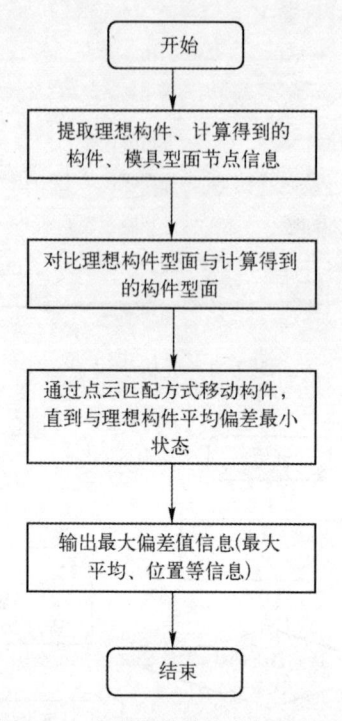

```
┌──────────┐
│   开始   │
└────┬─────┘
     ↓
┌──────────────────┐
│ 提取理想构件、计算得到的 │
│   构件、模具型面节点信息  │
└────┬─────────────┘
     ↓
┌──────────────────┐
│ 对比理想构件型面与计算得到│
│       的构件型面          │
└────┬─────────────┘
     ↓
┌──────────────────┐
│ 通过点云匹配方式移动构件, │
│ 直到与理想构件平均偏差最小│
│           状态            │
└────┬─────────────┘
     ↓
┌──────────────────┐
│ 输出最大偏差值信息(最大 │
│   平均、位置等信息)     │
└────┬─────────────┘
     ↓
┌──────────┐
│   结束   │
└──────────┘
```

图 7-6 成形构件精度分析原理图

  模具型面补偿优化的依据为上一次成形所得仿真构件与理想构件的偏差,即根据偏差修改模具型面,因此整个高精度热成形模具仿真设计平台的开发重点为如何对比仿真构件与理想构件型面并以较高精度获得二者的偏差。具体方法为:将目标点云进行局部拟合得到近似面,使点到对应面距离最小,综合考虑两点云位置关系与点云内部分布特点,所得偏差值具备更高的精度。三维模型中,首先提取仿真构件与理想构件所有节点坐标,然后对比成形件中的每个节点,使该节点到理想构件对应附近几个节点拟合型面的距离最小,即寻找点到面的垂线,然后将该节点与对应垂足点作为对应点对。得到对应点对后即可进行最优变换的求解,然后不断迭代对成形件进行旋转与平移,直至达到迭代终止条件。三维模型中点云配准算法设置的迭代终止条件为:仿真构件与理想构件最大偏差小于 0.3mm。

4. 模具型面补偿

模具型面补偿主要通过 Mould 与 Analyzer 来实现,补偿后的模具型面获取原理如图 7-7 所示,该方法主要依据热胀形时仿真构件外表面与模具型面紧密贴合这一假设进行,因此如果初始步骤中热胀形压力不足以使仿真构件外表面与模具型面紧密贴合,则无法进行该补偿计算。

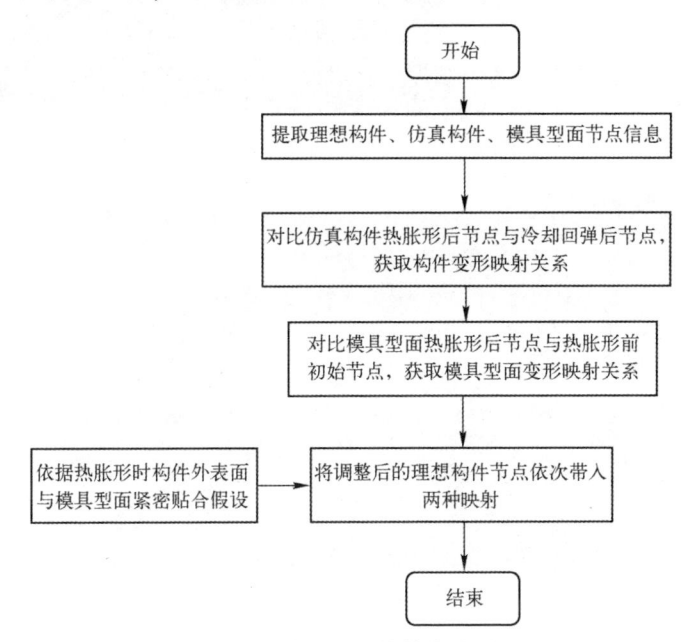

图 7-7 模具型面补偿获取原理图

在分析过程中,读取结果文件中的相关数据,包括热胀形后的构件表面节点以及冷却回弹后的构件表面节点,通过计算这两组节点之间的差值,获取这两种状态下构件节点的相对位移值。同理,也对热胀形后的模具型面节点与热胀形前的模具型面节点进行求差运算,从而获取这两种状态模具型面节点的相对位移值。

将理想构件表面节点带入映射函数,获取理想构件表面节点在热胀形后的理论节点位置,然后将获取的节点位置带入模具型面映射函数中,从而获取理想的模具型面状态。

通过上述计算流程,结合 ABAQUS 及 Python,经过迭代计算后构件的尺寸精度偏差分布如图 7-8 所示。构件整体最大偏差位于构件端部的最小圆角处,最大尺寸偏差为 0.236mm。迭代计算终止,输出最终模具型面如图 7-9 所示。在此条件下的实际成形实验表明,基于该型面设计的模具型腔能够满足产品成形精度要求,采用该模具成形得到的构件和尺寸精度详见 5.4 节。

图 7-8　迭代计算后构件的尺寸精度偏差分布（见彩插）

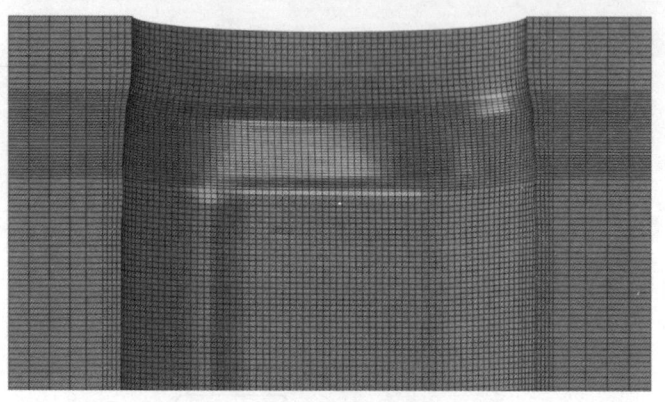

图 7-9　迭代后输出的模具型面

7.2　热态气压成形设备

7.2.1　热态气压成形机的组成及功能

热态气压成形机的组成如图 7-10 所示，包括合模压力机、水平液压缸、液压系统、气压系统、控制系统、加热系统及成形模具。合模压力机用于开闭模具，并在气压加载过程提供合模力；水平液压缸用于实现管材端部高压气体密封，并根据工艺需要进行轴向进给；气压系统提供管件成形所需要的高压气体，控制系统用于控制管材内部的气体压力，以实现对应变速率的控制，并控制设备中其余组成单元。

热态气压成形机的主要参数包括最高气体压力、最高加热温度、水平液压缸吨位与行程。最高加热温度取决于该设备可成形的材料，钛合金和金属间化合物等高温轻质合金成形温度均较高且分别有适宜的温度范围。最高气体压力取决于可成形构件的最小圆角，与管件材料、壁厚以及构件最小圆角半径相关。

表 7-1 为不同径厚比与牌号钛合金管材热态气压成形所需的初始变形压力，

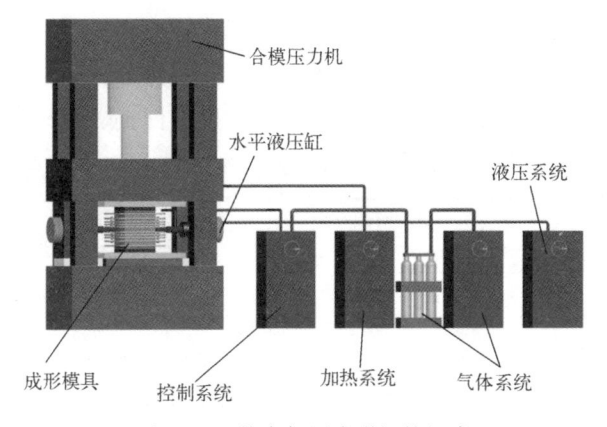

图 7-10 热态气压成形机的组成

由于应变速率硬化显著,初始变形所需气压值与应变速率关系很大,但对于不同材料、不同结构,可以通过合理调控应变速率将成形压力控制在 10~40MPa。

表 7-1 不同径厚比与牌号钛合金管材所需的初始变形压力

材料	牌号	径厚比 d/t	流动应力 $\sigma_s(T,\dot{\varepsilon})$/MPa	初始变形压力 p_s/MPa
钛合金	TA15	30	152(800℃,0.01s^{-1})	10
		20		15
		10		30
		30	210(800℃,0.1s^{-1})	14
		20		21
		10		42
	TA18	30	130(700℃,0.01s^{-1})	9
		20		13
		10		26
		30	147(700℃,0.1s^{-1})	10
		20		15
		10		30
	TC4	30	105(800℃,0.01s^{-1})	7
		20		11
		10		22
		30	195(800℃,0.1s^{-1})	13
		20		20
		10		40

第 7 章 热态气压成形模具与设备

表 7-2 所列为不同牌号钛合金管材、不同相对圆角半径与变形条件下的整形压力。对于具有较小相对圆角半径的零件,由于最终整形所需应变不大,适当降低应变速率即可在较低整形压力下获得高精度零件,从而降低对设备的要求。

表 7-2　不同相对圆角半径与变形条件下的整形压力

材料	牌号	相对圆角半径 r_c/t	峰值应力 $\sigma_{\max}(T,\dot{\varepsilon})$/MPa	整形压力 p_c/MPa
钛合金	TA15	10	198(800℃,0.01s^{-1})	20
		5		40
	TA18	10	181(700℃,0.01s^{-1})	18
		5		36
	TC4	10	173(800℃,0.01s^{-1})	18
		5		36

根据前述分析,整形压力一般不会超过 40MPa,因此表 7-3 给出在 40MPa 气压下不同长度与管径热态气压成形所需的合模力,对于长度 1000mm、直径 100mm 的零件,其最大合模力为 4000kN,其他尺寸零件成形的合模力可成比例增减。

表 7-3　合模力(整形压力 40MPa)　　　　　　　　单位:kN

管径/mm	投影长度/mm		
	500	1000	2000
50	1000	2000	4000
100	2000	4000	8000
200	4000	8000	16000

表 7-4 为不同整形压力与不同管径下的水平方向气压反力,从表中可以看出管径的影响更加显著。对于直径 100mm、整形压力 20MPa 的成形过程,仅产生 160kN 的水平反力,但是当直径为 200mm 时,水平反力骤增至 640kN,此时所需水平液压缸吨位和尺寸将显著增大。

表 7-4　不同整形压力和管径产生的水平方向气压反力　　单位:kN

管径/mm	整形压力/MPa		
	10	20	30
50	20	40	60
100	80	160	240
200	320	640	960

热态气压成形需要同时满足高压和高温条件,与常温成形设备相比,热态气压成形设备需要额外关注的主要因素包括:①装备隔热措施。材料在600~900℃温度范围内成形,需要考虑高温对模具及装备影响,包括模具的整体加热、保温、温度分布控制,模具与合模压力机平台之间的隔热等问题。②温热条件下高压气体介质的稳定传输、密封及压力控制。高温下变形行为受应变速率影响很大,因此要求精确控制气体增压速率,然而气体介质增压时压缩率大、气体体积受温度影响大,因此高压气体介质压力加载曲线精确控制比较困难,气体介质压力与管端轴向进给位移的匹配加载则更加困难。

7.2.2 气压系统

气压系统要实现两个主要功能:首先需要实现足够高的气压,保证构件圆角成形所需内压;其次,气压要与轴向进给位移相匹配,保证变形在最佳应变速率下进行。

1. 高压气源

由7.2.1节计算数据可知,常见规格管件的成形气压约为30~40MPa,高压气源设置了两级压力,第一级压力为35MPa,第二级压力为70MPa。第二级压力主要满足特殊规格与成形条件下管件成形需求。

由于气体压缩量大,增压时间较长,一般不采用气体增压器直接提供高压的方法。为保证成形节拍需要,在成形前将增压后的气体介质储存在高压气瓶中。为提高增压效率,也可将两台双作用双极气体增压器串联。

图7-11是根据成形需要所设计的气压系统原理图。该系统由15MPa常压气瓶、35MPa高压气瓶、70MPa高压气瓶、双作用双极气体增压器、空气压缩机组成。气体增压器由空气压缩机驱动,将常压气瓶中15MPa气体(空气、氮气或氩气)增压为压力为35~70MPa的高压气体,并分别储存于35MPa高压气瓶和

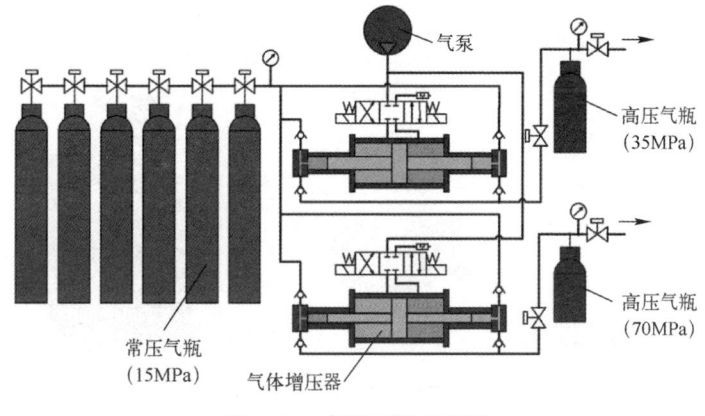

图7-11 气压系统原理图

70MPa 高压气瓶中。

2. 气压控制系统

为使管材在最佳的应变速率下发生变形，需要控制气压变化速率，对于需要轴向进给的管件成形，还需要保证气压与轴向进给量相匹配。

热态气压成形过程中，常温高压气体快速充入高温管材后，会有两方面因素影响气压的控制。一方面，气体压缩量大，增压或降压都需要较大的流量，容易造成压力控制的滞后，引起气压波动；另一方面，常温气体进入高温管材后，会因热交换升温，导致压力升高，即热致升压效应，因此气压控制系统不但要考虑通过流量增高压力，还要根据热致升压效应调节气体的输入量，否则会造成压力过高，即压力超调现象。为避免出现过大的压力控制超调，需要正确选用气动比例阀及流量控制阀。对于体积非常小的管件的成形，可采用较大容量的充气缓冲气瓶，增大增压的气体总体积，有助于减小管材内部的气压波动。

7.2.3 热态气压成形加热及温度控制系统

热态气压成形模具要独立配备加热系统，电磁感应加热方式由于具有加热速度快、温度控制灵敏度高、线圈形状可灵活设计等优点，成为热态气压成形工艺的首选加热方式。

图7-12为热态气压成形加热系统工作原理图，模具闭合后，感应加热器对模具进行快速加热，由于感应加热的趋肤效应，加热过程中模具由内向外温度逐渐升高，模具内外侧始终存在温度差，在加热后期需通过功率调控使模具温度均匀化。感应线圈朝向水平冲头的两侧均有开口，允许置于管材两端的密封冲头从开口处进入。在感应加热和热态气压成形过程中，需要对模具和管材温度进行实时

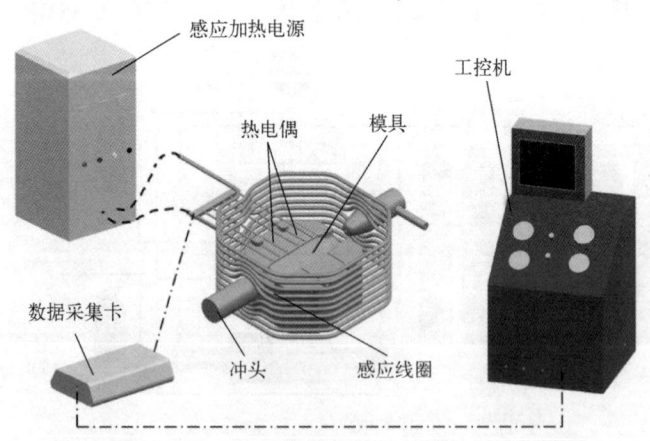

图7-12 感应加热系统工作原理图

测量,并根据所测温度对感应加热器功率进行实时调整,以保持温度恒定。

为保证模具在热态气压成形过程中处于恒温状态,并防止高温热传导损伤垂直及水平方向的液压缸,需要采用专用保温隔热系统。图 7-13 所示为保温隔热系统原理图,该系统由上、下模具水冷板,左、右冲头水冷板,模具隔热板,模具保温板,工业冷水机及循环水路组成。

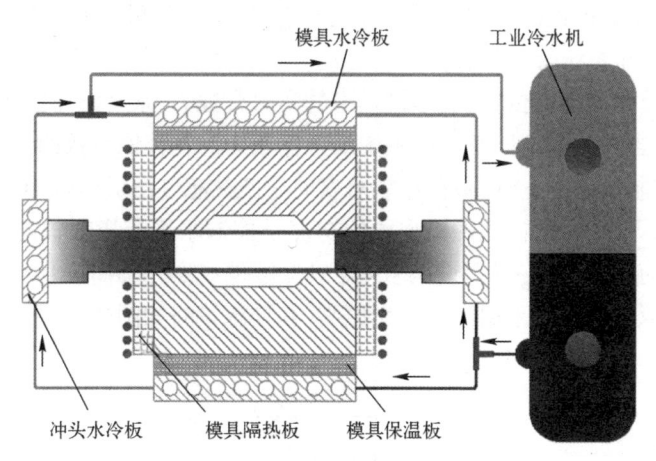

图 7-13 保温隔热系统原理图

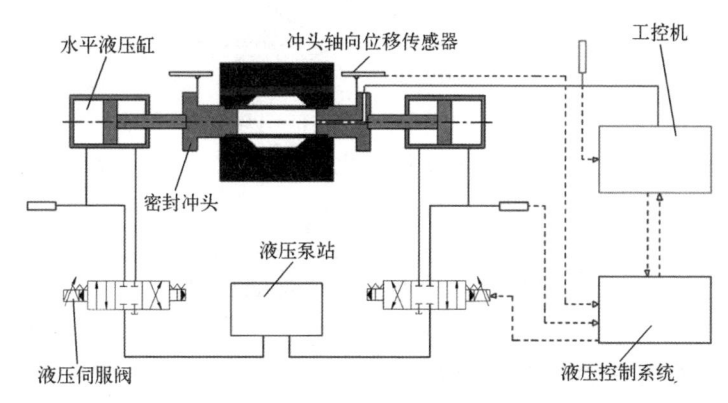

7.2.4 冲头轴向位移控制系统

冲头轴向位移控制系统原理图如图 7-14 所示,该系统由左、右密封冲头,左、右水平液压缸,左、右液压伺服阀,冲头轴向位移传感器,液压泵站,液压控制系统组成。其功能是根据气体压力变化和管材成形需要,驱动左、右密封冲头按照一定的加载曲线向模具型腔内移动。冲头轴向位移控制根据预设加载参数驱

图 7-14 冲头轴向位移控制系统原理图

动左、右水平液压缸运动,从而推动左、右密封冲头,实现管材端部的密封,确保在管材内建立稳定的成形压力,然后根据管端轴向进给要求及相应的压力加载曲线,推动冲头向模具型腔内移动,将管材推入模具型腔。

7.2.5 热态气压成形机的数控软件

热态气压成形机数控软件需要实现对合模压力机、轴向水平缸、气压系统、加热系统、液压系统等的集成控制。首先,控制系统需要读取设备成形过程中各参数,如合模滑块当前位置、成形过程中的实时合模力、水平液压缸的实时位移、模具与管件当前的温度以及气压系统的气体压力。在读取参数的同时需要将其显示在主控制显示屏上,设备操作者可实时了解热态气压成形机当前状态。

除显示界面外,数控软件更重要的功能是控制水平液压缸轴向位移与气压的匹配,从而实现气压-位移加载路径,确保零件成形。轴向位移控制采用 PID 控制算法,两者的匹配采用位移优先原则,其控制策略如图 7-15 所示。

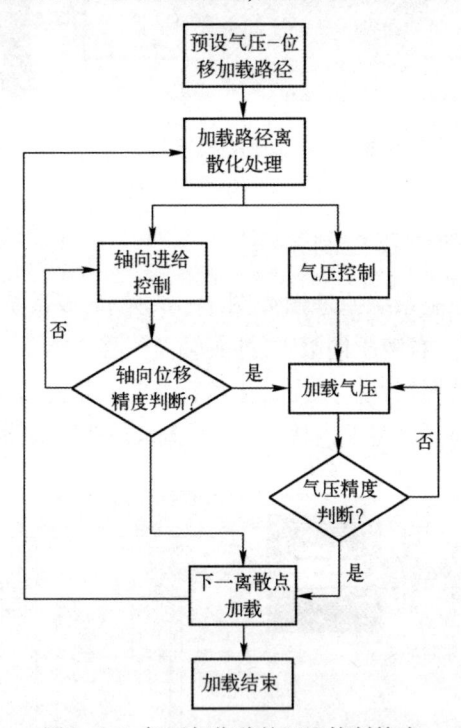

图 7-15 气压与位移的匹配控制策略

7.2.6 典型热态气压成形机

哈尔滨工业大学研制的 2000kN 热态气压成形机如图 7-16 所示,该设备的主要参数如表7-5所列。该设备可以实现气压加载曲线与轴向位移的匹配控制,适用于钛合金等高温轻质合金的热态气压成形。

图7-16 2000kN热态气压成形机

表7-5 2000kN热态气压成形机的主要参数

序 号	参 数	范围及精度
1	热态气压成形温度/℃	600~900
2	最高气压/MPa	5~70
3	35MPa高压气瓶容积/L	150
4	70MPa高压气瓶容积/L	9
5	模具温度控制精度/℃	±5
6	热态气压成形压力控制精度/MPa	设定数值的±3%
7	热态气压成形位移控制精度/mm	±0.05

合模压力机采用三梁四柱液压机,最大合模力为2000kN,台面尺寸为1600mm×1200mm。该热态气压成形设备加热温度为600~900℃;采用感应加热方式进行模具与管件的加热,感应加热电源功率为130kW;最高工作压力可达70MPa。通过输入输出变流量协调控制实现压力加载曲线精确控制,气压控制精度达到±3%,同时能够实现管件变形与温度的实时监测。水平液压缸采用活塞式液压缸,最大推力为500kN,行程为200mm。

该设备操作简便,可在成形操作前将所设计的加载曲线预先输入系统工控机中,启动压力加载选项,则高压气瓶中的气体可立即在气压控制系统的控制下充入管材,使管材发生变形贴模。同时,管件变形程度及管件内部气压变化均实时显示并记录在系统工控机中。该设备台面与合模力均较小,适用于开展小型产品的热态气压成形实验与材料高温成形性能研究。

热态气压成形机的闭环伺服控制软件界面如图7-17所示,在该控制软件界面上可以实时显示输入压力(高压气源压力)、输出压力(成形管材内的压力)以及左水平液压缸、右水平液压缸位移;可以手动控制增压、减压;可以输入成形压力、水平液压缸位移及控制时间,进行气压-位移闭环伺服控制,从而实现轴向补料量与气压匹配加载。成形过程中,成形压力和管材变形时的位移变化也可以实时显示在软件中。

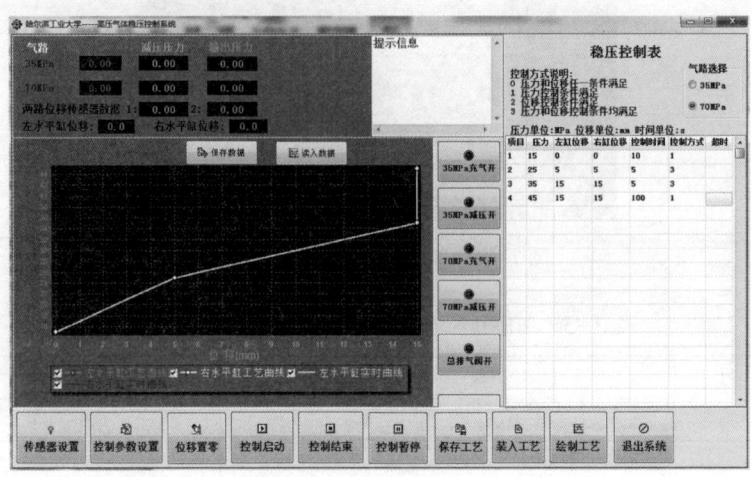

图 7-17 热态气压成形机的闭环伺服控制软件界面

参考文献

[1] PAUL A, STRANO M. The influence of process variables on the gas forming and press hardening of steel tubes[J]. Journal of Materials Processing Technology, 2016, 228: 160-169.

[2] MAENO T, MORI K, ADACHI K. Gas forming of ultra-high strength steel hollow part using air filled into sealed tube and resistance heating[J]. Journal of Materials Processing Technology, 2014, 214(1): 97-105.

[3] KRISHNAMURTHY R, LIU Y, WU X, et al. Thermal forming of magnesium alloys: Processing and simulation[J]. The Minerals, Metals & Materials Society, 2004, 6: 51-60.

[4] 王建珑. Ti-3Al-2.5V 合金方截面管高压气体胀形规律与成形缺陷控制[D]. 哈尔滨:哈尔滨工业大学, 2016.

[5] WANG K, WANG L, ZHENG K, et al. High-efficiency forming processes for complex thin-walled titanium alloys components: State-of-the-art and Perspectives[J]. International Journal of Extreme Manufacturing, 2020, 2(3): 032001.

[6] 李书常. 模具钢应用经验手册[M]. 北京:机械工业出版社, 2011.

[7] 徐进. 模具钢[M]. 北京:冶金工业出版社, 1998.

[8] 王邦杰. 实用模具材料与热处理速查手册[M]. 北京:机械工业出版社, 2013.

[9] 隗靖. TC2 钛合金异形截面薄壁件热态气压成形尺寸精度控制研究[D]. 哈尔滨:哈尔滨工业大学, 2022.

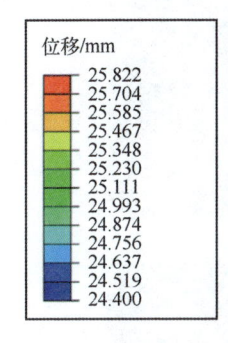

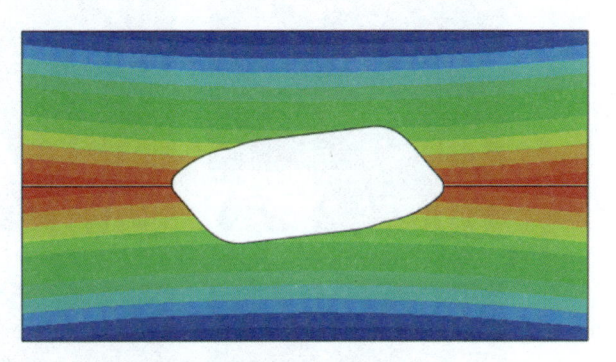

图1-6 模具热力耦合作用下位移情况

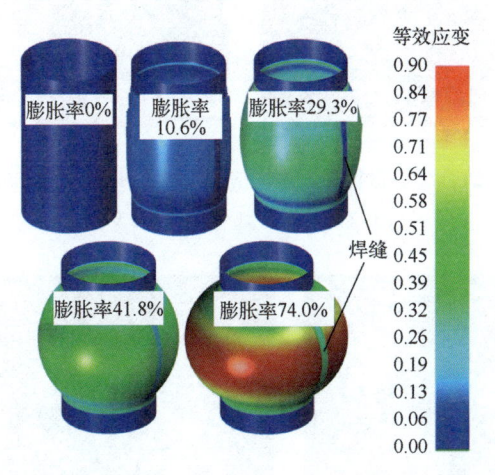

图1-7 不同胀形高度的TA15钛合金自由胀形焊管等效应变分布[27]

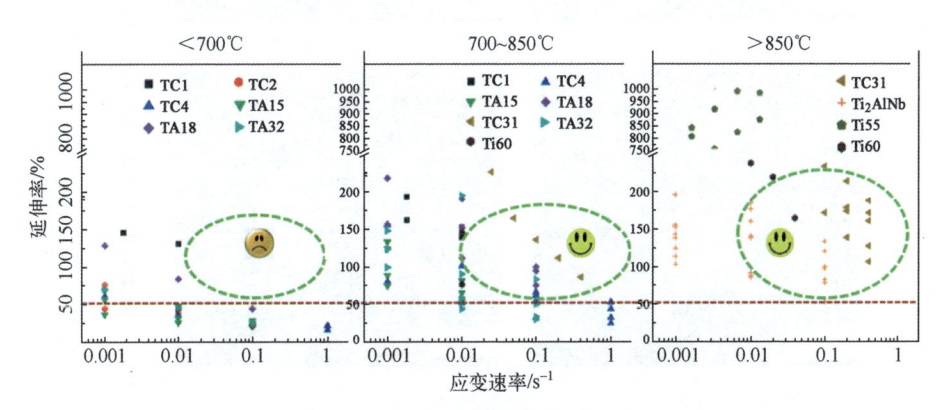

图2-1 不同钛合金在不同条件下的延伸率分布[1]

彩页1

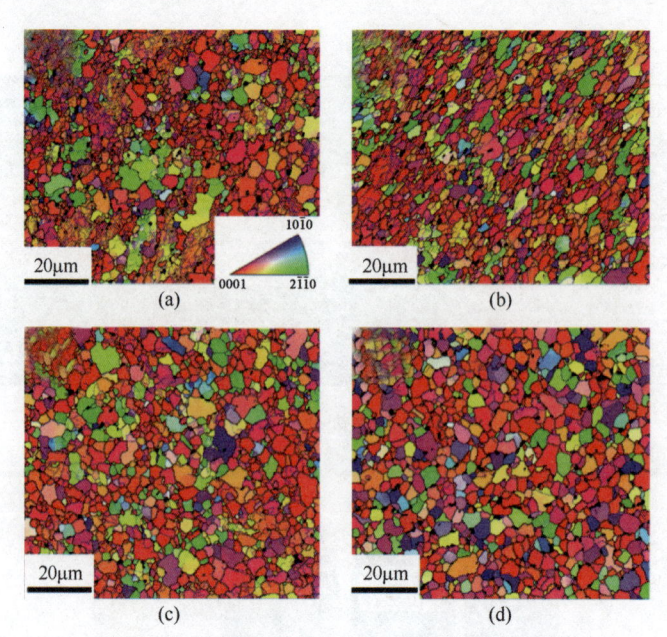

图 2-5　TA15 钛合金板材拉伸至不同应变后的组织形貌图(800℃、0.001s^{-1})
(a) 0.2;(b) 0.35;(c) 0.5;(d) 0.75。

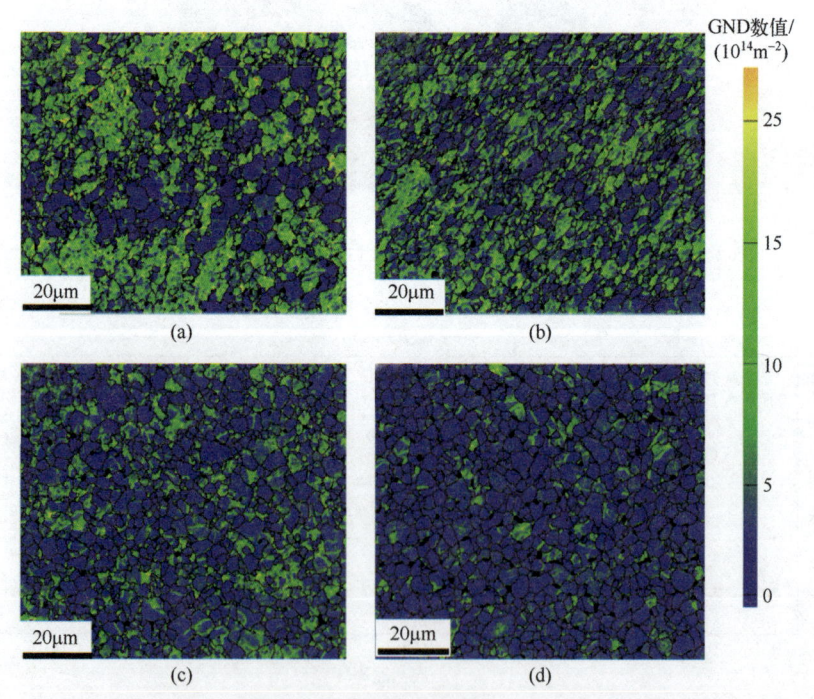

图 2-7　TA15 钛合金板材拉伸至不同应变后的 GND 分布(800℃、0.001s^{-1})
(a) 0.2;(b) 0.35;(c) 0.5;(d) 0.75。

彩页 2

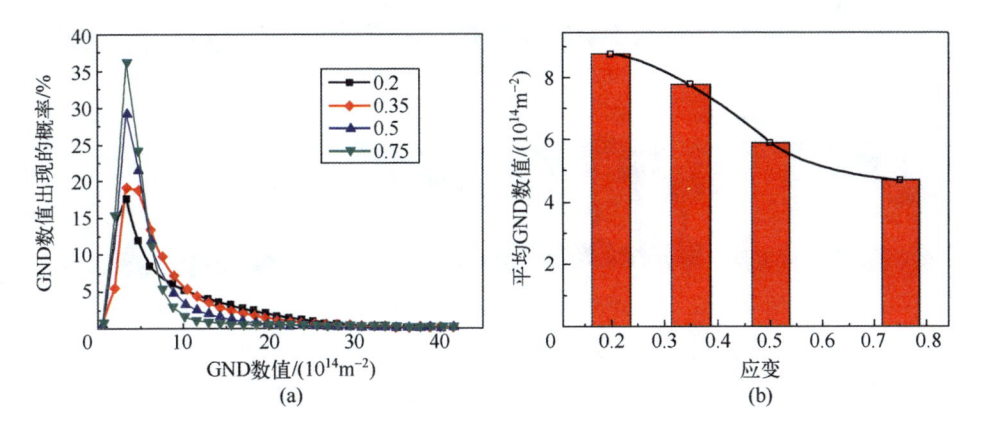

图 2-8 TA15 钛合金板材拉伸至不同应变后的 GND 数值

(a) 总体分布;(b) 平均值分布。

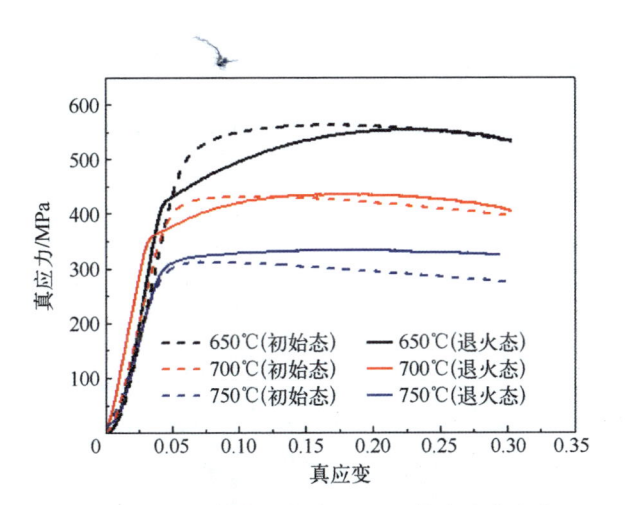

图 2-9 充分再结晶退火前后 TA15 钛合金真应力-真应变曲线($0.01s^{-1}$)

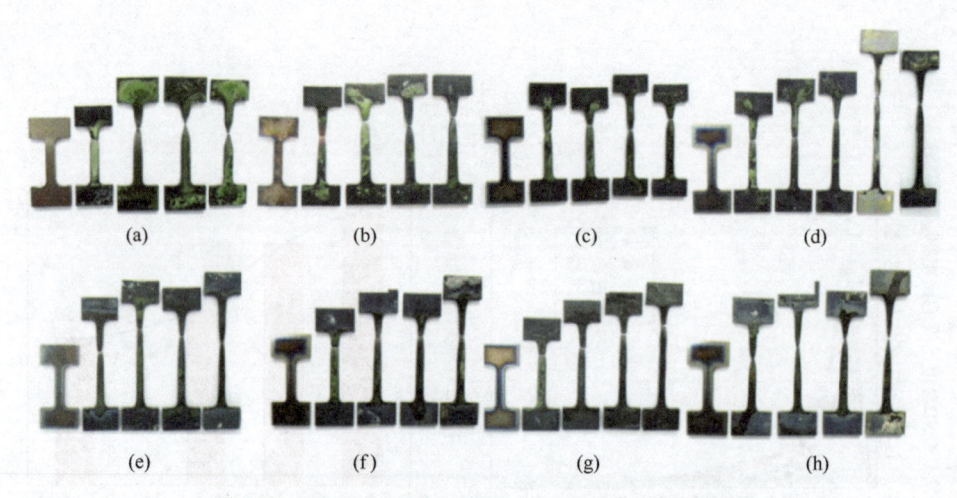

图 2-11 Ti-22Al-24.5Nb-0.5Mo 板材高温拉伸试样

(a) 910℃；(b) 930℃；(c) 950℃；(d) 970℃；(e) 985℃；(f) 1000℃；(g) 1020℃；(h) 1040℃。

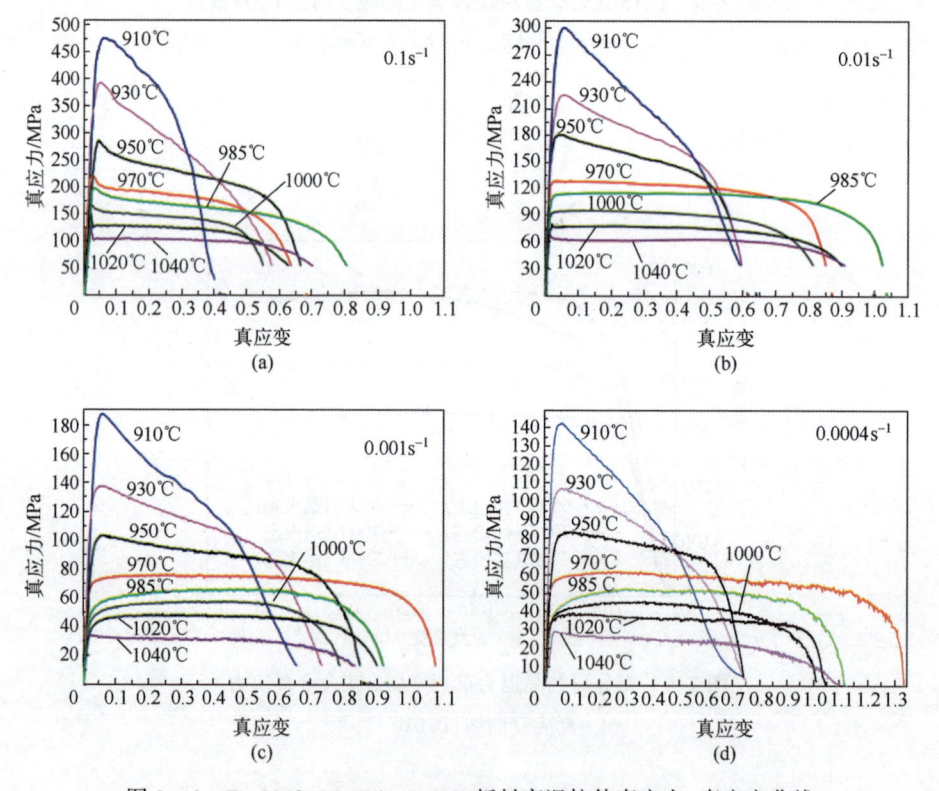

图 2-12 Ti-22Al-24.5Nb-0.5Mo 板材高温拉伸真应力-真应变曲线

(a) 0.1s^{-1}；(b) 0.01s^{-1}；(c) 0.001s^{-1}；(d) 0.0004s^{-1}。

彩页 4

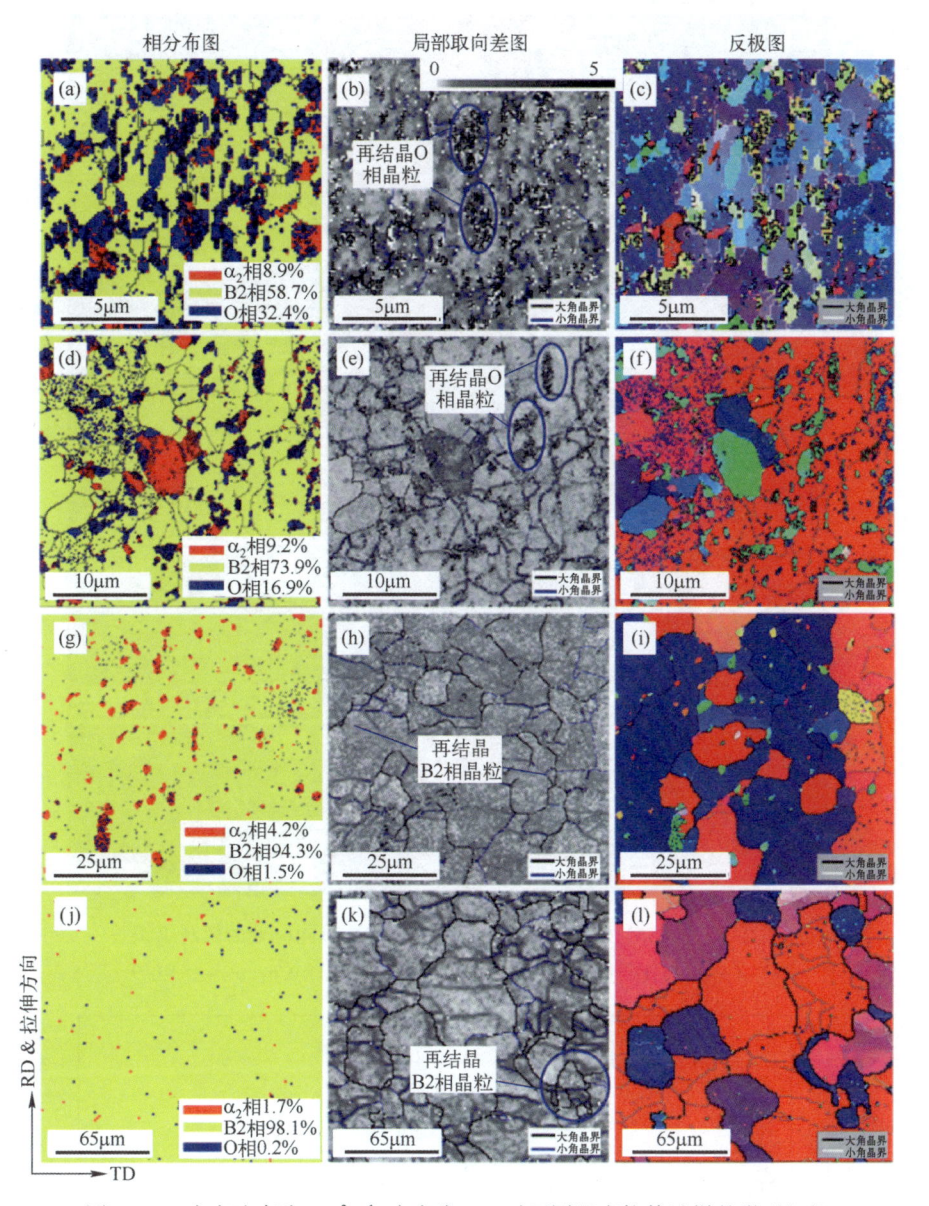

图 2-16 应变速率为 10^{-3}s^{-1}、应变为 0.6 时不同温度拉伸试样的微观组织
(a)~(c) 930℃；(d)~(f) 950℃；(g)~(i) 970℃；(j)~(l) 1020℃。

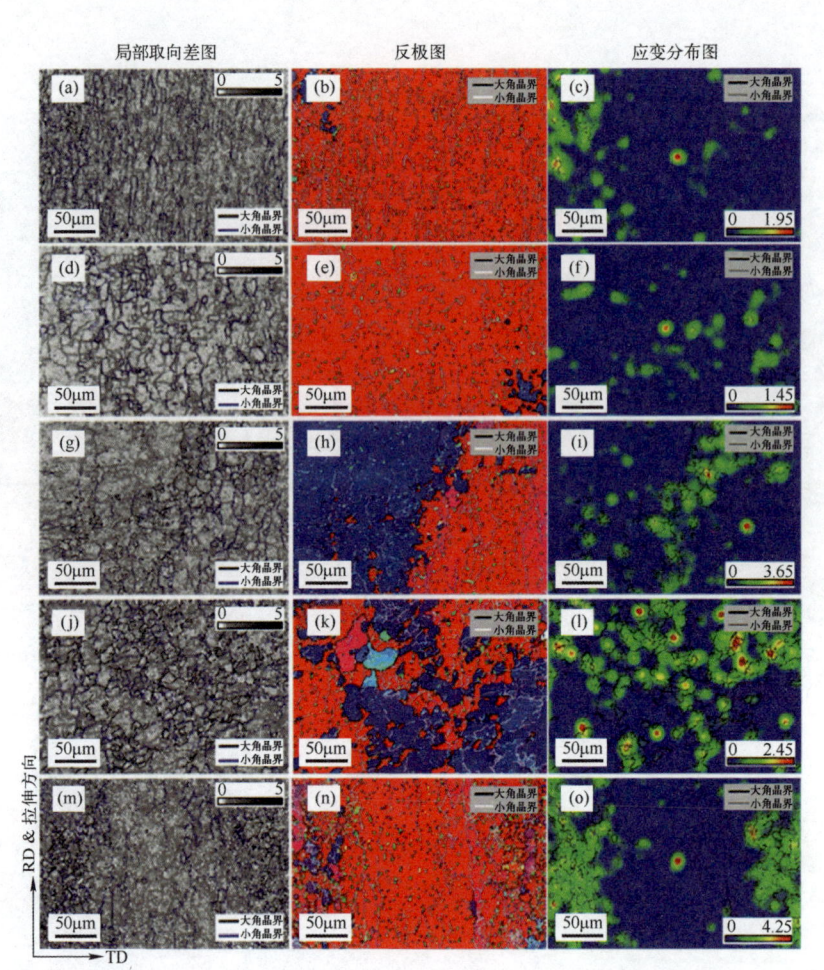

图 2-17 985℃、0.001s^{-1}条件下高温拉伸至不同应变的微观组织

(a)~(c) 0.15；(d)~(f) 0.3；(g)~(i) 0.45；(j)~(l) 0.6；(m)~(o) 0.9。

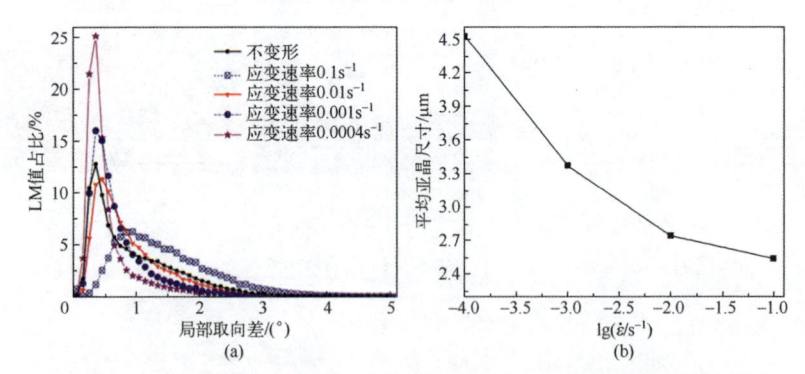

图 2-19 985℃时应变速率对 LM 值占比和 B2/β 相平均亚晶尺寸的影响

(a) LM 值；(b) 平均亚晶尺寸。

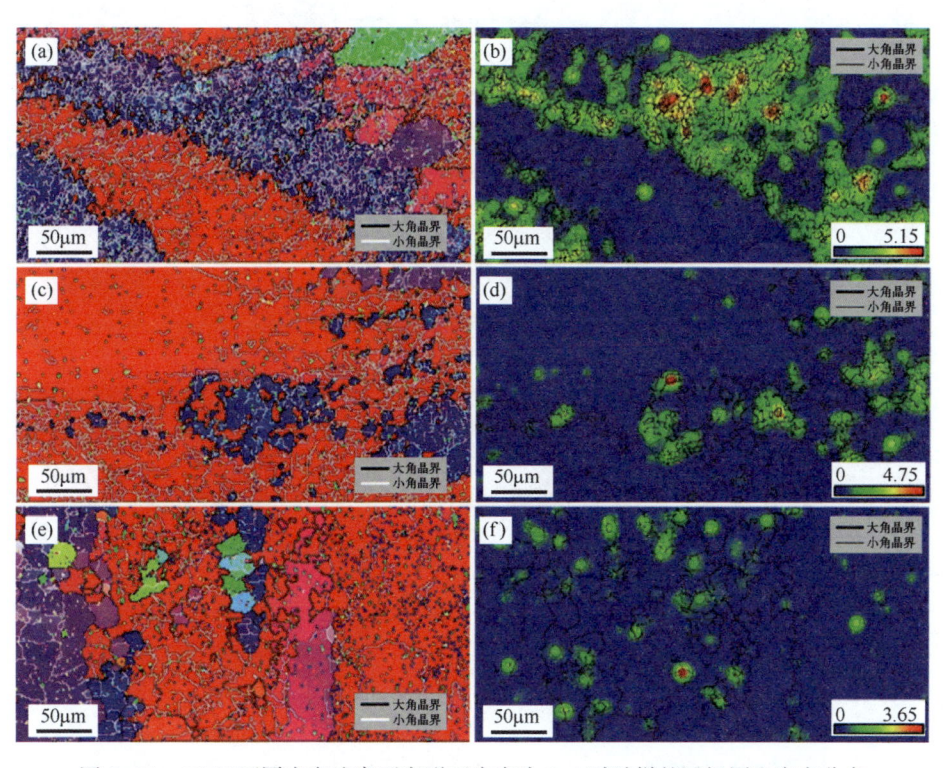

图 2-21　985℃不同应变速率下变形至应变为 0.6 时试样的反极图和应变分布

(a),(b) 0.1s^{-1};(c),(d) 0.01s^{-1};(e),(f) 0.0004s^{-1}。

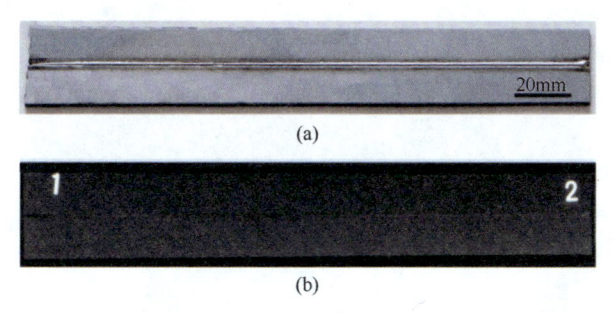

图 2-23　采用 CO$_2$ 激光焊接后的 TA15 钛合金试样及 X 射线检测结果

(a) 焊接试样;(b) X 射线检测结果。

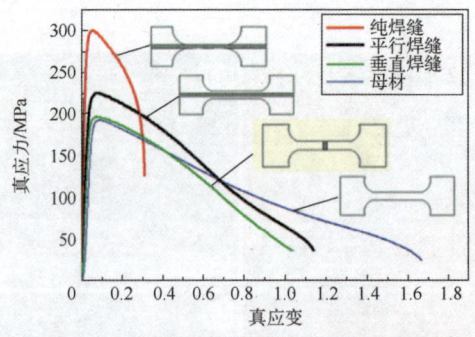

图 2-27 不同试样拉伸曲线（800℃、0.01s^{-1}）

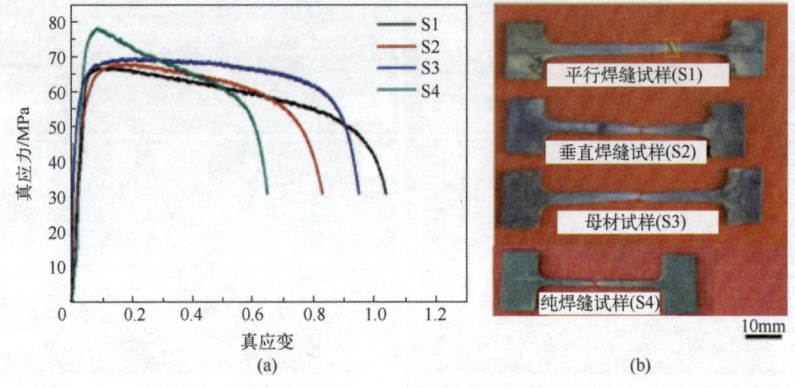

图 2-31 Ti-22Al-25Nb 合金不同类型拉伸试样的真应力-真应变曲线和拉伸试样
（a）不同试样真应力-真应变曲线；(b) 拉伸试样。

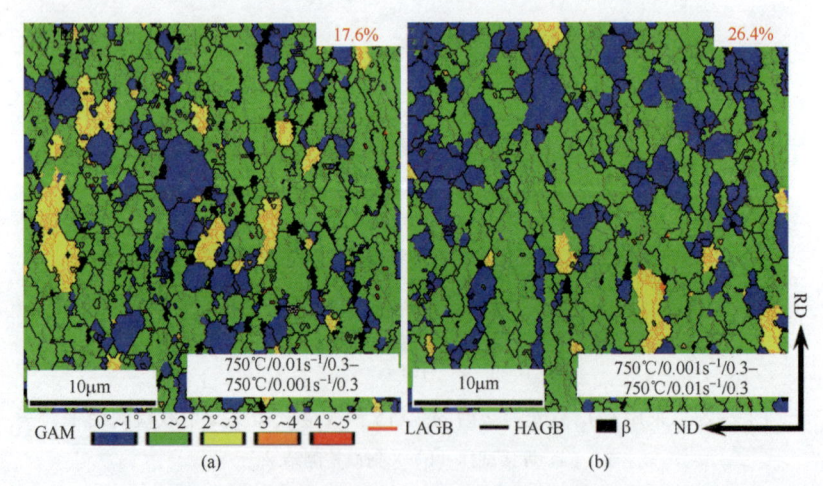

图 3-10 TA15 钛合金变应变速率热态气压成形时半球件最高点的再结晶晶粒分布
（右上角数字表示再结晶分数）
(a) 750℃/0.01s^{-1}/0.3-750℃/0.001s^{-1}/0.3；(b) 750℃/0.001s^{-1}/0.3-750℃/0.01s^{-1}/0.3。

彩页 8

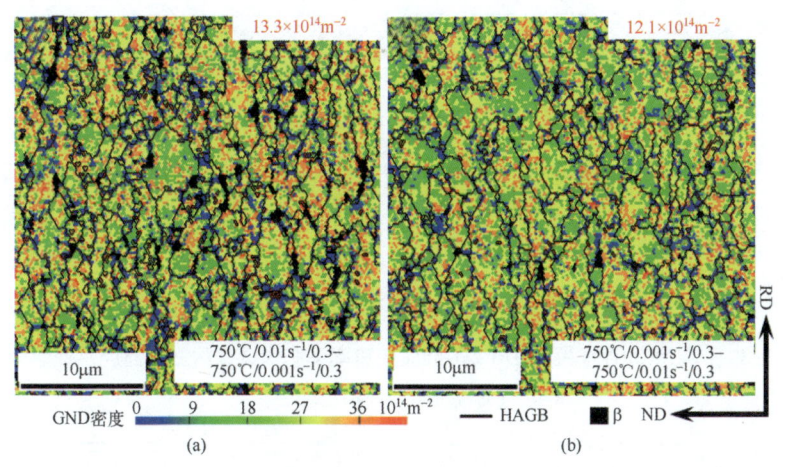

图 3-11 TA15 钛合金变应变速率热态气压成形时半球件最高点的平均 GND 密度分布
（右上角数字表示平均 GND 密度）

(a) 750℃/0.01s^{-1}/0.3-750℃/0.001s^{-1}/0.3；(b) 750℃/0.001s^{-1}/0.3-750℃/0.01s^{-1}/0.3。

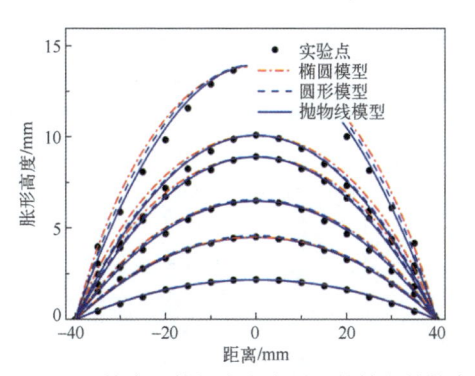

图 3-15 TA18 钛合金管材自由胀形试件轴向外轮廓分析

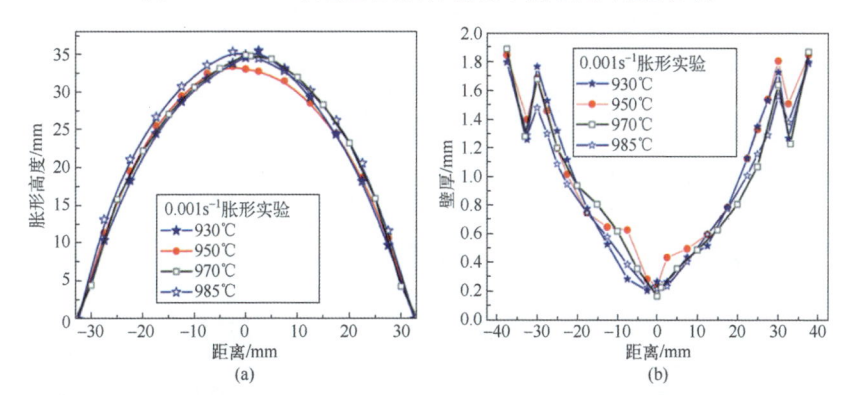

图 3-32 Ti$_2$AlNb 合金板材不同温度下胀形试件的胀形高度及壁厚分布

(a) 胀形高度；(b) 壁厚。

彩页 9

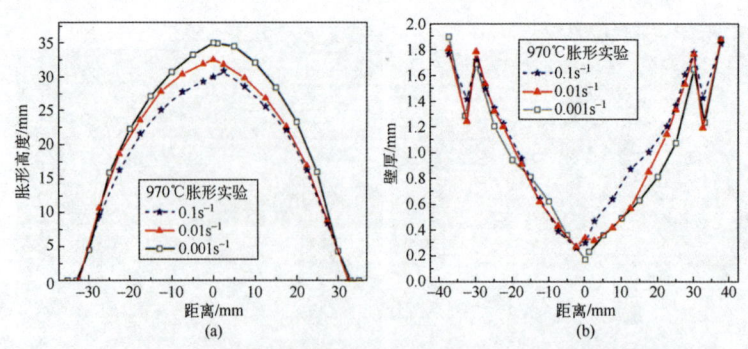

图 3-33 Ti$_2$AlNb 合金板材 970℃不同应变速率下胀形试件的胀形高度及壁厚分布
(a) 胀形高度;(b) 壁厚。

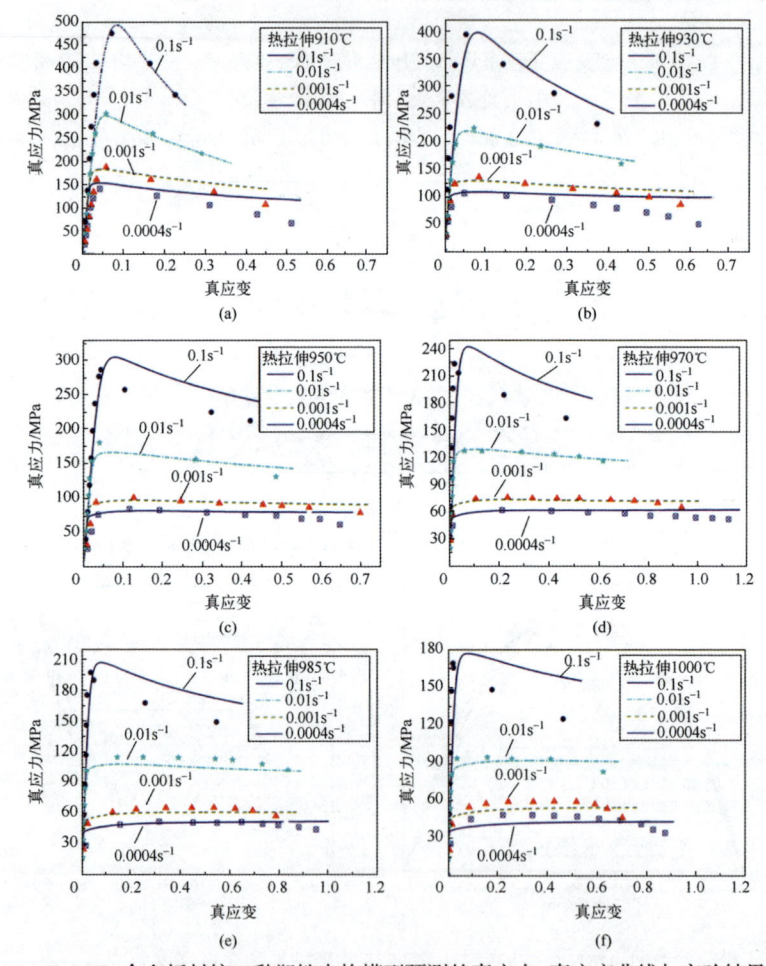

图 4-16 Ti$_2$AlNb 合金板材统一黏塑性本构模型预测的真应力-真应变曲线与实验结果的对比
(a) 910℃;(b) 930℃;(c) 950℃;(d) 970℃;(e) 985℃;(f) 1000℃。

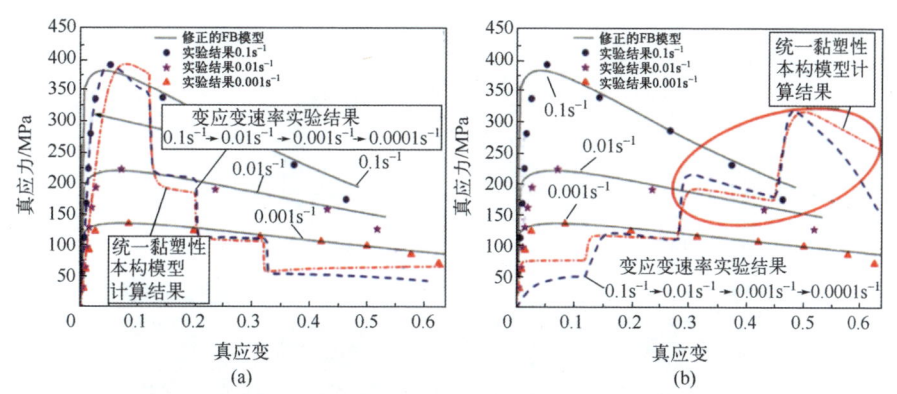

图 4-17 Ti$_2$AlNb 合金板材 930℃应变速率突变时高温拉伸真应力-真应变曲线

(a) 0.1s^{-1}→0.01s^{-1}→0.001s^{-1}→0.0001s^{-1}；(b) 0.0001s^{-1}→0.001s^{-1}→0.01s^{-1}→0.1s^{-1}。

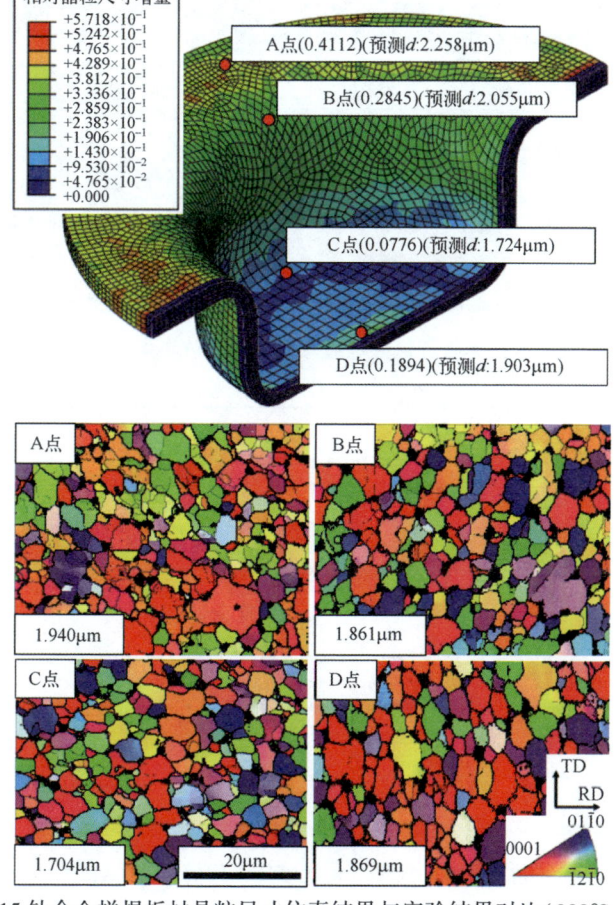

图 4-21 TA15 钛合金拼焊板材晶粒尺寸仿真结果与实验结果对比 (900℃、8MPa、5min)

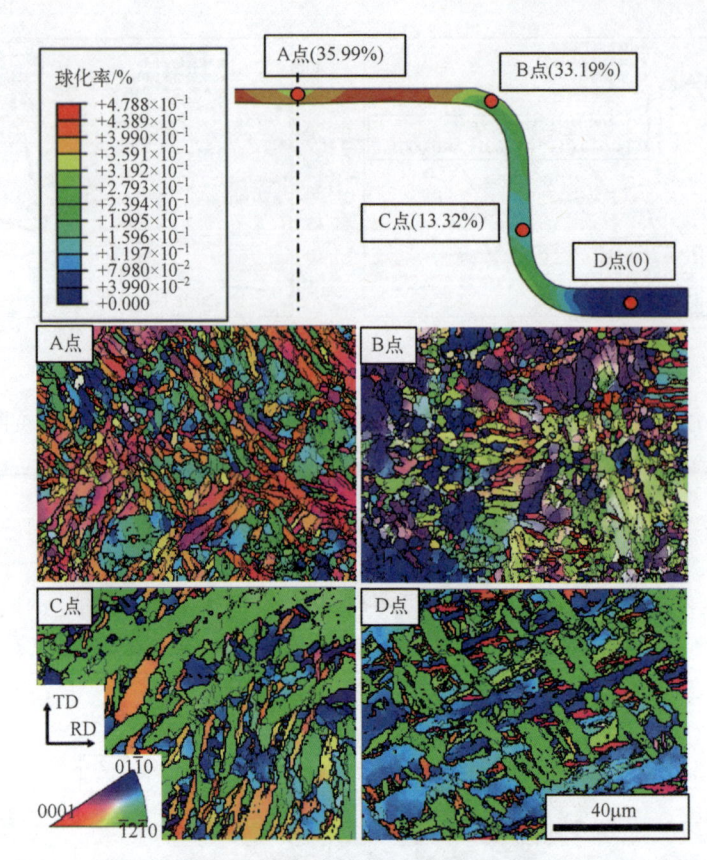

图 4-22 TA15 钛合金拼焊板杯形件焊缝球化率仿真与实验对比（900℃、8MPa、5min）

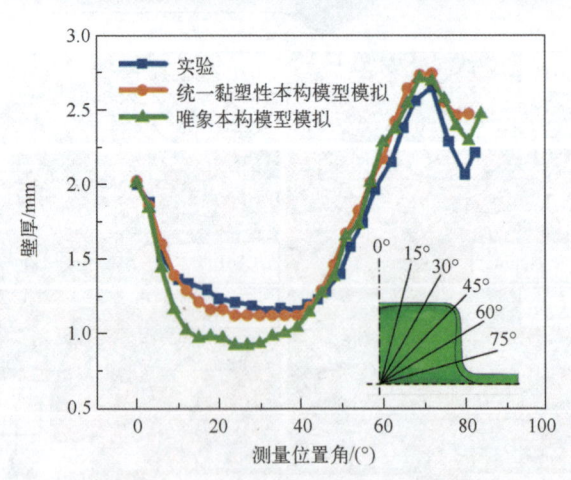

图 4-23 统一黏塑性本构模型与传统唯象本构模型的 TA15 钛合金杯形件仿真结果对比（900℃、8MPa、5min）

彩页 12

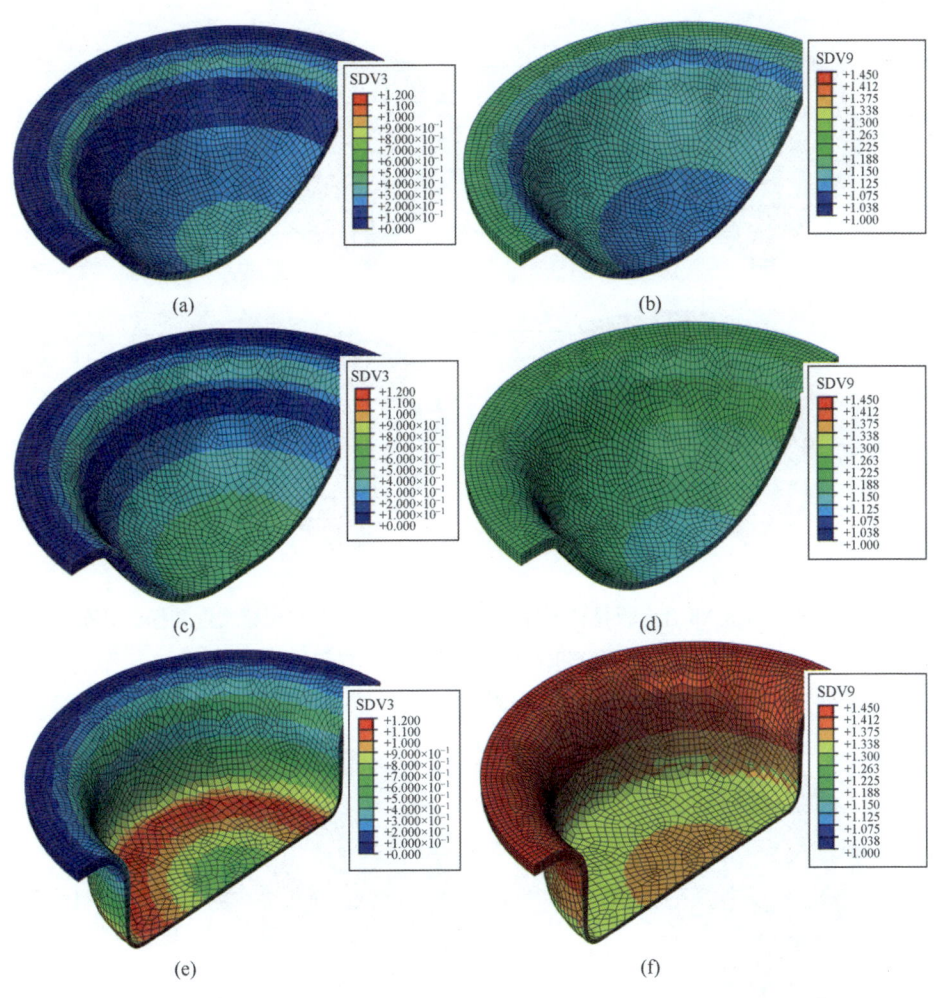

图 4-27 Ti$_2$AlNb 合金板材杯形件应变量和相对晶粒尺寸演变（985℃、0.001s^{-1}、11MPa）
(a) 300s,塑性应变;(b) 300s,晶粒尺寸;(c) 600s,塑性应变;
(d) 600s,晶粒尺寸;(e) 1200s,塑性应变;(f) 1200s,晶粒尺寸。

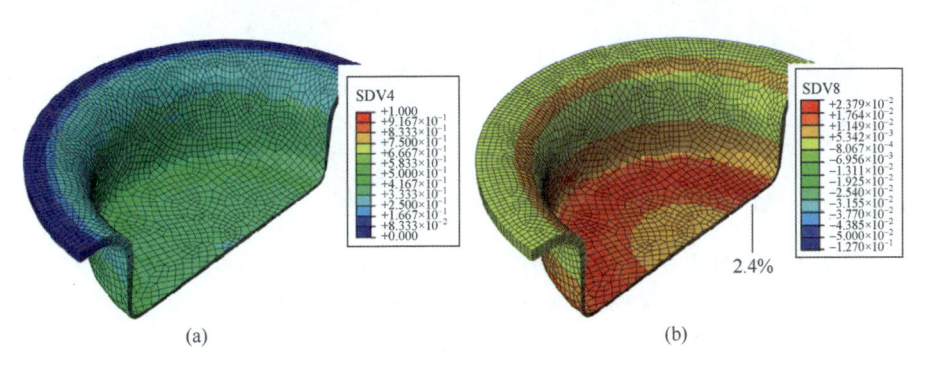

彩页 13

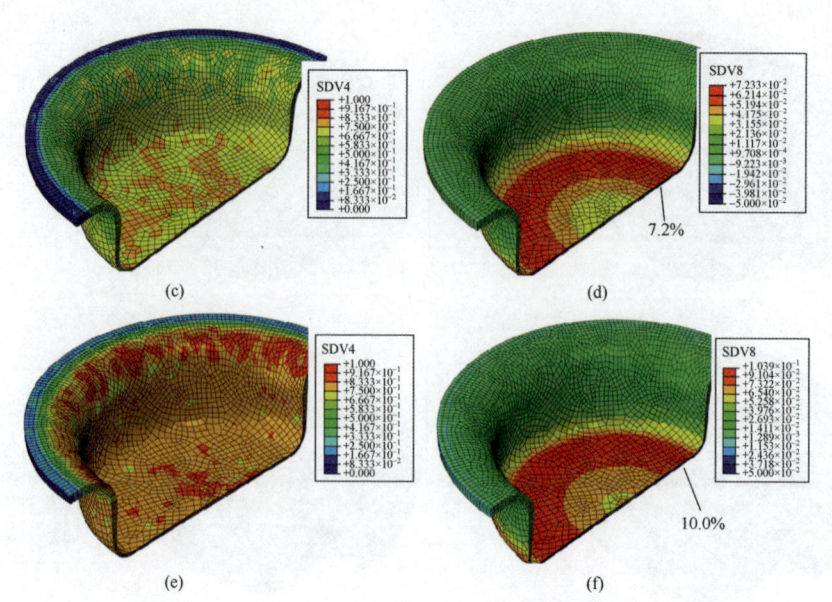

图 4-28　Ti$_2$AlNb 合金板材杯形件不同应变速率下的相对位错密度和损伤分布

（a）杯形件-0.001,位错密度；（b）杯形件-0.001,损伤；（c）杯形件-0.01,
位错密度；（d）杯形件-0.01,损伤；（e）杯形件-0.1,位错密度；（f）杯形件-0.1,损伤。

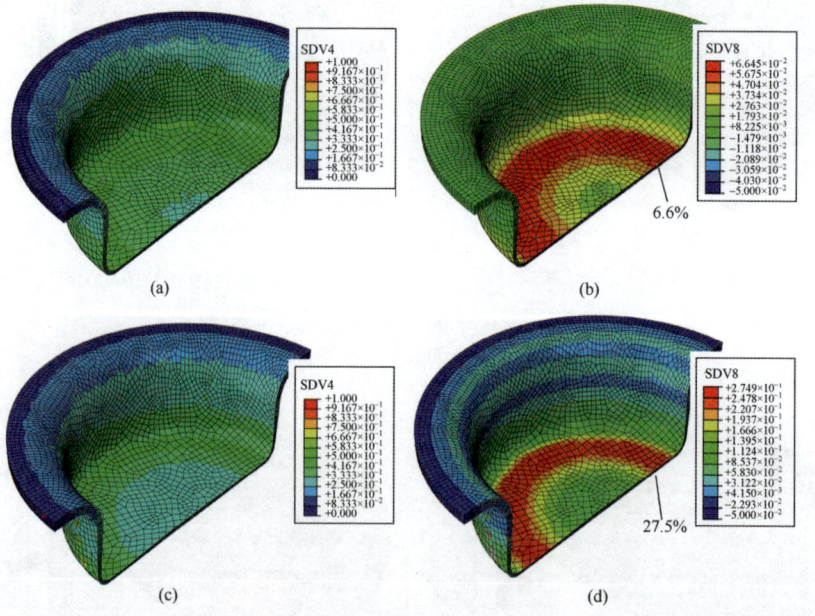

图 4-29　Ti$_2$AlNb 合金板材杯形件不同变形温度下的相对位错密度和损伤分布

（a）杯形件-950,位错密度；（b）杯形件-950,损伤；
（c）杯形件-930,位错密度；（d）杯形件-930,损伤。

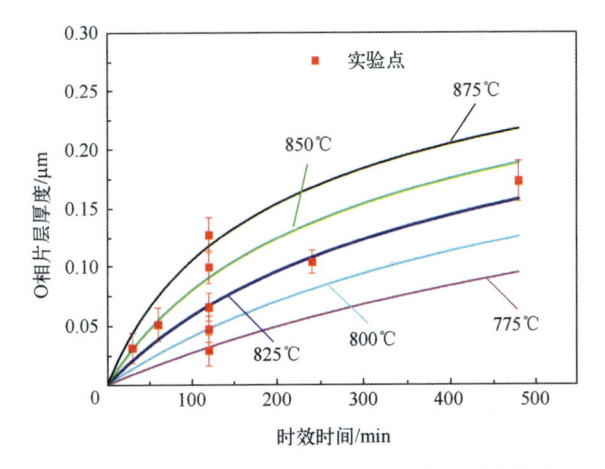

图 4-31 不同温度时效处理的 O 相片层厚度演变

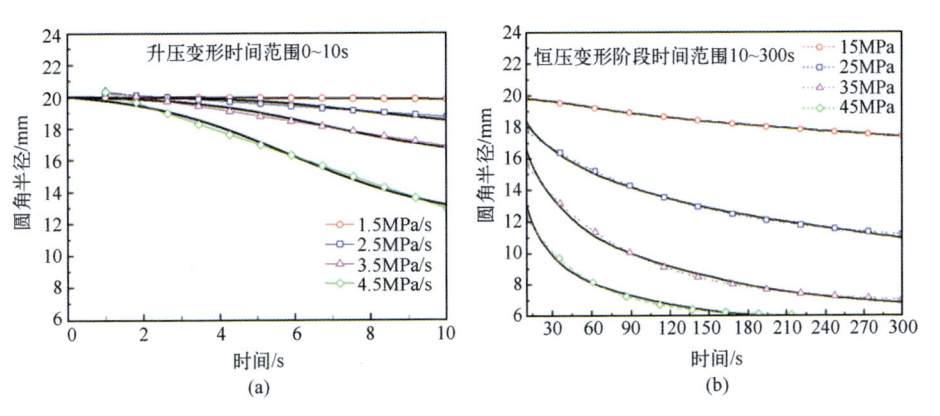

图 5-8 700℃四种不同加载路径下圆角半径变化曲线分段数据拟合结果
（a）升压变形阶段；（b）恒压变形阶段。

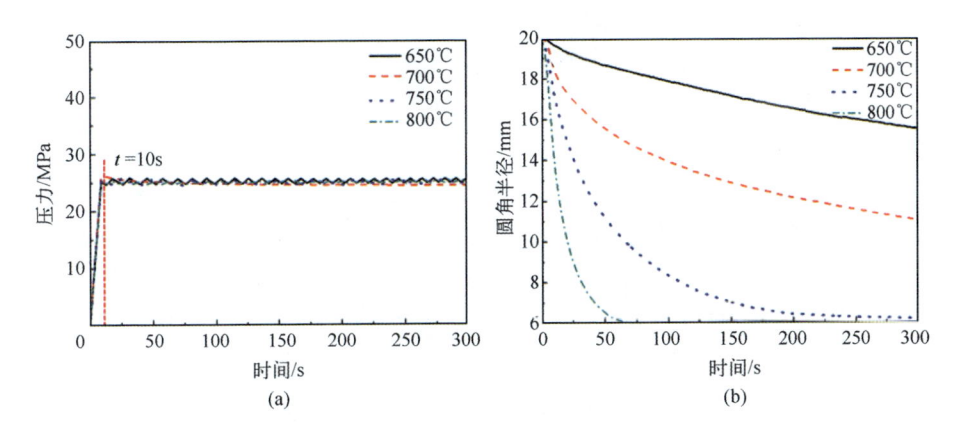

图 5-9 不同成形温度下的加载路径及相应圆角半径变化曲线

图 5-10　不同温度下圆角半径变化曲线分段数据拟合结果

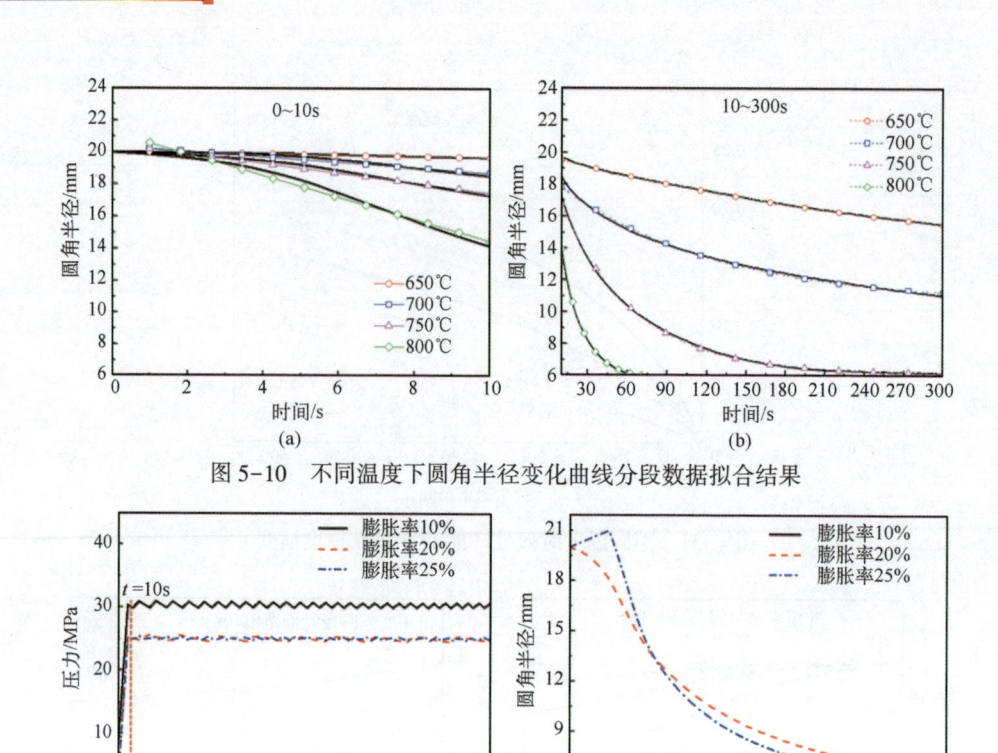

图 5-11　不同膨胀率方形截面件的加载路径及相应圆角半径变化曲线
（a）加载路径；（b）圆角半径变化曲线。

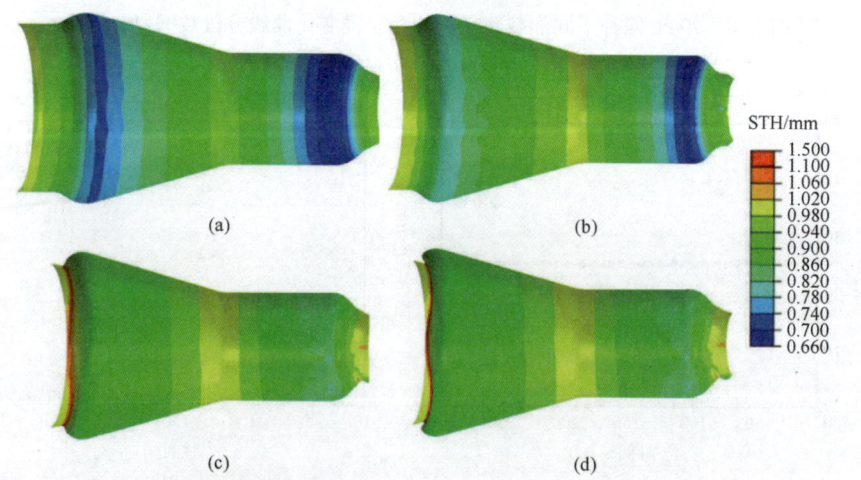

图 5-17　大端膨胀率为 23% 时不同补料量对应的数值模拟壁厚分布云图
（a）补料量 0mm；（b）补料量 10mm；（c）补料量 20mm；（d）补料量 25mm。

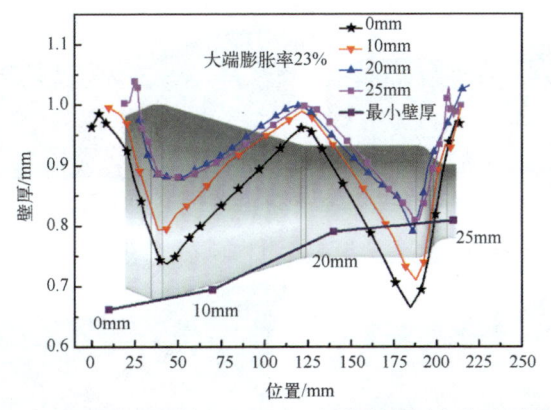

图 5-18　大端膨胀率为 23%时不同补料量对应的壁厚分布

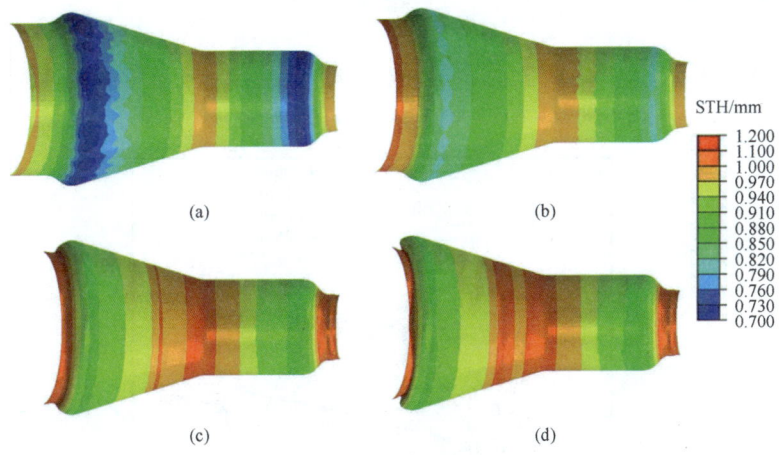

图 5-19　大端膨胀率为 24.5%时不同补料量对应的数值模拟壁厚分布云图
（a）补料量 0mm；（b）补料量 10mm；（c）补料量 20mm；（d）补料量 25mm。

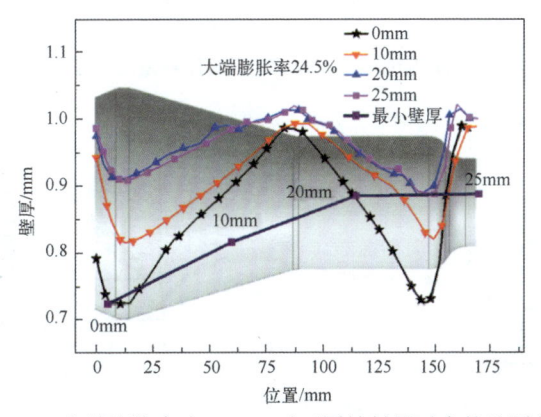

图 5-20　大端膨胀率为 24.5%时不同补料量对应的壁厚分布

彩页 17

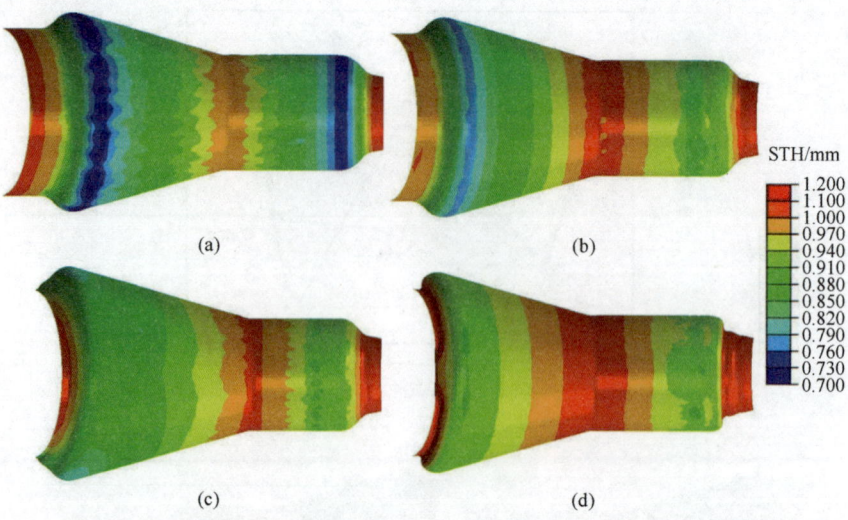

图 5-21 大端膨胀率为 26%时不同补料量对应的数值模拟壁厚分布云图
(a) 补料量 0mm；(b) 补料量 10mm；(c) 补料量 20mm；(d) 补料量 25mm。

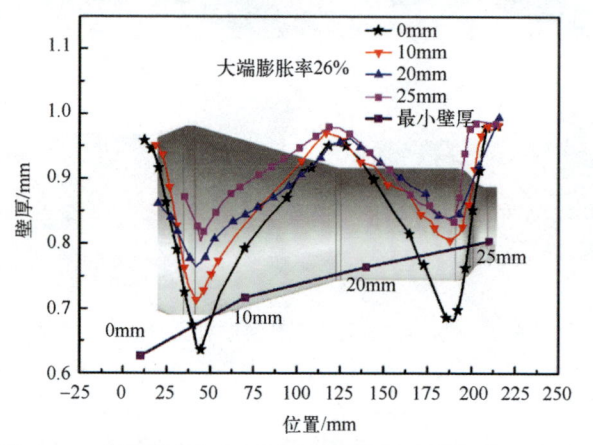

图 5-22 大端膨胀率为 26%时不同补料量对应的壁厚分布

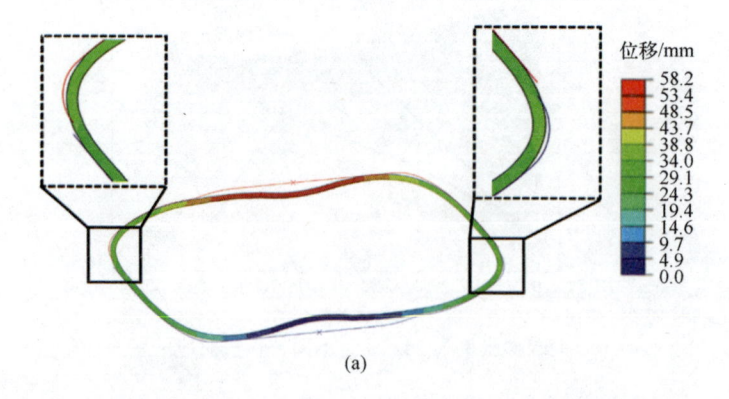

(b)

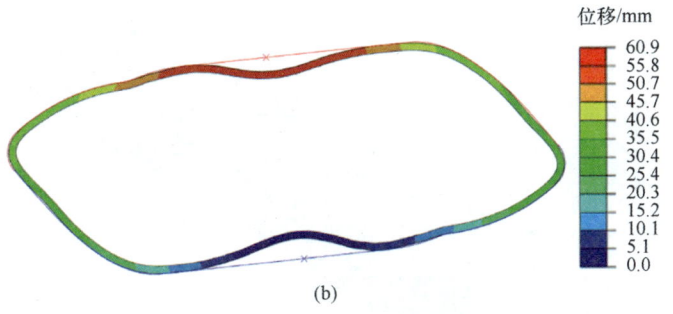

图 5-31　无膨胀率时的成形缺陷

(a) 咬边；(b) 内凹。

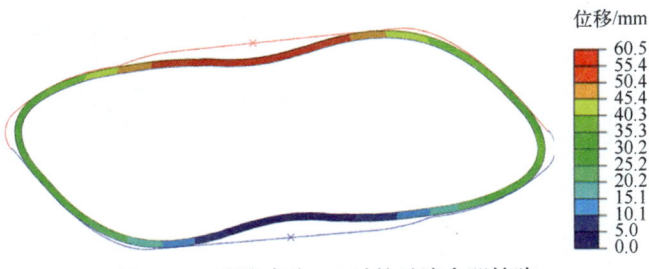

图 5-32　膨胀率为3%时的过渡内凹缺陷

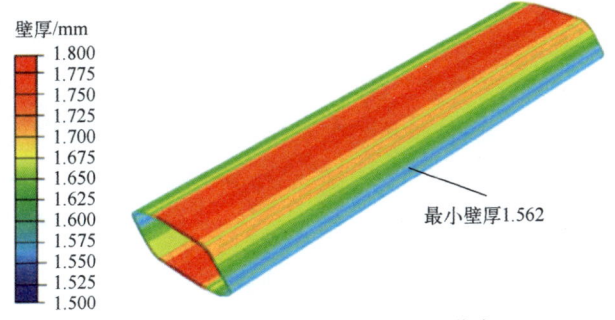

最小壁厚1.562

图 5-33　膨胀率为5%时的壁厚分布

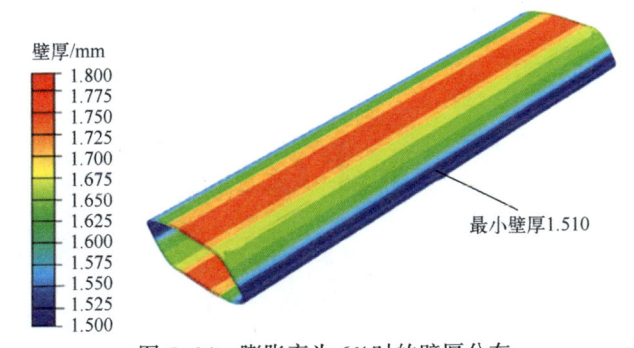

最小壁厚1.510

图 5-34　膨胀率为6%时的壁厚分布

彩页 19

彩页 20

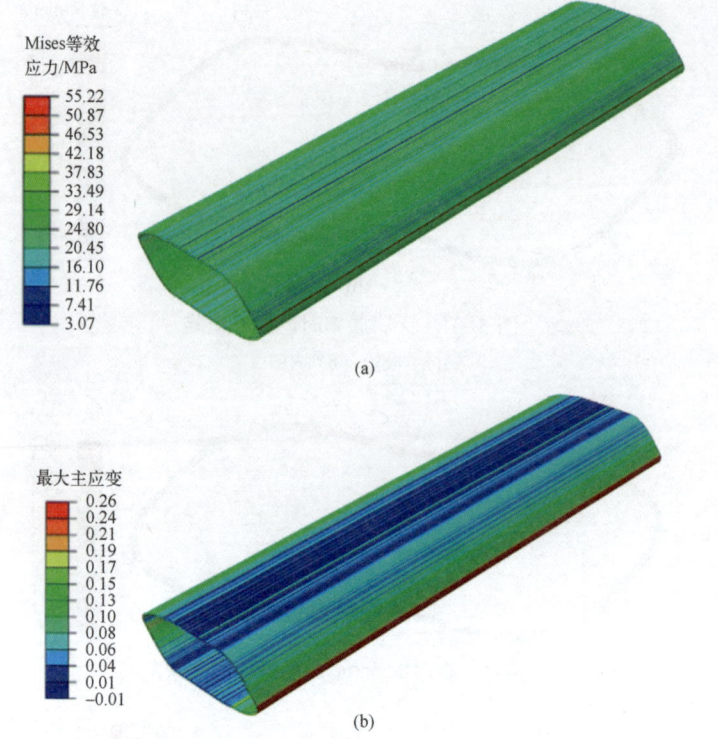

图 5-35 Mises 等效应力及最大主应变分布
(a) Mises 等效应力；(b) 最大主应变。

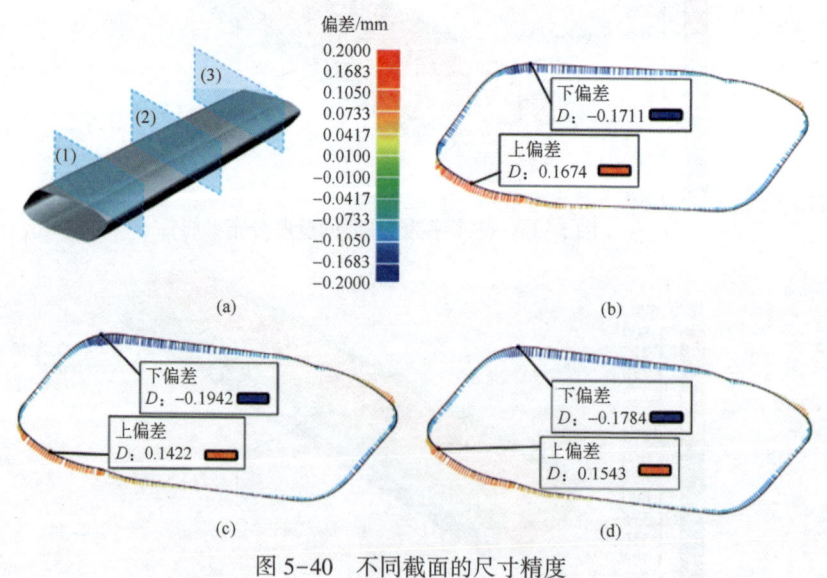

图 5-40 不同截面的尺寸精度
(a) 测量截面位置；(b) 截面(1)；(c) 截面(2)；(d) 截面(3)。

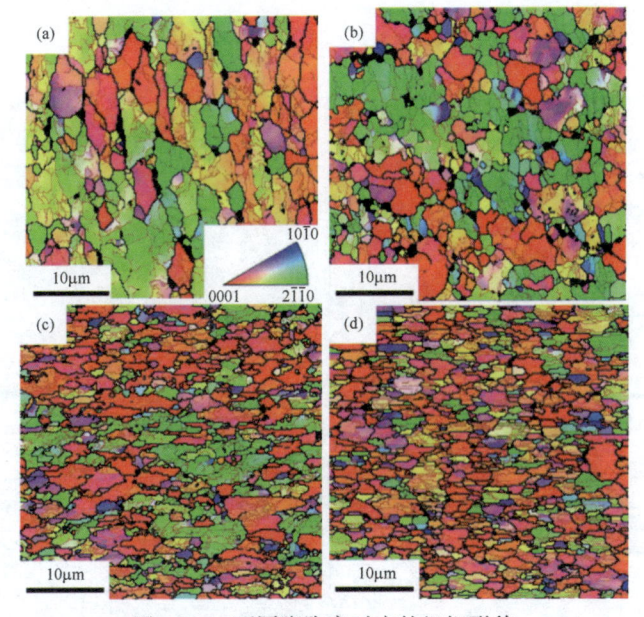

图 5-43　不同膨胀率对应的组织形貌
(a) 膨胀率为 0；(b) 膨胀率为 12.2%；(c) 膨胀率为 24.5%；(d) 膨胀率为 32.2%。

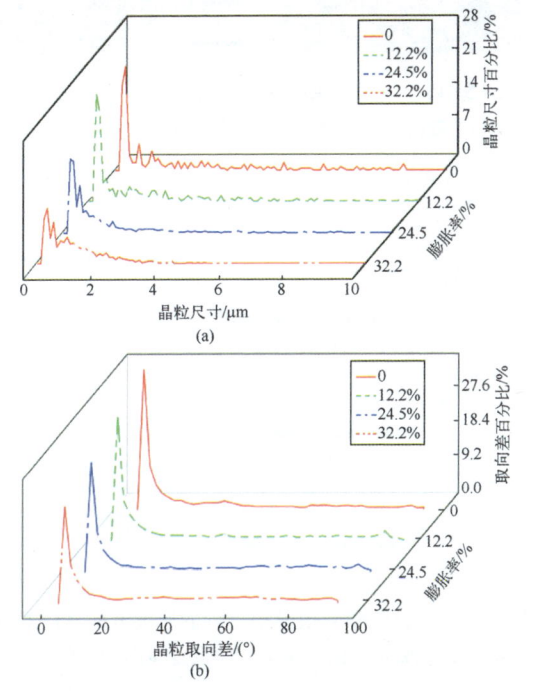

图 5-44　不同膨胀率对应的母材晶粒尺寸和取向差分布
(a) 晶粒尺寸；(b) 取向差分布。

彩页 21

彩页 22

图 5-45 不同膨胀率对应的母材内部组织分布
(a) 膨胀率为 0；(b) 膨胀率为 12.2%；(c) 膨胀率为 24.5%；(d) 膨胀率为 32.2%。

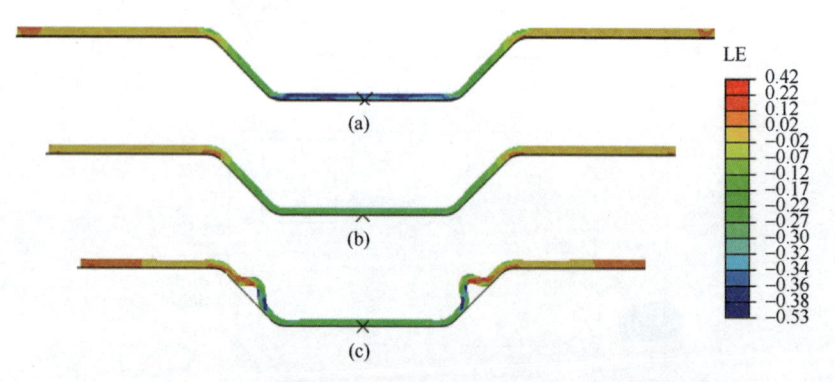

图 5-54 不同补料量数值模拟得到的厚度方向真应变分布
(a) 补料量为 28mm；(b) 补料量为 38mm；(c) 补料量为 48mm。

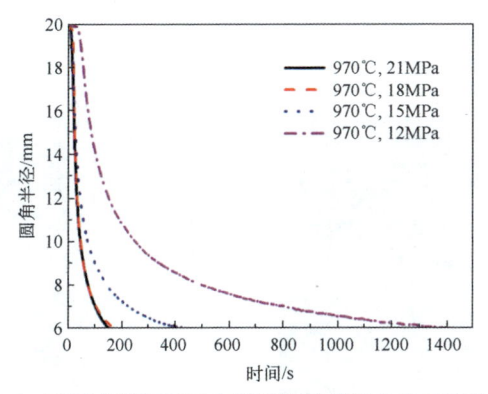

图 6-4　不同成形气压下方形截面构件圆角半径变化曲线

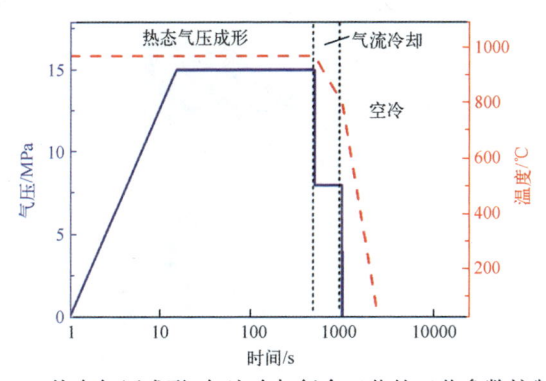

图 6-11　热态气压成形-气流冷却复合工艺的工艺参数控制曲线

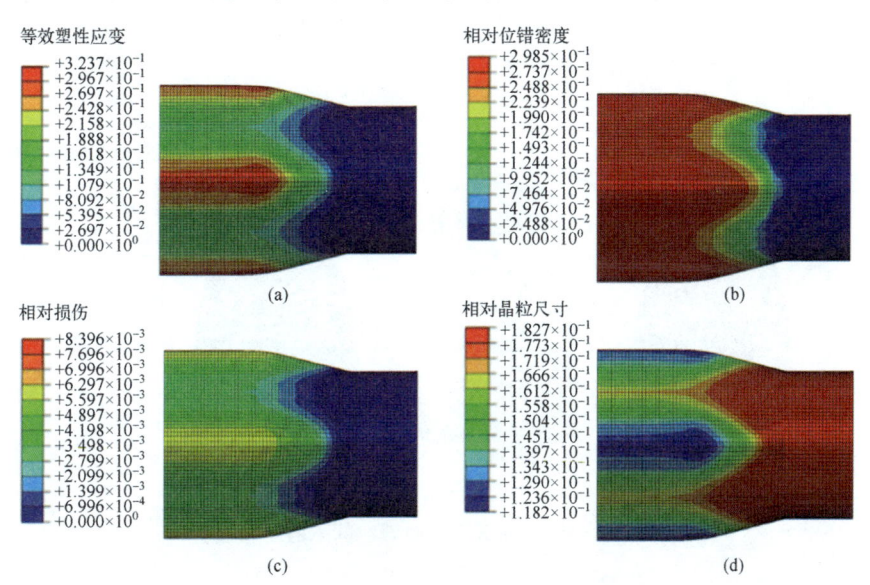

图 6-14　等效塑性应变、相对位错密度、相对损伤和相对晶粒尺寸的模拟结果

（a）等效塑性应变；(b) 相对位错密度；(c) 相对损伤；(d) 相对晶粒尺寸。

彩页 23

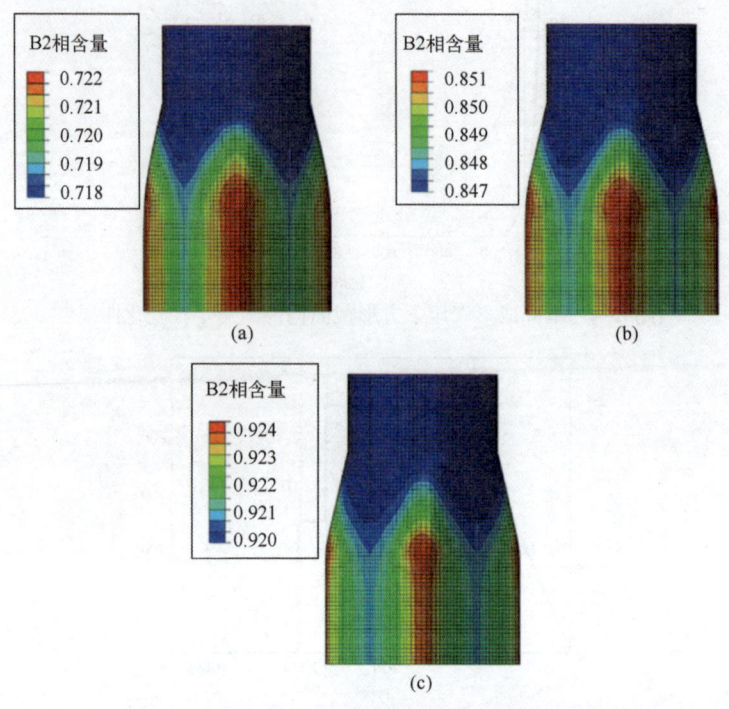

图 6-16　不同温度下成形结束时刻 B2 相的相含量
（a）950℃；（b）970℃；（c）990℃。

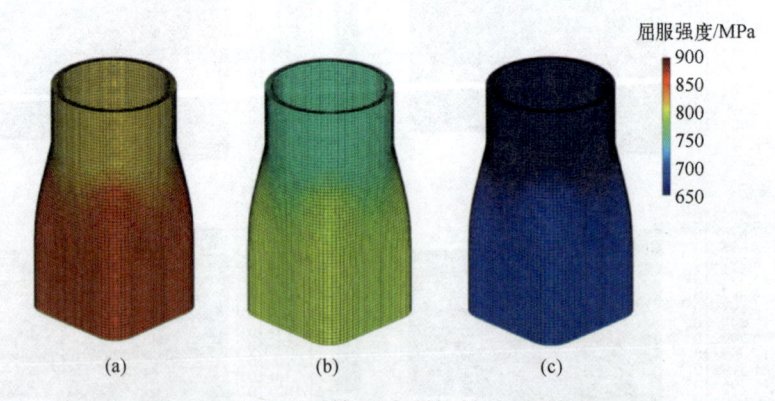

图 6-17　800℃时效不同时效时间下的屈服强度
（a）2h；（b）5h；（c）10h。

彩页 24

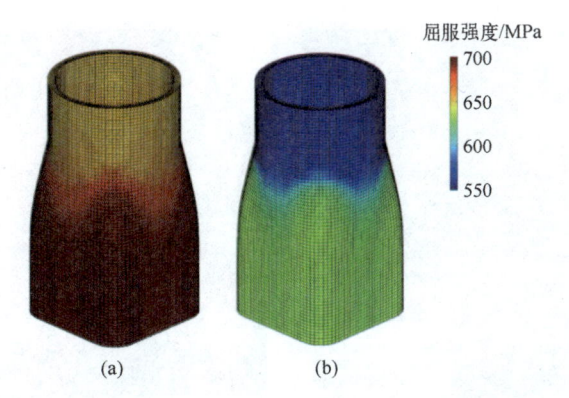

图 6-18　成形构件在 800℃和 850℃时效 10h 的屈服强度分布
（a）800℃；（b）850℃。

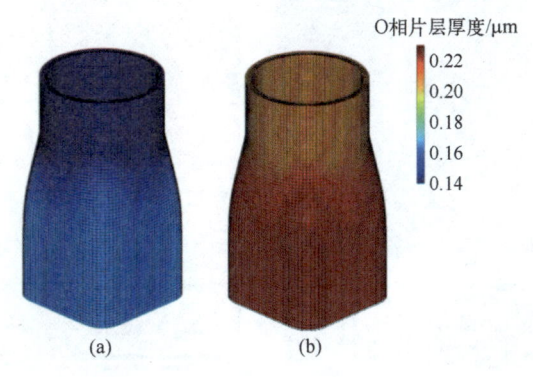

图 6-19　成形构件在 800℃和 850℃时效 10h 的 O 相片层厚度分布
（a）800℃；（b）850℃。

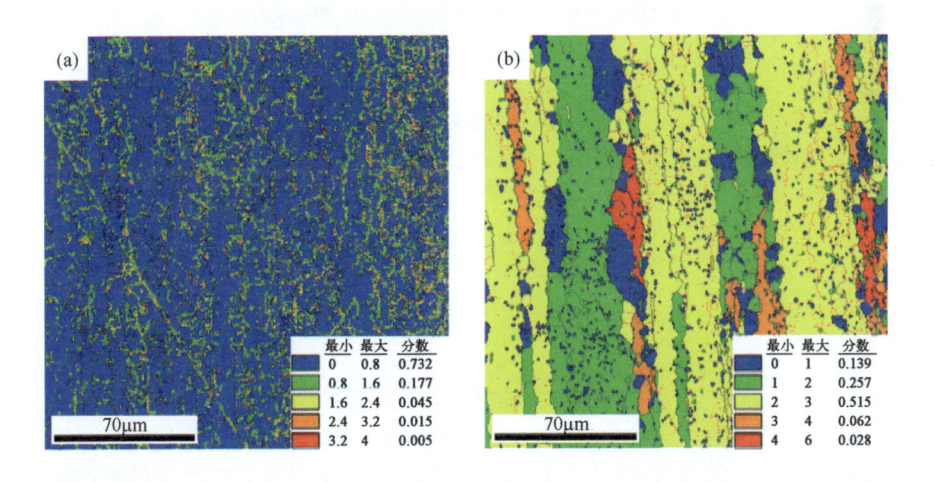

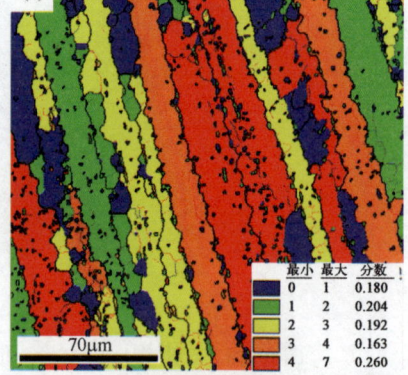

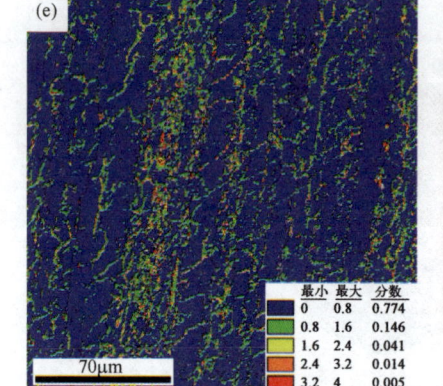

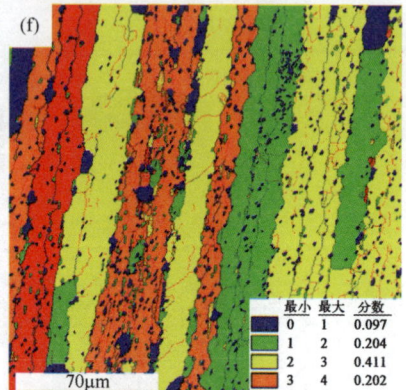

图 6-23　Ti$_2$AlNb 合金方形截面构件不同部位组织的 EBSD 数据

（a）直壁段的 KAM；（b）直壁段的 GOS；（c）过渡段的 KAM；
（d）过渡段的 GOS；（e）圆弧段的 KAM；（f）圆弧段的 GOS。

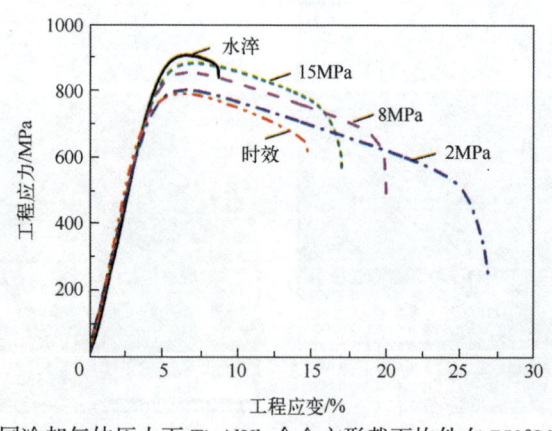

图 6-32　不同冷却气体压力下 Ti$_2$AlNb 合金方形截面构件在 750℃时的拉伸曲线

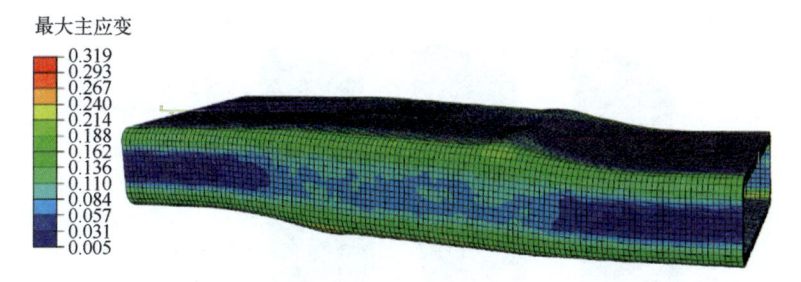

图 6-35 Ti$_2$AlNb 小圆角矩形截面构件胀-压复合热态气压成形模拟结果

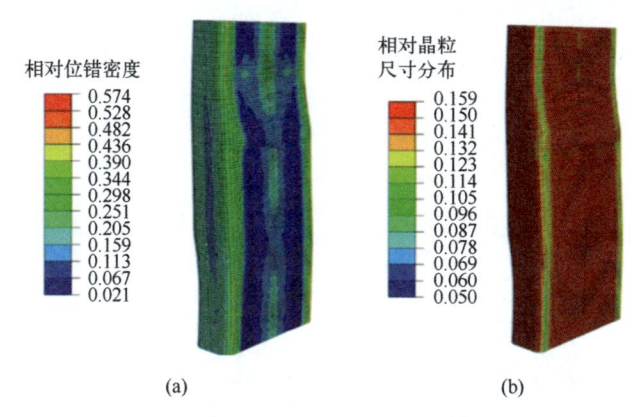

图 6-37 矩形截面构件相对位错密度和相对晶粒尺寸分布
(a) 相对位错密度;(b) 相对晶粒尺寸分布。

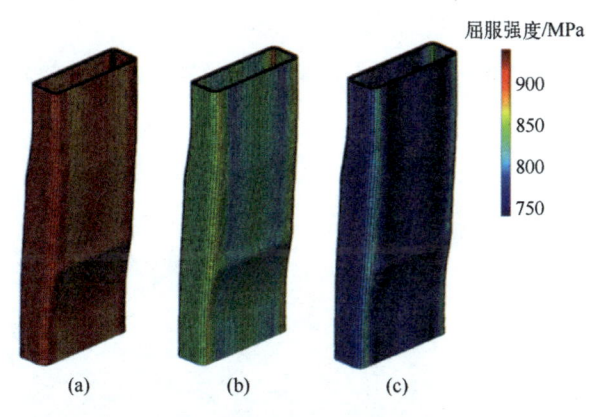

图 6-38 矩形截面构件在 800℃、825℃、850℃时效处理 2h 后的屈服强度模拟结果
(a) 800℃;(b) 825℃;(c) 850℃。

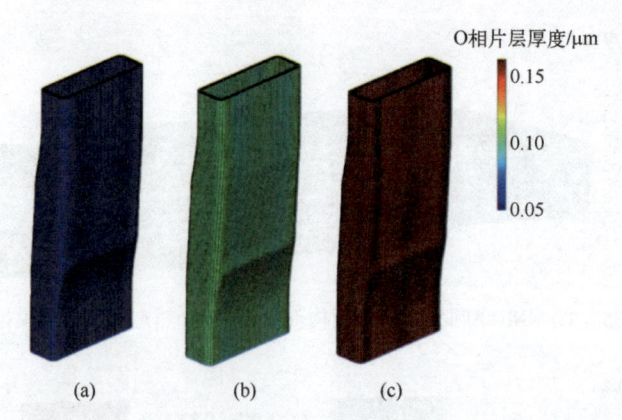

图 6-39　矩形截面构件在 850℃时效 1h、2h、4h 后的 O 相片层厚度预测结果
(a) 1h；(b) 2h；(c) 4h。

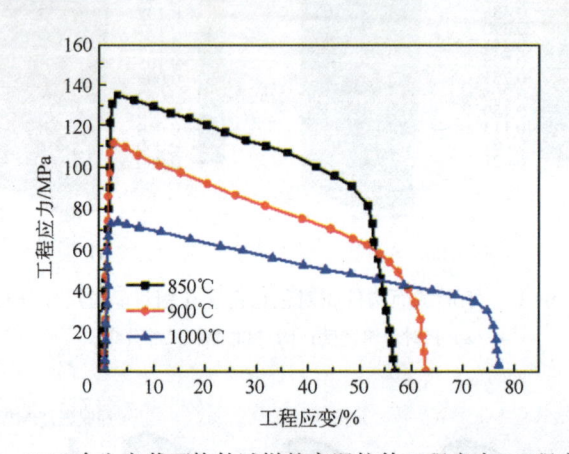

图 6-53　NiAl 合金变截面构件试样的高温拉伸工程应力-工程应变曲线

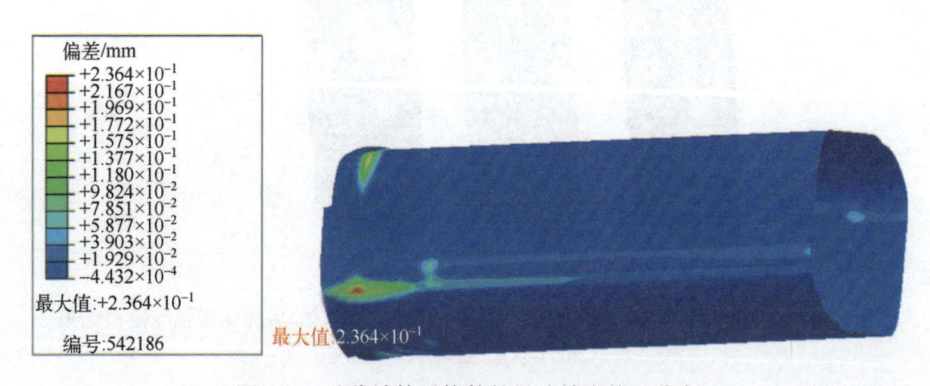

图 7-8　迭代计算后构件的尺寸精度偏差分布

彩页 28